JN117849

わかりやすい
微分積分

内田吉昭／熊澤美裕紀 共著

ムイスリ出版

はじめに

大学1年次で学ぶ微分積分の基本的な内容を，高等学校で数学IIまでしか履修していない，または数学IIIをよく理解していない学生にも理解できるように本書では解説しました．三角関数，指数・対数関数から微分方程式，テイラー(マクローリン)の定理，そして2変数関数の，偏微分・全微分・重積分までを解説しています．

薬学部に在籍している著者は薬学部に必要な数学の講義をしていますが，数学が理解できない学生を多く見てきました．理解できない原因の一つとして公式の丸暗記があります．定義や式の意味を考えずに暗記しているので，式を間違っていても気がつきません．そこで本書では，高校数学の三角関数，指数・対数関数の定義から述べ，式の意味がわかるように書いてあります．たとえば，$\log_a a = 1$ を多くの学生は知っていますが意味まではわかっている学生は少ないです．ところが対数関数の逆関数の指数関数ではこの式は $a^1 = a$ というわかりやすい式になります．例題・練習問題は公式を覚えるためだけでなく，公式を理解するために作りました．とくにテイラー(マクローリン)の定理は関数の多項式近似ということが理解できるように通常の教科書とは少し異なる記述になっています．

丸暗記した公式は試験が終わると忘れてしまいます．理解していれば試験が終わったあとでも覚えています．薬学部の学生は入学6年後に薬剤師国家試験があります．6年間学習したことを覚えていなければ国家試験には受かりません．そのためにも数学を理解してもらいたいと思います．公式よりも解説してある日本語の文章をよく読んでほしいと思います．

牧方市の小山安彦様，明治薬科大学の野田知宣先生には多くの訂正箇所をご指摘して頂きましたことをこの場を借りてお礼申し上げます．

2020年1月8日

著　者

目　次

第1章　集合と写像

微分積分学では集合と写像を使って考えていくので，復習をしよう．集合とは，含まれるか含まれないかがはっきりしたものの集まりである．たとえば，1から10までの自然数の集まりは集合であるが，大きな自然数の集まりとか高い山の集まりとかは含まれる基準が明確でないため集合ではない．

1.1　集　合

定義 1.1（集合） **集合**とは，客観的に区別できるものの集まりである．集合を構成する1つ1つを，その集合の**要素**とよぶ．

例 1.1

(1) 自然数全体の集まりは集合である．そして2や7が要素である．
(2) あるアレルギー治療剤に含まれている薬効成分の集まりは集合である．
(3) 日本の高い山全体の集まりは集合ではない．なぜなら，どれくらいの標高があれば高いか客観的な評価ができないから．
(4) 日本の標高2,000m以上の山全体の集まりは集合となる．

定義 1.2（集合の要素） a が集合 A の**要素**のときに，a は集合 A に**属する**といい，$a \in A$ または $A \ni a$ で表す．また a が集合 A の要素でないとき，a は集合 A に**属さない**といい，$a \notin A$ または $A \not\ni a$ で表す．

集合 A を自然数全体の集合とする．2は A に属するので $2 \in A$ と書く．-1 は A に属さないので $-1 \notin A$ と書く．

集合の表記法は，要素を書き出す方法

$$\{a_1, a_2, \ldots, a_{n-1}, a_n\}$$

と，集合の要素であるための条件を書く方法

$$\{x \mid x \text{ はある条件をみたす}\}$$

がある[1]．

例 1.2

(1) $\{1, 2, 3, 4, 5\} = \{x \mid x$ は自然数で $x \leqq 5\}$

(2) $\{2, 4, 6, 8, \ldots\} = \{x \mid x = 2n$ (n は自然数)$\}$

(3) $\{x \mid x$ は素数[2] かつ偶数$\} = \{2\}$

(4) $\{x \mid x$ は胃腸薬の瓶に書かれている成分$\}$
　$= \{$銅クロロフィリンカリウム，水酸化マグネシウム，無水リン酸水素カルシウム，ロートエキス$\}$

(3) のように要素が1つだけからなる集合も存在する．注意として (2) の $\{x \mid x = 2n(n$ は自然数$)\}$ を $\{x = 2n\}$ のような書き方をしないように．

定義 1.3（空集合） 要素を1つも含まない集合を**空集合**とよび，$\emptyset$ または$\{\quad\}$で表す．

定義 1.4（部分集合） 集合 A，B に対して

(1) B が A の**部分集合**であるとは，$b \in B$ ならば $b \in A$ が成り立つことをいい，$B \subset A$ で表す．

(2) A と B が等しいとは，$A \subset B$，$B \subset A$ が成り立つことをいい，$A = B$ で表す．

例 1.3 (1) 塩化リゾチーム配合の薬は，卵アレルギーのある人に強いアレルギー反応（アナフィラキシーショック）を起こすので飲むことができない．したがって，

$$A = \{x \mid x \text{ は塩化リゾチーム配合の薬を服用してよい人}\},$$

---

1) $\{x \ : \ x$ はある条件をみたす$\}$などと表す場合もある．

2) 素数とは，1より大きな自然数で1とその数以外に正の約数がないもの．

$$B = \{y \mid y \text{は卵アレルギーのある人}\}$$

とすると，A と B をみたす人の集合は空集合となる．

(2) 薬の薬効を確かめるために薬効成分を含まない偽薬と比べることがある．このとき偽薬の薬効成分の集合は空集合となる．

例 1.4 妊娠中はアルコールの摂取をしない方がよい．したがって，

(1) A をアルコールの摂取をしない方がよい人全体の集合，

(2) B を妊娠中の人の集合

とすると，$B \subset A$ となる．

定義 1.5（共通部分，和集合） 集合 A，B に対して，

(1) $A \cap B = \{a \mid a \in A \text{ かつ } a \in B\}$ と定義し，A と B の**共通部分**という．

(2) $A \cup B = \{a \mid a \in A \text{ または } a \in B\}$ と定義し，A と B の**和集合**という．

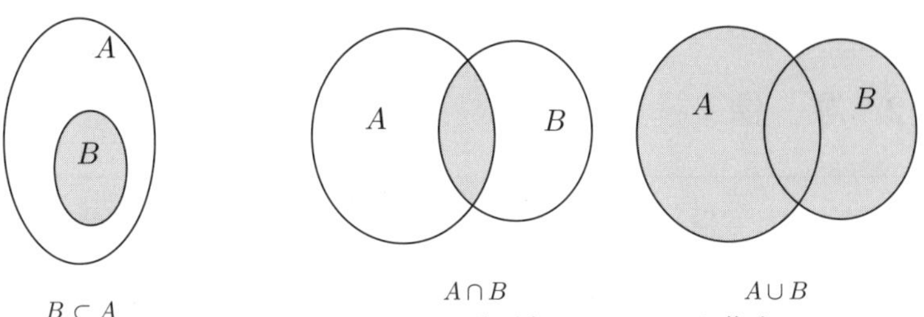

図 1.1 部分集合 $B \subset A$

図 1.2 共通部分 $A \cap B$，和集合 $A \cup B$

定義 1.6（実数・複素数の集合） 次の文字は特定の数の集合を表す．

$\mathbb{N}$ **:** 自然数 **(natural number)** 全体からなる集合．

$\mathbb{N} = \{1, 2, 3, \ldots\}$.

$\mathbb{Z}$ ： **整数 (integer)** 全体からなる集合．Z はドイツ語 Zahl の頭文字　$\mathbb{Z} = \{\dots, -2, -1, 0, 1, 2, 3, \dots\}$.

$\mathbb{Q}$ ： **有理数 (rational number)** 全体からなる集合．Q は quotient (商) の頭文字

$\mathbb{R}$ ： **実数 (real number)** 全体からなる集合.

$\mathbb{C}$ ： **複素数 (complex number)** 全体からなる集合.

注意　有理数でない実数を**無理数 (irrational number)** という．rational は有比 (比率がある・分数でかける) という意味であり，irrational は比では書けないという意味である．有理数は有比数と訳した方が良い単語である.

定義 1.7（区間）　a，$b \in \mathbb{R}$ で $a < b$ とする.

$(a,b) = \{x \in \mathbb{R} \mid a < x < b\}$　**開区間**,

$[a,b] = \{x \in \mathbb{R} \mid a \leqq x \leqq b\}$　**閉区間**,

$[a,b) = \{x \in \mathbb{R} \mid a \leqq x < b\}$,　$(a,b] = \{x \in \mathbb{R} \mid a < x \leqq b\}$,

$(a,\infty) = \{x \in \mathbb{R} \mid a < x\}$,　$[a,\infty) = \{x \in \mathbb{R} \mid a \leqq x\}$,

$(-\infty,b) = \{x \in \mathbb{R} \mid x < b\}$,　$(-\infty,b] = \{x \in \mathbb{R} \mid x \leqq b\}$,

$(-\infty,\infty) = \mathbb{R}$.

1.2　写　像

定義 1.8（写像）　X，Y を集合とする．X のすべての要素 x に対して，Y の要素 y をただ1つ対応させる対応 f が与えられたとき，f を X から Y への**写像**といい

$$f : X \to Y$$

で表す．また f により x が y と対応するとき

$$y = f(x)$$

と表す．このとき，y を x の f による**像**という．X を f の**定義域**といい，$f(X) = \{f(x) \mid x \in X\}$ を f の**値域**という.

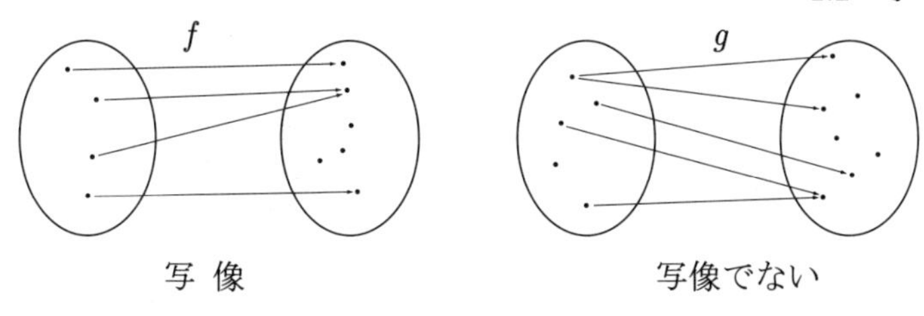

図 1.3 写像と写像でない対応

注意 写像で大事なことは，x に対して y の値が唯一つ決まることである．

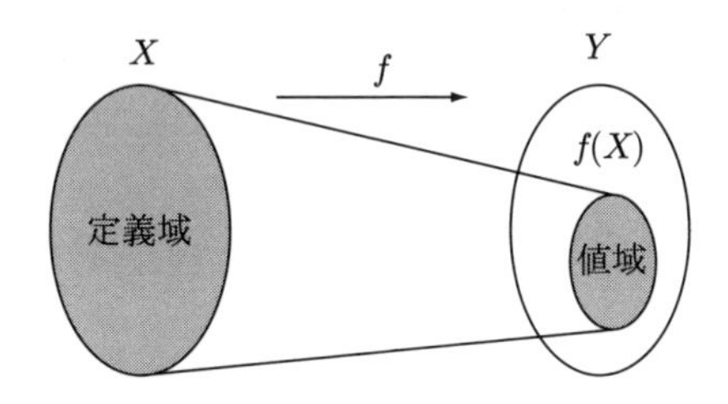

図 1.4 定義域と値域

定義 1.9（**単射，全射，全単射**） 写像 $f : X \to Y$ に対して

(1) f が**単射**であるとは，

$$f(x_1) = f(x_2) \text{ ならば } x_1 = x_2 \quad (x_1, x_2 \in X)$$

が成り立つことをいう．

(2) f が**全射**であるとは，

任意の $y \in Y$ に対して，ある $x \in X$ が存在して $f(x) = y$

が成り立つことをいう．

(3) f が**全単射**であるとは

f が全射かつ単射

であることをいう．

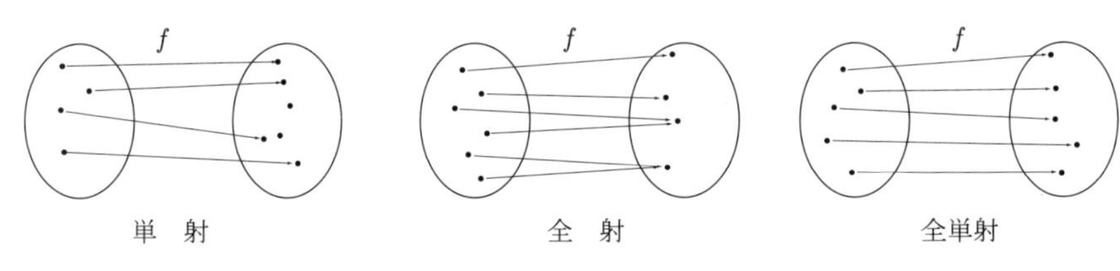

図 1.5　単射，全射，全単射

例 1.5

(1)　X をある病院 A の患者の集合，Y を病院 A の診察券番号の集合とする．$f : X \to Y$ を，患者 x から患者 x の診察券番号を対応させる写像とする．このとき写像 f は単射でなければならない．

(2)　X を日本人全体の集合，Y を血液型 A，B，O，AB の集合とする．$f : X \to Y$ を日本人 x に対して x の血液型を対応させる写像とする．このとき f は全射であるが単射ではない．

(3)　X を日本の県の集合，Y を日本の県庁所在地の集合とする．$f : X \to Y$ を県 x に対して x の県庁所在地を対応させる写像とする．このとき写像 $f : X \to Y$ は全単射になる．

定義 1.10（逆写像）　写像 $f : X \to Y$ を全単射とする．このとき，任意の $y \in Y$ に対して $f(x) = y$ となる $x \in X$ が唯一つ存在する．そこで，y に対して x を対応させる事で，Y から X への写像が定義できる．これを，f の**逆写像 (inverse map)** といい $f^{-1} : Y \to X$ と表す．$y = f(x)$ を f^{-1} を使って表すと $x = f^{-1}(y)$ となる．通常，$x = f^{-1}(y)$ の x と y を入れ替えて $y = f^{-1}(x)$ と表す．

注意　記号 f^{-1} は「エフ・インバース」と読むことが多い．f の逆写像を考えるときは，Y として f の値域を取ることが多い．

$f(x) = x^2$ は単射ではないが，定義域を $\{x \mid x \geqq 0\}$，値域を $\{y \mid y \geqq 0\}$ に制限すれば全単射になり，その逆写像は $y = \sqrt{x}$ である．

定義 1.11（**合成写像**） 写像 $f: X \to Y$，$g: Y \to Z$ に対して，写像 $g \circ f: X \to Z$ を $(g \circ f)(x) = g(f(x))$ で定義して，f と g の**合成写像**という．

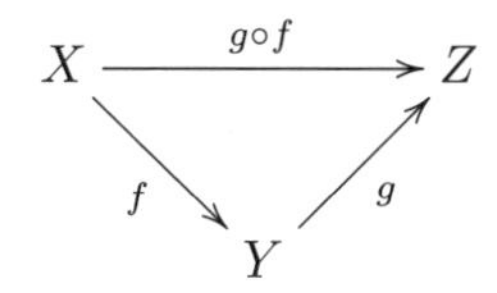

例 1.6 $f(x) = x + 1$，$g(x) = x^2$ のとき，

$$(g \circ f)(x) = g(f(x)) = g(x+1) = (x+1)^2,$$
$$(f \circ g)(x) = f(g(x)) = f(x^2) = x^2 + 1$$

となる．

定義 1.12（**関数**） 値域が実数に含まれる写像を**関数** (**function**) という．関数 $y = f(x)$ の値域がある閉区間 $[a, b]$ に含まれるとき，**有界**という．また値域がある定数 a 以下（以上）のとき，**上に**（**下に**）**有界**という．

注意 写像が関数のとき，合成写像，逆写像をそれぞれ**合成関数**，**逆関数**という．

例 1.7 閉区間 $[1, 3]$ を定義域とする 1 次関数 $f(x) = 2x + 1$ は，値域が閉区間 $[3, 7]$ であり全単射である．$f(x)$ の逆関数 $f^{-1}(x)$ の定義域は閉区間 $[3, 7]$ であり，値域は閉区間 $[1, 3]$ である．

逆関数は，$y = 2x + 1$ の x と y を入れ替えた $x = 2y + 1$ を y について解いた，$y = \frac{1}{2}(x - 1)$ である．

例 1.8 関数 $y = \sqrt{1 - x^2}$ は，値域が $[0, 1]$ より有界である．関数 $y = x^3$ は，値域が実数全体より有界でない．$y = 2 - x^2$ は，値域が $\{y \mid y \leqq 2\}$ より上に有界である．

注意 一般に関数 $y = f(x)$ の定義域は，$f(x)$ が定義される最も広い範囲をとる．たとえば，$f(x) = \sqrt{x}$ の定義域は $\{x \mid x \geqq 0\}$ である．

練習問題 1　次の関数の定義域と値域を求めよ．

(1) $f(x) = \sqrt{1-x^2}$　　(2) $f(x) = x^2$

練習問題 2（合成関数）次の関数 $f(x)$，$g(x)$ に対して，合成関数 $(g \circ f)(x)$，$(f \circ g)(x)$ を求めよ．

(1) $f(x) = 3x+2$，$g(x) = \sqrt{x}$　　(2) $f(x) = \dfrac{x+2}{2x+3}$，$g(x) = \dfrac{3x-2}{1-2x}$

練習問題 3（逆関数）次の関数の逆関数を求めよ．

(1) $y = 3x$　　(2) $y = \dfrac{1}{x+1}$　　(3) $y = \sqrt{x+1}$

1.3　初等関数とグラフ

微分積分学で使う，いくつかの初等関数とそれらのグラフを考える．

定理 1.1（逆関数のグラフ）　関数 $y = f(x)$ のグラフと逆関数 $y = f^{-1}(x)$ のグラフは，直線 $y = x$ に関して対称である．

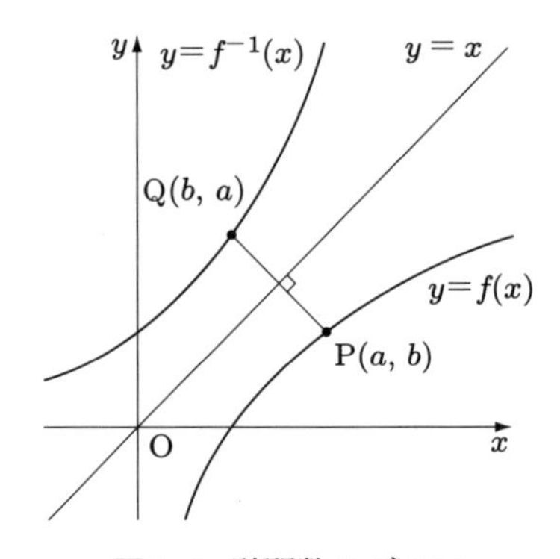

図 1.6　逆関数のグラフ

［証明］ $y=f^{-1}(x)$ は，$y=f(x)$ の x と y を入れ替えた関数である．したがって $y=f(x)$ 上の点 $\mathrm{P}(a,b)$ に対して $y=f^{-1}(x)$ 上の点 $\mathrm{Q}(b,a)$ が対応する．点 $\mathrm{P}(a,b)$ と点 $\mathrm{Q}(b,a)$ は $y=x$ に関して対称であるので，$y=f(x)$ のグラフと $y=f^{-1}(x)$ のグラフは $y=x$ に関して対称になる（図 1.6）．

（証明終）

■ **無理関数**　$y=\sqrt{ax+b}$

$f(x)=x^2$ は単射ではないが，定義域を $\{x \mid x \geqq 0\}$，値域を $\{y \mid y \geqq 0\}$ に制限すれば全単射になり，その逆関数は $y=\sqrt{x}$ である（図 1.7）．

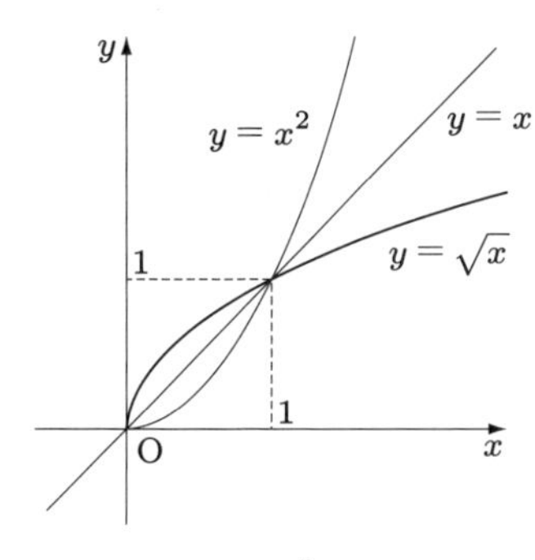

図 1.7　$y=x^2$ と $y=\sqrt{x}$

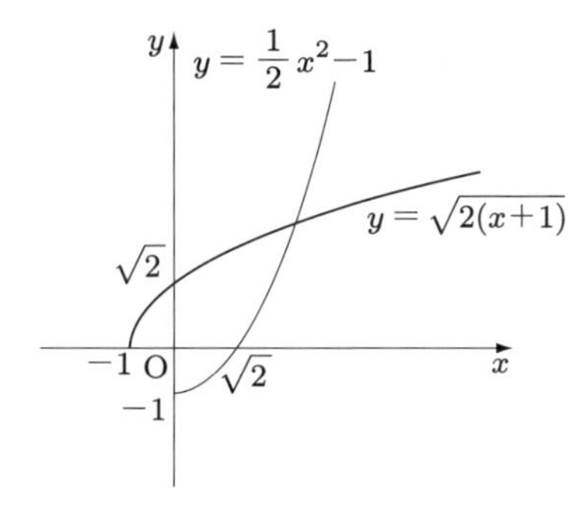

図 1.8　$y=\sqrt{2(x+1)}$

［例題 1］ $y=\sqrt{2(x+1)}$ のグラフをかけ．

（解答）　はじめに $y=\sqrt{2(x+1)}$ の逆関数のグラフを求めて，それを $y=x$ に関して対称移動してグラフを求めよう．$y=\sqrt{2(x+1)}$ の定義域は，$2(x+1)\geqq 0$ より，$\{x \mid x \geqq -1\}$．値域は $\{y \mid y \geqq 0\}$ である．$y^2=2(x+1)$ より $x=\dfrac{1}{2}y^2-1 \quad (y \geqq 0)$．したがって，$y=\sqrt{2(x+1)}$ の逆関数は $y=\dfrac{1}{2}x^2-1\ (x \geqq 0)$ となる．このグラフを $y=x$ に関して対称移動してできるグラフが $y=\sqrt{2(x+1)}$ のグラフである（図 1.8）．

$y=\sqrt{2(x+1)}$ のグラフは $y=\sqrt{2x}$ のグラフを x 軸方向に -1 だけ移動したグラフでもある． （解終）

練習問題 4　次の関数のグラフをかけ．

(1) $y=\sqrt{3x-1}$　　(2) $y=\sqrt{2-x}$

■ **分数関数**　$y=\dfrac{cx+d}{ax+b}$

双曲線　$y=\dfrac{k}{x}$ $(k\neq 0)$ のグラフは，図 1.9 のようになる．

$y=\dfrac{k}{x-a}+b$ $(k\neq 0)$ のグラフは，$y=\dfrac{k}{x}$ のグラフを x 軸方向に a，y 軸方向に b だけ平行移動したグラフである．

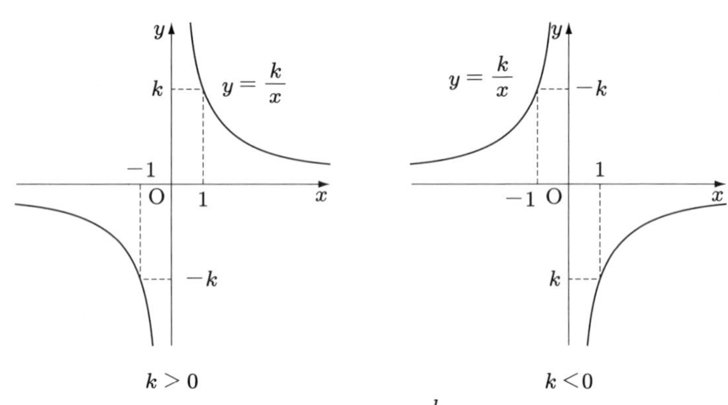

図 1.9　$y=\dfrac{k}{x}$

［**例題 2**］$y=\dfrac{2x-1}{x+1}$ のグラフをかけ．

（解答）　$y=\dfrac{2x-1}{x+1}=2-\dfrac{3}{x+1}$ より $y=-\dfrac{3}{x}$ のグラフを x 軸方向に -1，y 軸方向に 2 だけ平行移動したグラフである（図 1.10）． （解終）

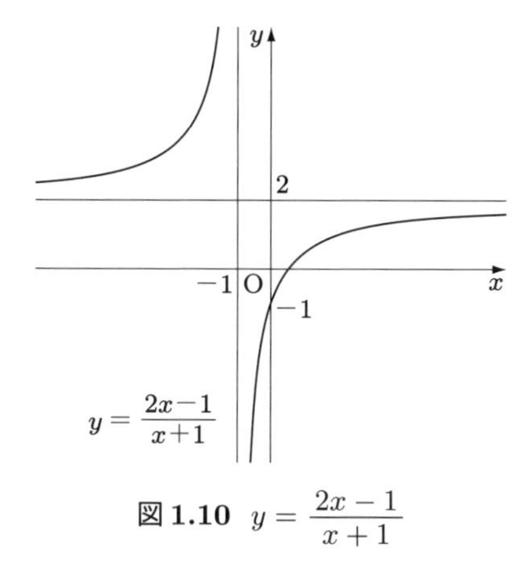

図 1.10　$y = \dfrac{2x-1}{x+1}$

練習問題 5　次の関数のグラフをかけ．

(1) $y = \dfrac{1}{x-5} + 3$　　(2) $y = \dfrac{x+1}{x-2}$

■ 円と楕円

点 (a, b) を中心とし，半径 r である**円**の方程式は

$$(x-a)^2 + (y-b)^2 = r^2 \qquad (r > 0)$$

で表される．とくに原点を中心とし，半径 r である円の方程式は

$$x^2 + y^2 = r^2.$$

円を一定の方向に，ある比率で拡大・縮小して得られる図形を**楕円**という．正の数 $a,\ b$ に対し，円 $x^2 + y^2 = a^2$ を y 軸方向に，$\dfrac{b}{a}$ 倍して得られる楕円の方程式は

$$\frac{x^2}{a^2} + \frac{y^2}{b^2} = 1 \qquad (a > 0, \quad b > 0)$$

となる．

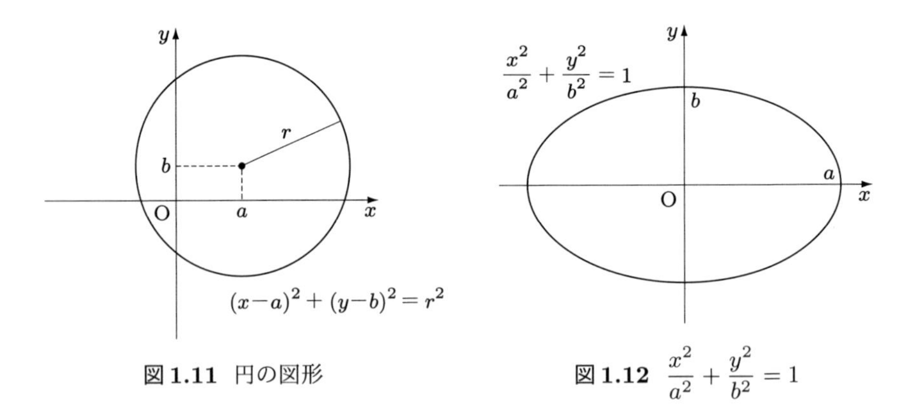

図 1.11　円の図形

図 1.12　$\dfrac{x^2}{a^2}+\dfrac{y^2}{b^2}=1$

［例題 3］ 次の方程式の表す楕円をかけ．

(1)　$\dfrac{x^2}{9}+\dfrac{y^2}{4}=1$　　(2)　$4x^2+y^2=16$

（解答） (1) $\dfrac{x^2}{3^2}+\dfrac{y^2}{2^2}=1$ より図 1.13 (a) が得られる．

(2) $\dfrac{x^2}{2^2}+\dfrac{y^2}{4^2}=1$ より図 1.13 (b) が得られる．　（解終）

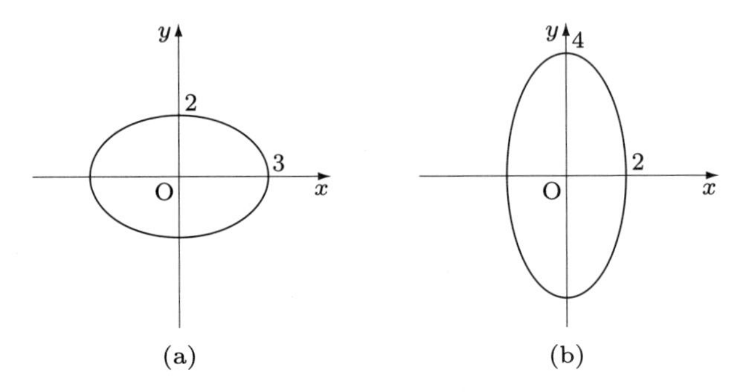

図 1.13　楕円の図形

練習問題 6　次の方程式の表す楕円をかけ．

(1) $\dfrac{x^2}{3}+\dfrac{y^2}{2}=1$　　(2) $4x^2+8y^2=16$

章末問題1

1.1　次の写像 f は単射，全射，全単射のどれが最適か．

(1)　ある病院の患者の集合 A とその病院のカルテの集合 B に対して，写像 $f : A \to B$ は患者 x に対して患者 x のカルテを対応させる．

(2)　日本人全体の集合 A と 1 年の月の集合 $B = \{$ 一月, 二月, $\ldots$, 十一月, 十二月 $\}$ に対して，写像 $f : A \to B$ は日本人 x に対して x の生まれた月を対応させる．

(3)　集合 $A = \{1, 2, 3, \ldots\}$ と $B = \{2, 4, 6, \ldots\}$ に対して，写像 $f : A \to B$ は A の要素 x に対して B の要素 $2x$ を対応させる．

1.2　次の関数の定義域と値域を求めよ．

(1) $f(x) = \sqrt{3 - x}$　　(2) $f(x) = \dfrac{x}{5 - x}$

1.3　次の集合を，$\{a_1, a_2, \ldots, a_n\}$ のように要素を書き表す表示に直せ．

(1) $\{x \mid x$ は四国にある県 $\}$

(2) $\{a \mid a$ は信号機の色 $\}$

(3) $\{x \mid x$ は曜日 $\}$

(4) $\{n \mid 2 \leqq n \leqq 5,\ n$ は自然数 $\}$

第2章　指数関数と対数関数

指数関数は自然界の現象でよくみられる．音は1オクターブ上がると振動数は2倍になり，2オクターブだと4倍になるので指数関数と関係がある．グランドピアノの弦の形は指数関数のグラフになる．また，地震の大きさを表すマグニチュードも，2上がるとエネルギーの大きさは1,000倍になり指数関数である．

2.1 指　数

nを自然数とするとき，ある実数aをn回掛けた値をa^nで表し，aの$\boldsymbol{n}$**乗**という．nをa^nの**指数**という．逆に，n回掛けてaになる実数をaの$\boldsymbol{n}$**乗根**という．$a \geqq 0$に対して$x^n = a$の解で$x \geqq 0$となるものはただ1つある．これを$\sqrt[n]{a}$で表す．

m，nが自然数のとき，$a^n = \overbrace{aa\cdots a}^{n}$から，

$$a^n a^m = \overbrace{aa\cdots a}^{n}\overbrace{aa\cdots a}^{m} = \overbrace{aa\cdots a}^{n+m} = a^{n+m},$$

$$(a^m)^n = \underbrace{(\overbrace{aa\cdots a}^{m})(\overbrace{aa\cdots a}^{m})\cdots(\overbrace{aa\cdots a}^{m})}_{n} = a^{mn},$$

$$(ab)^n = \overbrace{ab\cdot ab\cdots ab}^{n} = (\overbrace{aa\cdots a}^{n})(\overbrace{bb\cdots b}^{n}) = a^n b^n$$

となり，

指数法則　$a^n a^m = a^{n+m}$，　$(a^m)^n = a^{mn}$，　$(ab)^n = a^n b^n$（m，n 自然数）

が得られる．

定義 2.1（**冪乗**）aを正の実数，pを実数とする．pを**指数**とするaの**冪乗**（べきじょう）a^pを以下で定義する．ただし，nを自然数，mを整数とする．

(1)　$a^n = \overbrace{aa\cdots a}^{n}$，$a^{-n} = \dfrac{1}{a^n}$.

(2) $a^0 = 1$．ただし，$a \neq 0$.
(3) $a^{\frac{m}{n}} = \sqrt[n]{a^m}$.
(4) p を無理数とすると p は有理数の数列の極限値（$p = \lim_{n\to\infty} p_n$，$\{p_n\}$ は有理数列）として表されるので，$a^p = \lim_{n\to\infty} a^{p_n}$ で定義する.

（解説） a が負のときも，(1) と (2) は同様に定義できる．a が負のときの (3) と (4) は定義が難しいので省略する.

指数が実数の場合にも指数法則が成り立つように，冪乗の定義を拡張する.

はじめに，指数が有理数の場合を考えよう.

(1) $a^n = a^{n+0} = a^n a^0$ より，$a^0 = 1$.
(2) $1 = a^0 = a^{n-n} = a^n a^{-n}$ より，$a^{-n} = \dfrac{1}{a^n}$.
(3) $(a^{\frac{1}{n}})^n = a^{\frac{n}{n}} = a$ より，$a^{\frac{1}{n}} = \sqrt[n]{a}$.
(4) $a^{\frac{m}{n}} = (a^m)^{\frac{1}{n}} = \sqrt[n]{a^m}$ より，$a^{\frac{m}{n}} = \sqrt[n]{a^m}$.

指数が無理数の場合には，無理数を有理数で近似した極限値とみなして冪乗を定義する.

たとえば，$p = \sqrt{2} = 1.414213\cdots$ より，$a^{\sqrt{2}}$ の値を

$$a^1,\ a^{1.4},\ a^{1.41},\ a^{1.414},\ a^{1.4142},\ a^{1.41421}, \ldots$$

の極限値として定義する. （解説終）

次の定理は，定義 2.1 とその解説によって導かれる.

定理 2.1（**指数法則**）a，b を正の実数，m，n を実数とするとき，以下の**指数法則**が成り立つ.

(1) $a^m a^n = a^{m+n}$. (2) $(a^m)^n = a^{mn}$. (3) $(ab)^n = a^n b^n$.

(1)′ $\dfrac{a^m}{a^n} = a^{m-n}$. (2)′ $\left(\dfrac{1}{a^m}\right)^n = \dfrac{1}{a^{mn}}$. (3)′ $\left(\dfrac{a}{b}\right)^n = \dfrac{a^n}{b^n}$.

［例題 4］次の式を簡単にせよ．

(1) $125^{\frac{2}{3}}$　(2) $49^2 \div 7^4$　(3) $\sqrt[3]{9} \times 3^{\frac{1}{3}}$　(4) $\sqrt[5]{\sqrt{32}}$

（解答） (1) $125^{\frac{2}{3}} = (5^3)^{\frac{2}{3}} = 5^{3\times\frac{2}{3}} = 5^2 = 25.$

(2) $49^2 \div 7^4 = 7^4 \div 7^4 = 7^{4-4} = 7^0 = 1$ または $49^2 \div 7^4 = 2401 \div 2401 = 1.$

(3) $\sqrt[3]{9} \times 3^{\frac{1}{3}} = 3^{\frac{2}{3}} \times 3^{\frac{1}{3}} = 3^{\frac{2}{3}+\frac{1}{3}} = 3^1 = 3.$

(4) $\sqrt[5]{\sqrt{32}} = ((2^5)^{\frac{1}{2}})^{\frac{1}{5}} = 2^{5\times\frac{1}{2}\times\frac{1}{5}} = 2^{\frac{1}{2}} = \sqrt{2}.$　（解終）

練習問題 7　次の式を簡単にせよ．

(1) $\sqrt[3]{27}$　(2) 8^0　(3) $(\sqrt[3]{11})^6$　(4) $\sqrt[4]{4} \times \sqrt[6]{8}$
(5) $216^{\frac{1}{3}}$　(6) $27^{\frac{5}{3}}$

練習問題 8　次の数の大小を比較せよ．

(1) $\sqrt[3]{2^2}$,　$\sqrt[4]{2^3}$,　$\sqrt[5]{2^4}$.　(2) $\sqrt[3]{2}$,　$\sqrt[4]{3}$,　$\sqrt[6]{5}$.

［例題 5］次の式を簡単にせよ．

(1) $(a^2b^{-1})^3(a^{-3}b^2)^2$　(2) $\sqrt{a}\,\sqrt[3]{a}\,\sqrt[6]{a}$　(3) $\sqrt{\sqrt{\sqrt{a}}}$

(4) $\sqrt{a\sqrt{a\sqrt{a}}}$

（解答） 根号 ($\sqrt{\quad}$) を a^p の形に直して計算する．

(1) $(a^2b^{-1})^3(a^{-3}b^2)^2 = a^6b^{-3}a^{-6}b^4 = a^{6-6}b^{-3+4} = a^0b^1 = b.$

(2) $\sqrt{a}\,\sqrt[3]{a}\,\sqrt[6]{a} = a^{\frac{1}{2}}\,a^{\frac{1}{3}}\,a^{\frac{1}{6}} = a^{\frac{1}{2}+\frac{1}{3}+\frac{1}{6}} = a^{\frac{1+2+3}{6}} = a^1 = a.$

(3) $\sqrt{\sqrt{\sqrt{a}}} = ((a^{\frac{1}{2}})^{\frac{1}{2}})^{\frac{1}{2}} = (a^{\frac{1}{2}\times\frac{1}{2}})^{\frac{1}{2}} = a^{\frac{1}{4}\times\frac{1}{2}} = a^{\frac{1}{8}}.$

(4) $\sqrt{a\sqrt{a\sqrt{a}}} = (a(a(a)^{\frac{1}{2}})^{\frac{1}{2}})^{\frac{1}{2}} = (a(a^{1+\frac{1}{2}})^{\frac{1}{2}})^{\frac{1}{2}} = (a(a^{\frac{3}{2}})^{\frac{1}{2}})^{\frac{1}{2}}$
$= (a(a^{\frac{3}{4}}))^{\frac{1}{2}} = (a^{1+\frac{3}{4}})^{\frac{1}{2}} = (a^{\frac{7}{4}})^{\frac{1}{2}} = a^{\frac{7}{8}}.$　（解終）

練習問題 9　a，b を正の数とするとき，次の式を簡単にせよ．

(1)　$a^{\frac{1}{2}} \times a^{\frac{3}{4}} \div a^{\frac{1}{4}}$　　(2)　$\left(\sqrt{a} - \dfrac{1}{\sqrt{a}}\right)\left(\sqrt{a} + \dfrac{1}{\sqrt{a}}\right)$

(3)　$(a^{\frac{1}{3}} + b^{\frac{1}{3}})(a^{\frac{2}{3}} - a^{\frac{1}{3}}b^{\frac{1}{3}} + b^{\frac{2}{3}})$

(4)　$(a^{\frac{1}{2}} + a^{\frac{1}{4}}b^{\frac{1}{4}} + b^{\frac{1}{2}})(a^{\frac{1}{2}} - a^{\frac{1}{4}}b^{\frac{1}{4}} + b^{\frac{1}{2}})(a + b - a^{\frac{1}{2}}b^{\frac{1}{2}})$

2.2　指数関数

定義 2.2（指数関数）　正の数 a $(a \neq 1)$ に対して，関数

$$y = a^x$$

を a を底とする**指数関数**という．

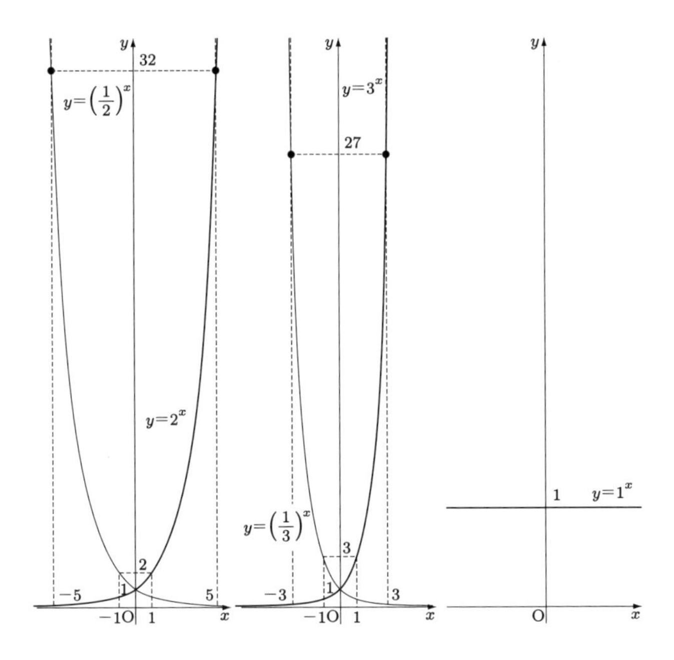

図 2.1　指数関数

（解説） 指数関数の定義域は実数全体 $\mathbb{R}$ で値域は $\{y \mid y > 0\}$ である．図 2.1 のグラフからわかるように，指数関数は全単射である．$y = a^x$ のグラフは，$a > 1$ のとき，右上がりの曲線であり，$0 < a < 1$ のとき，右下がりの曲線となる．$y = a^x$ のグラフは常に $(0, 1)$ を通り，y の値は正である．

$a = 1$ のとき，$y = 1^x = 1$ となり指数関数として表す意味がないため $a \neq 1$ とした．（解説終）

練習問題 10 次の関数のグラフをかけ．

(1) $y = 5^x$　　(2) $y = \left(\dfrac{1}{5}\right)^x$

［例題 6］ 次の方程式を解け．
(1) $3^{x+2} = 243$　　(2) $5^{3x-2} = 625$

（解答）
(1) $3^{x+2} = 3^5$ であり指数関数は単射より $x+2 = 5$．よって $x = 3$ となる．
(2) 同様に，$5^{3x-2} = 5^4$ から $3x - 2 = 4$．よって $x = 2$ となる．（解終）

2.3 対　数

定義 2.3（対数） 正の数 a $(a \neq 1)$ と q に対して，$q = a^p$ となる p を，a を底とする q の**対数 (logarithm)** といい，$\log_a q$ で表す．

（解説） $a = 1$ のとき，常に $a^p = 1$ となり除外した．$a > 0$，$a \neq 1$ のとき，$q = a^p$ となる p はただ1つ存在する．冪乗 a^p はある数 a を p 乗した値だが，対数はある数 a を何乗すれば q になるかの値である．すなわち，a を $\log_a q$ 乗すると q になる．（解説終）

［例題 7］ 次の値を求めよ．
(1) $\log_2 8$　　(2) $\log_2 \sqrt{2}$　　(3) $\log_8 2$

(解答) a を $\log_a q$ 乗すると q になることを使う．

(1) $2^3 = 8$ より 2 を 3 乗すれば 8 になるので，$\log_2 8 = 3$ となる．

(2) 同様に，$\sqrt{2} = 2^{\frac{1}{2}}$ より $\dfrac{1}{2}$ となる．

(3) 同様に，$2 = 8^{\frac{1}{3}}$ より $\log_8 2 = \dfrac{1}{3}$ となる． (解終)

[例題 8] $q = a^{3p+5}$ を $p =$ の形に直せ．

(解答) 定義 2.3 より，

$$y = a^x \iff x = \log_a y$$

である．$x = 3p + 5$，$y = q$ を代入して，$3p + 5 = \log_a q$ が得られる．したがって，$p = \dfrac{1}{3}(\log_a q - 5)$ となる． (解終)

練習問題 11 次の式を $p =$ の形に直せ．

(1) $q + 2 = a^{p+3}$　　(2) $5q - 3 = a^{\frac{1}{p}}$

定理 2.2 $\log_a a = 1$．$\log_a 1 = 0$．

[証明] $a^1 = a$ と $a^0 = 1$ より，$\log_a a = 1$，$\log_a 1 = 0$ が得られる．(証明終)

定理 2.3 (底の変換公式) $a > 0$，$a \neq 1$，$p > 0$，$p \neq 1$，$q > 0$ のとき，次の式が成立する．

$$\log_p q = \frac{\log_a q}{\log_a p}.$$

底の変換公式を使えば例題 7(3) の計算は簡単になる．底を 2 に変換して，

$$\log_8 2 = \frac{\log_2 2}{\log_2 8} = \frac{1}{3}$$

と機械的に計算できる．

指数法則から次の対数法則が導き出される．

定理 2.4（**対数法則**）　$a > 0$，$a \neq 1$，$p > 0$，$q > 0$ のとき，次の式が成立する．

(1)　$\log_a pq = \log_a p + \log_a q$.　(2)　$\log_a \dfrac{p}{q} = \log_a p - \log_a q$.

(3)　$\log_a p^r = r \log_a p$.

練習問題 12　次の値を求めよ．

(1)　$\log_3 \dfrac{1}{27}$　(2)　$\log_4 2$　(3)　$\log_{0.2} 5$　(4)　$\log_{\sqrt{5}} 5$

［**例題 9**］次の式を簡単にせよ．

(1)　$(\log_2 9 + \log_4 9)(\log_3 4 + \log_9 4)$　(2)　$\log_a b \cdot \log_b c \cdot \log_c a$

(3)　$\dfrac{1}{\log_2 3 \cdot \log_3 4} + \dfrac{1}{\log_4 5 \cdot \log_5 2}$　(4)　$\log_a b \cdot \log_b c \cdot \log_c d \cdot \log_d a$

（**解答**）底を統一する．

(1) 底を一番小さい 2 に統一する．

$$
\begin{aligned}
(\log_2 9 + \log_4 9)(\log_3 4 + \log_9 4) &= \left(\log_2 9 + \frac{\log_2 9}{\log_2 4}\right)\left(\frac{\log_2 4}{\log_2 3} + \frac{\log_2 4}{\log_2 9}\right) \\
&= \left(\log_2 3^2 + \frac{\log_2 3^2}{\log_2 2^2}\right)\left(\frac{\log_2 2^2}{\log_2 3} + \frac{\log_2 2^2}{\log_2 3^2}\right) \\
&= 3\log_2 3 \cdot \frac{3}{\log_2 3} = 9.
\end{aligned}
$$

(2) 底を a に統一する (b でも c でもよい).

$$
\log_a b \cdot \log_b c \cdot \log_c a = \log_a b \cdot \frac{\log_a c}{\log_a b} \cdot \frac{\log_a a}{\log_a c} = 1.
$$

(3) 底を一番小さい 2 に統一する．

$$
\begin{aligned}
\frac{1}{\log_2 3 \cdot \log_3 4} + \frac{1}{\log_4 5 \cdot \log_5 2} &= \frac{1}{\log_2 3 \cdot \dfrac{\log_2 2^2}{\log_2 3}} + \frac{1}{\dfrac{\log_2 5}{\log_2 2^2} \cdot \dfrac{\log_2 2}{\log_2 5}} \\
&= \frac{1}{2} + \frac{1}{\frac{1}{2}} = \frac{1}{2} + 2 = \frac{5}{2}.
\end{aligned}
$$

(4) 底を a に統一する．

$$\log_a b \cdot \log_b c \cdot \log_c d \cdot \log_d a = \log_a b \cdot \frac{\log_a c}{\log_a b} \cdot \frac{\log_a d}{\log_a c} \cdot \frac{\log_a a}{\log_a d}$$
$$= 1.$$
（解終）

練習問題 13　次の式を簡単にせよ．

(1)　$\log_2 36 - 2\log_2 3$　　(2)　$\log_5 2^{\frac{1}{2}} + \frac{1}{2}\log_5 3^{-1} - \frac{5}{2}\log_5 \sqrt[5]{6}$

(3)　$(\log_2 3 + \log_2 9 + \log_2 27 + \log_2 81)(\log_3 2 + \log_3 4 + \log_3 8 + \log_3 16)$

定義 2.4（常用対数）　10 を底とする対数 $\log_{10} x$ を x の**常用対数**という．

（解説）　底の 10 を省略して単に $\log x$ と書くこともある．ただし，自然対数（59 頁参照）も $\log x$ と書くことがあるので注意が必要である．常用対数の値は関数電卓を用いて求めることができる．（解説終）

2.4　対数関数

定義 2.5（対数関数）　正の数 a $(a \neq 1)$ に対して，関数

$$y = \log_a x$$

を a を底とする**対数関数**という．

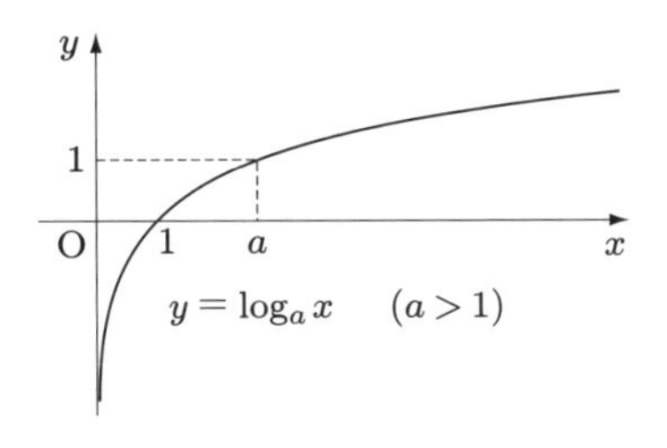

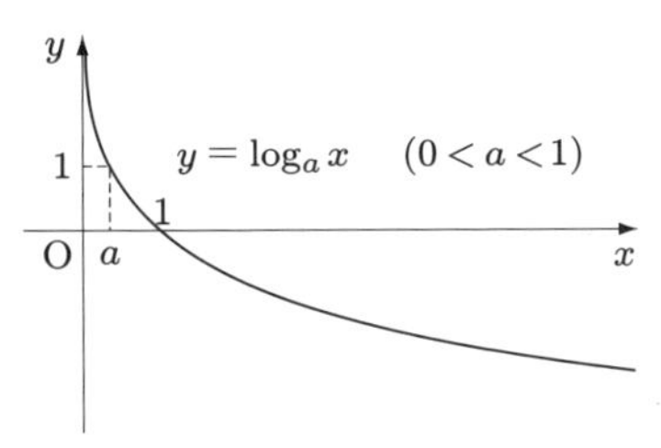

図 2.2　対数関数

(解説) 定義域は $\{x \mid x > 0\}$, 値域は実数全体 $\mathbb{R}$ である．対数関数 $y = \log_a x$ は指数関数 $y = a^x$（図 2.1 参照）の逆関数であり，グラフは図 2.2 のようになる．a の値が $1 < a$ のときと，$0 < a < 1$ のときではグラフの形が変わる．

（解説終）

［例題 10］ 次の方程式を解け．

(1) $\log_2 x = 5$　　(2) $\log_{\frac{1}{2}} x = 3$

(3) $\log_3(x+1) = \dfrac{1}{3}$　　(4) $\log_2(x+1) + \log_4(x+5)^2 = 5$

(解答) $y = \log_a x \iff a^y = x$ に注意すればよい．

(1) 指数関数に直すと，$x = 2^5 = 32$.　　(2) $x = \left(\dfrac{1}{2}\right)^3 = \dfrac{1}{8}$.

(3) $3^{\frac{1}{3}} = x + 1$ より $x = \sqrt[3]{3} - 1$.

(4) 対数法則を使って左辺を 1 つの式にまとめる．

$$\log_2(x+1) + 2\frac{\log_2(x+5)}{\log_2 4} = 5$$
$$\log_2(x+1) + \log_2(x+5) = 5$$
$$\log_2(x+1)(x+5) = 5$$

$(x+1)(x+5) = 2^5$ より $x^2 + 6x - 27 = 0$．よって，$x = -9$ または 3. $y = \log(x+1)$ の定義域から $x + 1 > 0$ より $x = -9$ は不適．よって $x = 3$.

（解終）

［例題 11］ 次の 3 つの数の大小関係を求めよ．

$$\sqrt{2}, \qquad \left(\frac{1}{2}\right)^{0.5}, \qquad \sqrt[7]{8}.$$

(解答) 2 を底とする対数をとる．$2 > 1$ より $y = \log_2 x$ のグラフは右上がりとなり，もとの値と対数をとった値との大小は同じである．$\log_2 \sqrt{2} = \dfrac{1}{2}$, $\log_2 \left(\dfrac{1}{2}\right)^{0.5} = -0.5$, $\log_2 \sqrt[7]{8} = \dfrac{3}{7}$ である．よって，

$$\left(\frac{1}{2}\right)^{0.5} < \sqrt[7]{8} < \sqrt{2}.$$

（解終）

［**例題 12**］ 体内に吸収されたある種の農薬は，1 年間に体内の農薬量の 1 割が体外に排出される．体内に吸収された農薬の量がはじめの半分になるのは何年かかるか．また，10 分の 1 になるには何年かかるか．$\log_{10} 2 = 0.3010$，$\log_{10} 3 = 0.4771$ とする．

(解答)　体内に吸収される農薬の量は 1 年ごとに 0.9 倍になるので n 年後には 0.9^n 倍になる．よってはじめの半分になるとき，$0.9^n = 0.5$．両辺の常用対数をとって n を求めると，

$$n = \frac{\log 0.5}{\log 0.9} = \frac{\log 2^{-1}}{\log(3^2 \times 10^{-1})} = \frac{-\log 2}{2\log 3 - 1} = \frac{-0.3010}{2 \times 0.4771 - 1} = 6.572\cdots$$

したがって，約 6.57 年後である．

また 10 分の 1 になるには

$$n = \frac{\log 0.1}{\log 0.9} = \frac{-1}{2\log 3 - 1} = \frac{-1}{2 \times 0.4771 - 1} = 21.834\cdots$$

より約 21.83 年後である．　(解終)

■ オウムガイやツメタガイの殻の断面は美しい曲線をしており，1 回転するごとに中心からの距離が約 3 倍になる．一定回転するごとに中心からの距離が一定数倍になる曲線を**対数螺旋**(らせん)とよぶ．対数螺旋は中心を通る直線と曲線との交点での接線との角が一定となる．この対数螺旋の方程式は媒介変数表示

$$\begin{cases} x = 3^{\frac{\theta}{2\pi}} \cos\theta \\ y = 3^{\frac{\theta}{2\pi}} \sin\theta \end{cases}$$

で表すことができる．

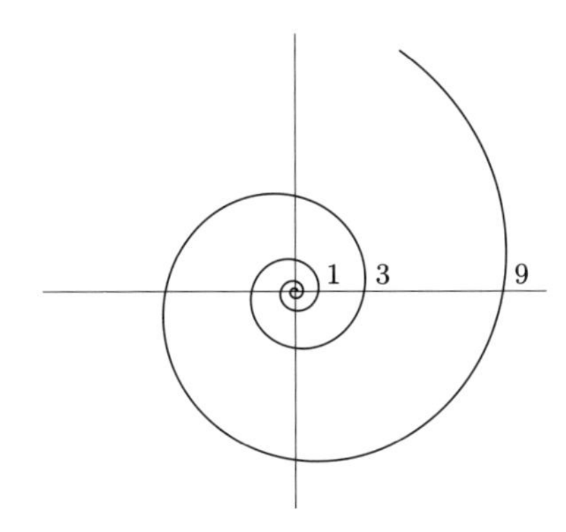

図 2.3　対数螺旋

章末問題 2

2.1　次の式を簡単にせよ．

(1)　$\sqrt{7} \div \sqrt[3]{7} \times \sqrt[3]{56}$　　(2)　$\sqrt[3]{\sqrt{8}} \times \sqrt[8]{16}$　　(3)　$(2^{\frac{1}{2}})^3 \times 2^{\frac{5}{6}} \div 2^{\frac{1}{3}}$

(4)　$(5^{\frac{2}{3}} \times 5^4)^{\frac{3}{7}}$　　(5)　$((256^{\frac{1}{2}})^{\frac{1}{2}})^{\frac{1}{2}}$　　(6)　$(\sqrt{2})^{\frac{1}{3}} \div 2^{\frac{1}{6}}$

2.2　次の式を簡単にせよ．

(1)　$(\log_3 4 + \log_9 8)(\log_2 3 + \log_4 9)$

(2)　$(\log_{12} 4)^2 + 2\log_{12} 4 \cdot \log_{12} 3 + (\log_{12} 3)^2$

(3)　$(\log_{ab} a)^3 + \log_{ab} a \cdot \log_{ab} b^3 + (\log_{ab} b)^3$

2.3　ある酵母を培養液に入れると，1日で1.5倍に増える．次の問に答えよ．ただし，$\log_{10} 3 = 0.477$，$\log_{10} 5 = 0.699$ とする．

(1) 半日では何倍に増えるか．

(2) 10倍に増えるには何日かかるか．

2.4　毎年一定の利率で元金に利息が繰り入れられ，10年で2倍になる預金があった．次の問に答えよ．ただし，$\sqrt[10]{2} \fallingdotseq 1.07$ である．

(1) この預金の金利はいくらになるか．

(2) 5年間預金すると，何倍になるか．

第3章　三角関数・逆三角関数

昔の外洋航路の航海は，三角関数を使って星の位置から船の位置を計算する天測計算を用いる航海術で行われていた．現在でも，三角関数を用いて全地球測位システム (GPS) により位置を測る．つるに巻きついている朝顔の茎や，ばねを伸ばしたときの形は，サイン曲線になる．さらに，和音が綺麗な響き方をするのは三角関数の合成と関係がある．心臓の周期的な鼓動も三角関数と関係がある．

3.1　三角関数

角の大きさを円の半径と円周の長さを使って定義する．そのために円周率の定義から始める．

定義 3.1（円周率）**円周率**は，円周の長さを直径の長さで割ったものである．

$$\text{円周率}\,(\pi) = \frac{\text{円周の長さ}}{\text{直径の長さ}}.$$

円周率 π の値は，$\pi = 3.14159265358979323846264338327950288\cdots$ であり，無理数であることがわかっている．自転車に乗ってタイヤの1周分漕ぐと直径の3倍と少し移動することになる．

定義 3.2（ラジアン）図 3.1 において，単位円上の点 $\mathrm{P}(1,0)$ が反時計回りに弧の上を長さ θ 移動したときの中心角を θ **ラジアン**と定義する．時計回りに移動したときの中心角を $-\theta$ ラジアンと定義する．

注意　今後とくに断らない限り角 θ の単位はラジアンを使う．θ ラジアンのラジアンを略して単に θ と書く．

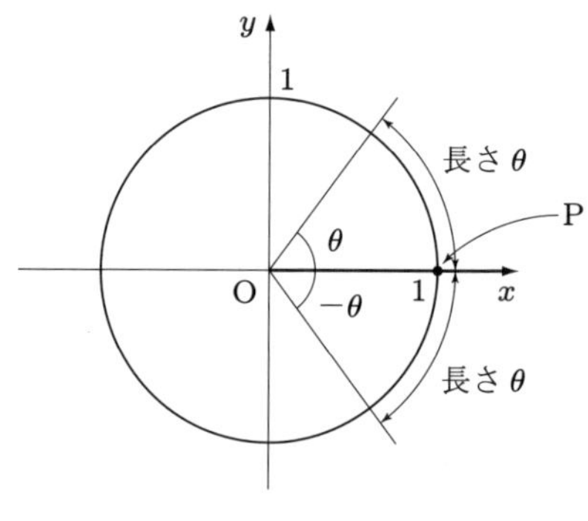

図 **3.1**　ラジアン

例 3.1　単位円の直径は2より円周は2πである．したがって，$360° = 2\pi$より$\pi = 180°$となる．同様に考えて，

$$\frac{\pi}{6} = 30°, \quad \frac{\pi}{4} = 45°, \quad \frac{\pi}{3} = 60°, \quad \frac{\pi}{2} = 90°, \quad -\frac{\pi}{6} = -30°$$

となる．

> **［例題 13］**　次の角の大きさの単位を度数°はラジアンに，ラジアンは度数°に変えよ．
>
> (1) $15°$　(2) $225°$　(3) $123°$　(4) $\frac{3}{4}\pi$　(5) $\frac{2}{3}\pi$　(6) 0.1π

（解答）　$\pi = 180°$として代入すればよい．

(1) $15° = \dfrac{15}{180} \times 180° = \dfrac{1}{12}\pi.$　(2) $225° = \dfrac{225}{180} \times 180° = \dfrac{5}{4}\pi.$

(3) $123° = \dfrac{123}{180} \times 180° = \dfrac{41}{60}\pi.$　(4) $\dfrac{3}{4}\pi = \dfrac{3}{4} \times 180° = 135°.$

(5) $\dfrac{2}{3}\pi = \dfrac{2}{3} \times 180° = 120°.$　(6) $0.1\pi = 0.1 \times 180° = 18°.$

（解終）

直角三角形を使って三角比を定義した．三角比を一般の角θに拡張したのが三角関数である．

定義 3.3（**三角関数**） 角 θ に対して，単位円上の点 $\mathrm{P}(x, y)$ を図 3.2 のようにとったとき，角 θ の三角関数 $\sin\theta$，$\cos\theta$，$\tan\theta$ を

$$\sin\theta = y, \quad \cos\theta = x, \quad \tan\theta = \frac{\sin\theta}{\cos\theta}$$

で定義する．sin を**サイン (sine)**，cos を**コサイン (cosine)**，tan を**タンジェント (tangent)** という．

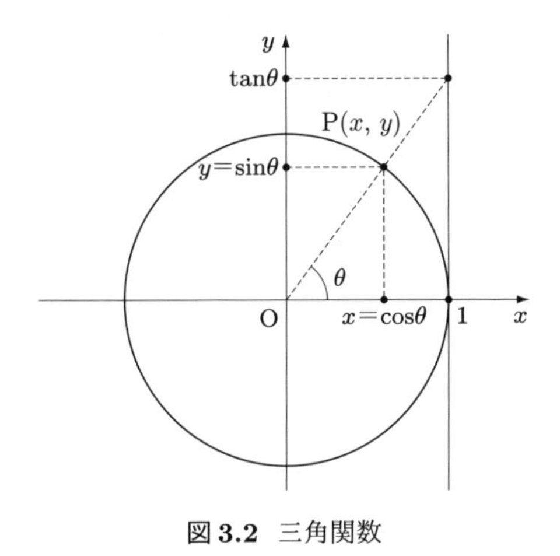

図 3.2　三角関数

注意　$\tan\theta$ は直線 OP の傾きを表すので，$\tan\theta$ の値は，直線 OP と直線 $x = 1$ との交点の y 座標の値と等しい．

［**例題 14**］ 次の θ の値について，$\sin\theta$，$\cos\theta$，$\tan\theta$ の値を求めよ．

$$\theta = 0, \quad \frac{1}{4}\pi, \quad \frac{7}{6}\pi$$

（**解答**） 図 3.2 で対応する角を調べればよい．

$$\sin 0 = 0, \quad \cos 0 = 1, \quad \tan 0 = 0.$$

$$\sin\frac{1}{4}\pi=\frac{1}{\sqrt{2}},\quad \cos\frac{1}{4}\pi=\frac{1}{\sqrt{2}},\quad \tan\frac{1}{4}\pi=1.$$

$$\sin\frac{7}{6}\pi=-\frac{1}{2},\quad \cos\frac{7}{6}\pi=-\frac{\sqrt{3}}{2},\quad \tan\frac{7}{6}\pi=\frac{1}{\sqrt{3}}.$$

（解終）

練習問題 14　次の角 θ の，$\sin\theta$，$\cos\theta$，$\tan\theta$ の値を求めよ．

(1) $\frac{1}{6}\pi$　(2) $\frac{1}{2}\pi$　(3) π　(4) $\frac{5}{3}\pi$　(5) $\frac{11}{6}\pi$　(6) 2π

注意　$\frac{1}{\sin x}$ を $\operatorname{cosec} x$，$\frac{1}{\cos x}$ を $\sec x$，$\frac{1}{\tan x}$ を $\cot x$ と書くこともある．それぞれ**コセカント (cosecant)**，**セカント (secant)**，**コタンジェント (cotangent)** という．

三角関数のグラフ

定義 3.4　関数 $f(x)$ と正の数 p があって，定義域内のすべての x に対して $f(x+p)=f(x)$ が成り立つとき，関数 $f(x)$ は p を周期とする**周期関数**という．

注意　周期関数のグラフは，x 軸方向に p だけ平行移動させると，もとのグラフと重なる．三角関数は基本的な周期関数となる．

■ $y=\sin x$ のグラフ（図 3.3）

定義域は $(-\infty,\infty)$，値域は $[-1,1]$．周期 2π となる周期関数．

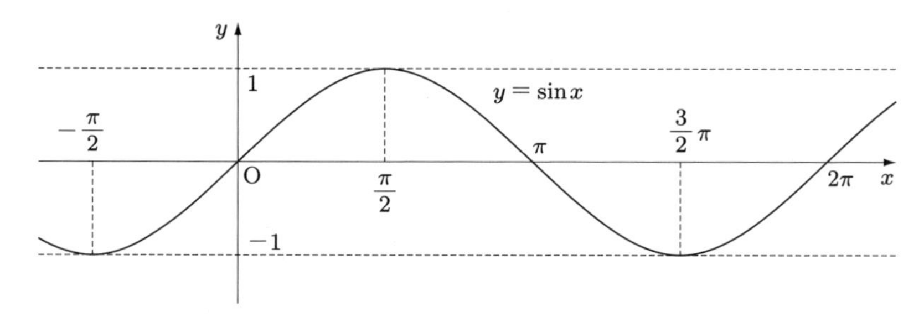

図 3.3　$y=\sin x$

■ $y = \cos x$ のグラフ（図 3.4）

定義域は $(-\infty, \infty)$，値域は $[-1, 1]$．周期 2π となる周期関数.

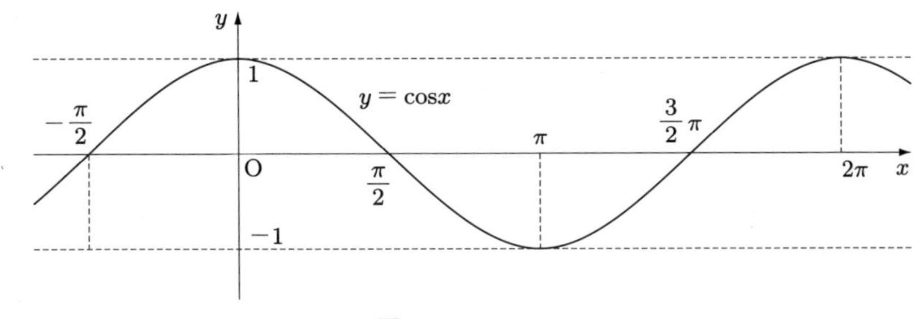

図 **3.4**　$y = \cos x$

■ $y = \tan x$ のグラフ（図 3.5）

定義域は $\frac{\pi}{2} + n\pi$（n は整数）以外の実数，値域は $(-\infty, \infty)$．周期 π の周期関数.

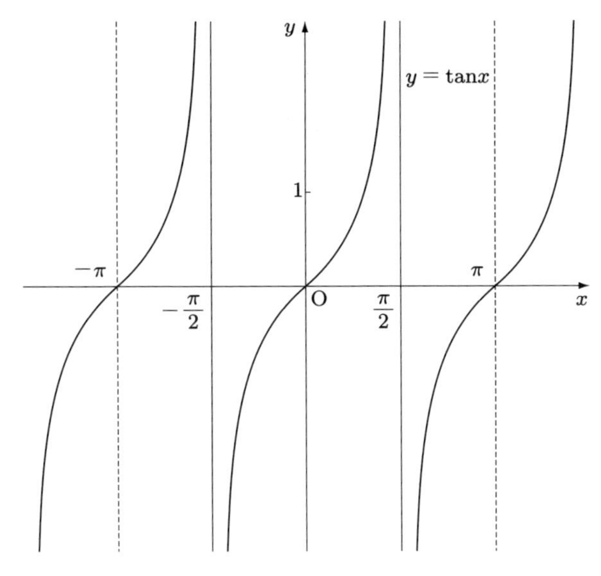

図 **3.5**　$y = \tan x$

三角関数の公式

ピタゴラスの定理とタンジェントの定義より次の公式が得られる．

定理 3.1（三角関数の公式 1）

$$\sin^2\theta + \cos^2\theta = 1. \qquad \tan\theta = \frac{\sin\theta}{\cos\theta}.$$

定理 3.2（三角関数の公式 2）

$$\sin(-\theta) = -\sin\theta. \quad \cos(-\theta) = \cos\theta. \quad \tan(-\theta) = -\tan\theta.$$
$$\sin(\theta+\pi) = -\sin\theta. \quad \cos(\theta+\pi) = -\cos\theta. \quad \tan(\theta+\pi) = \tan\theta.$$

これらの公式を丸暗記する必要はない．図 3.6 から $\sin(-\theta)$，$\cos(-\theta)$ の位置や $\sin(\theta+\pi)$，$\cos(\theta+\pi)$ の位置を考えればよい．

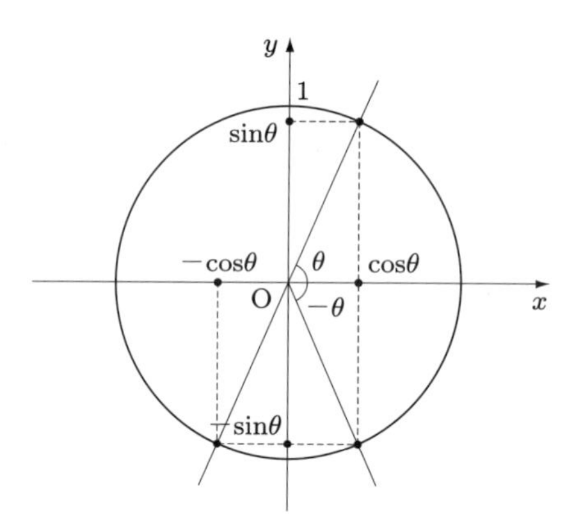

図 3.6　三角関数の公式

練習問題 15　正しい方を選べ．

(1) $\sin(-\theta) = [\sin\theta,\ -\sin\theta]$　(2) $\sin(\theta+\pi) = [\sin\theta,\ -\sin\theta]$
(3) $\cos(-\theta) = [\cos\theta,\ -\cos\theta]$　(4) $\cos(\theta+\pi) = [\cos\theta,\ -\cos\theta]$
(5) $\tan(-\theta) = [\tan\theta,\ -\tan\theta]$　(6) $\tan(\theta+\pi) = [\tan\theta,\ -\tan\theta]$

定理 3.3（三角関数の加法定理）

$$\sin(\alpha \pm \beta) = \sin\alpha\cos\beta \pm \cos\alpha\sin\beta \quad （複号同順）.$$
$$\cos(\alpha \pm \beta) = \cos\alpha\cos\beta \mp \sin\alpha\sin\beta \quad （複号同順）.$$
$$\tan(\alpha \pm \beta) = \frac{\tan\alpha \pm \tan\beta}{1 \mp \tan\alpha\tan\beta} \quad （複号同順）.$$

定理 3.3 において $\beta = \alpha$ とすると，次の 2 倍角の公式が得られる．

定理 3.4（**2** 倍角の公式）

$$\begin{aligned} \sin 2\alpha &= 2\sin\alpha\cos\alpha. \\ \cos 2\alpha &= \cos^2\alpha - \sin^2\alpha \\ &= 2\cos^2\alpha - 1 = 1 - 2\sin^2\alpha. \\ \tan 2\alpha &= \frac{2\tan\alpha}{1 - \tan^2\alpha}. \end{aligned}$$

定理 3.5（和と差を積に変形する公式）

$$\begin{aligned} \sin\alpha + \sin\beta &= 2\sin\frac{\alpha+\beta}{2}\cos\frac{\alpha-\beta}{2}. \\ \sin\alpha - \sin\beta &= 2\cos\frac{\alpha+\beta}{2}\sin\frac{\alpha-\beta}{2}. \\ \cos\alpha + \cos\beta &= 2\cos\frac{\alpha+\beta}{2}\cos\frac{\alpha-\beta}{2}. \\ \cos\alpha - \cos\beta &= -2\sin\frac{\alpha+\beta}{2}\sin\frac{\alpha-\beta}{2}. \end{aligned}$$

［証明］ 三角関数の加法定理から

$$\sin(A+B) = \sin A\cos B + \cos A\sin B$$
$$\sin(A-B) = \sin A\cos B - \cos A\sin B$$

となる．これらの両辺を足すと，

$$\sin(A+B)+\sin(A-B)=2\sin A\cos B$$

が得られる．

$A+B=\alpha$，$A-B=\beta$ とおくと，$A=\dfrac{\alpha+\beta}{2}$，$B=\dfrac{\alpha-\beta}{2}$ より，

$$\sin\alpha+\sin\beta=2\sin\frac{\alpha+\beta}{2}\cos\frac{\alpha-\beta}{2}$$

が得られる．残りの公式も同様に得られるので，暗記しなくても加法定理から求めることができる．（証明終）

3.2　逆三角関数

三角関数の逆関数を考える．定義 1.10 より，関数が全単射のとき逆関数を定義できる．三角関数の定義域を制限して全単射にして，逆三角関数を定義する．

(1) $y=\mathrm{Sin}^{-1}\,x$ [**アークサイン** (arcsine)]

$y=\sin x$ の定義域を $\left[-\dfrac{\pi}{2},\dfrac{\pi}{2}\right]$ に制限すると $y=\sin x$ は全単射になり，逆関数 $y=\mathrm{Sin}^{-1}\,x$ を定義することができる．Sin^{-1} をアークサインと読む（図 3.7(a) 参照）．

$$y=\mathrm{Sin}^{-1}\,x \iff \sin y=x \qquad \left(-1\leqq x\leqq 1,\quad -\frac{\pi}{2}\leqq y\leqq\frac{\pi}{2}\right).$$

(2) $y=\mathrm{Cos}^{-1}\,x$ [**アークコサイン** (arccosine)]

$y=\cos x$ の定義域を $[0,\pi]$ に制限すると $y=\cos x$ は全単射になり，逆関数 $y=\mathrm{Cos}^{-1}\,x$ を定義することができる．Cos^{-1} をアークコサインと読む（図 3.7(b) 参照）．

$$y=\mathrm{Cos}^{-1}\,x \iff \cos y=x \qquad \left(-1\leqq x\leqq 1,\quad 0\leqq y\leqq\pi\right).$$

(3) $y=\mathrm{Tan}^{-1}\,x$ [**アークタンジェント** (arctangent)]

$y=\tan x$ の定義域を $\left(-\dfrac{\pi}{2},\dfrac{\pi}{2}\right)$ に制限すると $y=\tan x$ は全単射になり，逆関数 $y=\mathrm{Tan}^{-1}\,x$ を定義することができる．Tan^{-1} をアークタンジェントと読む（図 3.8 参照）．

$$y=\mathrm{Tan}^{-1}\,x \iff \tan y=x \qquad \left(-\infty<x<\infty,\quad -\frac{\pi}{2}<y<\frac{\pi}{2}\right).$$

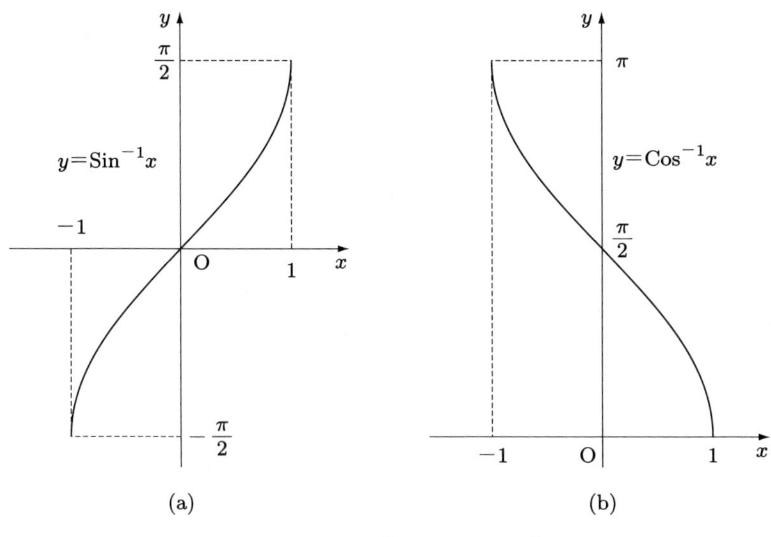

図 3.7　(a) $\mathrm{Sin}^{-1}\,x$; (b) $\mathrm{Cos}^{-1}\,x$

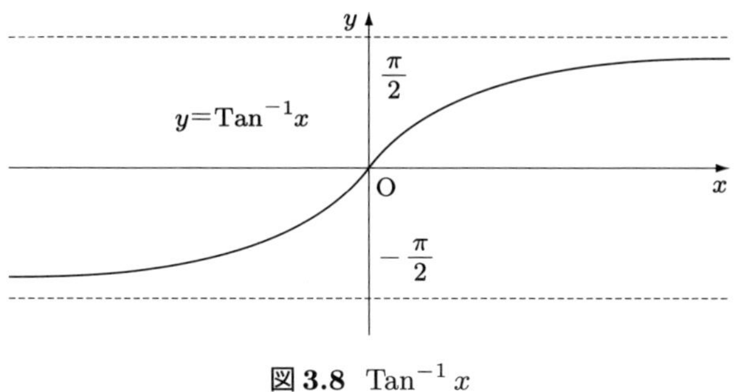

図 3.8　$\mathrm{Tan}^{-1}\,x$

注意　$\mathrm{Sin}^{-1}\,x$ を $\sin^{-1}x$ や $\mathrm{Arcsin}\,x$ と書くこともある．$\mathrm{Cos}^{-1}\,x$ と $\mathrm{Tan}^{-1}\,x$ も同様である．

［例題 15］ 次の逆三角関数の値を求めよ．

(1)　$\mathrm{Sin}^{-1}\dfrac{\sqrt{3}}{2}$　　(2)　$\mathrm{Cos}^{-1}\dfrac{\sqrt{3}}{2}$　　(3)　$\mathrm{Tan}^{-1}\left(-\dfrac{1}{\sqrt{3}}\right)$

(解答) $y = \mathrm{Sin}^{-1} x$ を $\sin y = x \left(-\frac{\pi}{2} \leqq y \leqq \frac{\pi}{2}\right)$ にもどして計算する．逆三角関数の値は唯一つに定まることに注意する．

(1) $y = \mathrm{Sin}^{-1} \frac{\sqrt{3}}{2}$ とおいて，$\sin y = \frac{\sqrt{3}}{2} \left(-\frac{\pi}{2} \leqq y \leqq \frac{\pi}{2}\right)$.

よって，$y = \frac{\pi}{3}$ となる．

(2) $y = \mathrm{Cos}^{-1} \frac{\sqrt{3}}{2}$ とおいて，$\cos y = \frac{\sqrt{3}}{2}$ $(0 \leqq y \leqq \pi)$.
よって，$y = \frac{\pi}{6}$ となる．

(3) $y = \mathrm{Tan}^{-1} \left(-\frac{1}{\sqrt{3}}\right)$ とおいて，$\tan y = -\frac{1}{\sqrt{3}} \left(-\frac{\pi}{2} < y < \frac{\pi}{2}\right)$.

よって，$y = -\frac{\pi}{6}$ となる．　（解終）

練習問題 16　次の逆三角関数の値を求めよ．

(1) $\mathrm{Sin}^{-1} 1$　(2) $\mathrm{Sin}^{-1} 0$　(3) $\mathrm{Sin}^{-1} \left(-\frac{1}{2}\right)$

(4) $\mathrm{Cos}^{-1} 1$　(5) $\mathrm{Cos}^{-1} 0$　(6) $\mathrm{Cos}^{-1} \left(-\frac{1}{2}\right)$

(7) $\mathrm{Tan}^{-1} 1$　(8) $\mathrm{Tan}^{-1} 0$　(9) $\mathrm{Tan}^{-1} \sqrt{3}$

練習問題 17　次の各式を証明せよ．

(1) $\mathrm{Sin}^{-1}(-x) = -\mathrm{Sin}^{-1} x$　(2) $\mathrm{Cos}^{-1}(-x) = \pi - \mathrm{Cos}^{-1} x$

(3) $\cos(\mathrm{Sin}^{-1} x) = \sqrt{1 - x^2}$　(4) $\mathrm{Tan}^{-1} x + \mathrm{Tan}^{-1} \frac{1}{x} = \frac{\pi}{2}$　$(x > 0)$

3.3 極座標

宝島の地図には楡(にれ)の木から北北東に 20m の所に宝が埋まっているなどと書かれている．このように原点を決めて方角と距離で位置を示すことができる．

ある点Pと原点Oとを結ぶ線分が，x 軸の正の部分となす角が θ で線分の長さが r のとき (r, θ) で表す．この座標を**極座標**という．

xy 座標を極座標 (r, θ) で表すと，

$$\begin{cases} x = r\cos\theta \\ y = r\sin\theta \end{cases}$$

となる．r が 0 または負の値をとるときも，上の式で座標を定義する．

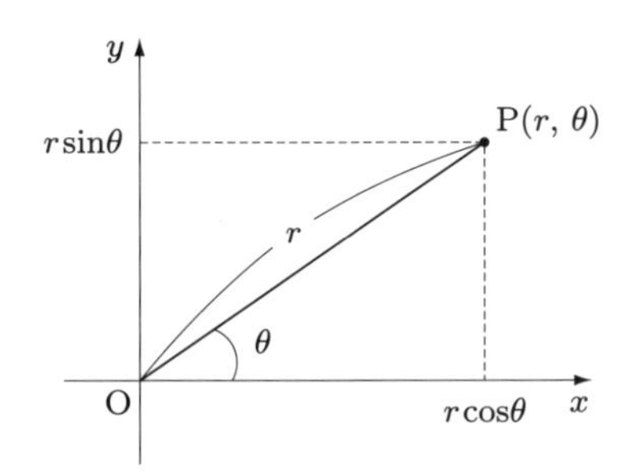

図 3.9 極座標

> **[例題 16]** 次の極座標で表された点を xy 座標上に図示せよ．
>
> (1) $\mathrm{A}\left(1,\ \dfrac{\pi}{3}\right)$ (2) $\mathrm{B}\left(\sqrt{2},\ \dfrac{3}{4}\pi\right)$ (3) $\mathrm{C}\left(2,\ \dfrac{7}{6}\pi\right)$ (4) $\mathrm{D}\left(1,\ -\dfrac{\pi}{6}\right)$

(解答) 各点を xy 座標で表示をすれば，

(1) $\mathrm{A}\left(\dfrac{1}{2},\ \dfrac{\sqrt{3}}{2}\right)$ (2) $\mathrm{B}(-1,\ 1)$ (3) $\mathrm{C}\left(-\sqrt{3},\ -1\right)$ (4) $\mathrm{D}\left(\dfrac{\sqrt{3}}{2},\ -\dfrac{1}{2}\right)$

となる．よって，点は図 3.10 に図示されたようになる． (解終)

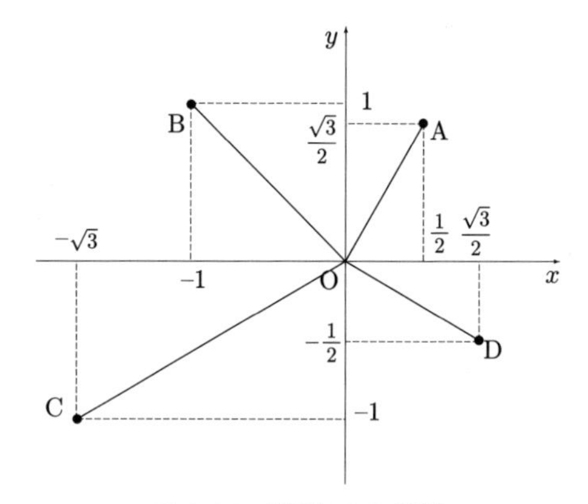

図 3.10　例題 16 の解答

■極方程式

通常の曲線の方程式 $y = f(x)$ は y 座標を x の関数で表している．極座標では，原点からの距離 r を角 θ の関数で $r = f(\theta)$ で表す．これを**極方程式**という．極方程式 $r = a(1 + \cos\theta)$ $(a > 0,\ 0 \leqq \theta < 2\pi)$，$r = \cos 3\theta$ $(0 \leqq \theta < \pi)$，$r = a^{\theta}$ $(a > 1)$ のグラフを図 3.11 で表した．

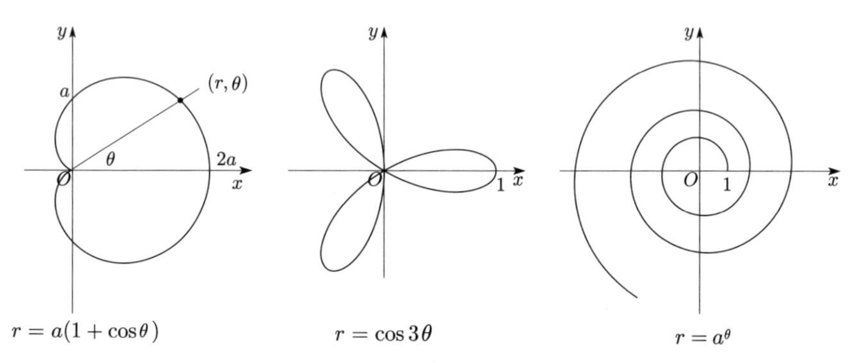

図 3.11　さまざまな極方程式

［例題 17］ 次の xy 座標で書かれた方程式を極座標に変えなさい．

(1)　$(x-1)^2+y^2=1$　　　(2)　$y=-x$

（解答）　$x=r\cos\theta$，$y=r\sin\theta$ を与えられた方程式に代入して r を θ の関数として表せばよい．

(1)

$$\begin{aligned}(r\cos\theta-1)^2+(r\sin\theta)^2&=1\\ r^2\cos^2\theta-2r\cos\theta+1+r^2\sin^2\theta&=1\\ r^2-2r\cos\theta&=0\\ r(r-2\cos\theta)&=0\end{aligned}$$

したがって，$r=0$ または $r=2\cos\theta$．よって $r=2\cos\theta$．($r=0$ のときもこの式に帰着できる)

(2) $r\sin\theta=-r\cos\theta$ より同様にして $r=0$ または $\tan\theta=-1$．

したがって，$\theta=-\dfrac{\pi}{4}$ または $\theta=\dfrac{3}{4}\pi$．($r=0$ のときもこの式に帰着できる)

このように，r が消えるときもある．これは，xy 座標で $y=2$ などのように x が消えるのと同じである．　(解終)

章末問題3

3.1　$0 \leqq x \leqq \pi$ において，次の各方程式を解け．

(1)　$2\sin x = 1$　　(2)　$\cos 2x + \cos x = 0$

3.2　$\tan x = 5$ のとき，$\dfrac{1}{1+\sin x} + \dfrac{1}{1-\sin x}$ の値を求めよ．

3.3　次の値を求めよ．

(1)　$\mathrm{Sin}^{-1}\left(\sin\dfrac{2}{5}\pi\right)$　(2)　$\mathrm{Sin}^{-1}\left(\sin\dfrac{8}{7}\pi\right)$　(3)　$\mathrm{Cos}^{-1}\left(\cos\dfrac{8}{7}\pi\right)$

(4)　$\mathrm{Sin}^{-1}\left(\cos\dfrac{8}{7}\pi\right)$　(5)　$\tan\left(\mathrm{Sin}^{-1}\dfrac{5}{13}\right)$

3.4　次の等式を証明せよ．

(1)　$\mathrm{Tan}^{-1}2 + \mathrm{Tan}^{-1}3 = \dfrac{3}{4}\pi$　(2)　$\mathrm{Tan}^{-1}\dfrac{1}{2} + \mathrm{Tan}^{-1}\dfrac{1}{3} = \dfrac{\pi}{4}$

(3)　$\mathrm{Sin}^{-1}x + \mathrm{Cos}^{-1}x = \dfrac{\pi}{2}$

第 4 章　関数の極限

関数 $y = f(x)$ において，x の値をある値 a に限りなく近づけたときの $f(x)$ の値のふるまいを考える．関数によっては $f(x)$ の値は，ある値に限りなく近づくこともあるし，値が決まらないこともある．

関数の連続性をこの考え方を用いて定義する．そして，連続関数の性質を考えよう．

4.1 関数の極限

定義 4.1（関数の極限） 関数 $f(x)$ において，x が $x \neq a$ をみたしながら，a に限りなく近づくとき，$f(x)$ がある値 α に限りなく近づくならば，関数 $f(x)$ の $x = a$ の**極限値**または**極限**は α であるといい，記号で $x \to a$ のとき $f(x) \to \alpha$，または，

$$\lim_{x \to a} f(x) = \alpha$$

で表す．また，$x \to a$ のとき $f(x)$ は α に**収束する**という．収束しないとき**発散する**という．$x \to a$ のとき $f(x)$ の値が限りなく大きくなるならば，$f(x)$ の極限値は正の**無限大**であるといい，記号で $x \to a$ のとき $f(x) \to +\infty$，または

$$\lim_{x \to a} f(x) = +\infty$$

で表す．$\lim_{x \to a} f(x) = -\infty$ も同様に定義する．
x が限りなく大きくなるとき $f(x)$ がある値 α に近づくならば，x が限りなく大きくなるとき $f(x)$ の極限は α であるといい，$\lim_{x \to \infty} f(x) = \alpha$ で表す．$\lim_{x \to -\infty} f(x) = \alpha$ の定義も同様である．

注意 x が a に近づくとき $x \neq a$ の条件が必要である．したがって，$\lim_{x \to a} f(x)$ よりは $\lim_{\substack{x \to a \\ x \neq a}} f(x)$ と思った方がよい．

［例題 18］ 次の極限値を求めよ．

(1) $\lim_{x \to 1} x^2$　(2) $\lim_{x \to 2} \frac{x^2-4}{x-2}$　(3) $\lim_{x \to 0} \frac{1}{x^2}$

（解答） (1) x が 1 に近づくと x^2 も 1 に近づくので極限値は 1 になる．

(2) $x \neq 2$ より $x-2 \neq 0$ から，

$$\lim_{x \to 2} \frac{x^2-4}{x-2} = \lim_{x \to 2} \frac{(x-2)(x+2)}{x-2} = \lim_{x \to 2}(x+2) = 4.$$

(3) x が 0 に近づくと $\frac{1}{x^2}$ はいくらでも大きくなるので，極限値は正の無限大 $+\infty$ になる．　（解終）

定理 4.1（**極限の和，差，積，商**）$f(x)$，$g(x)$，$h(x)$ を関数，α，β を定数とする．$\lim_{x \to a} f(x) = \alpha$，$\lim_{x \to a} g(x) = \beta$ のとき，

(1) $\lim_{x \to a} cf(x) = c\alpha$　（c は定数）．　定数倍

(2) $\lim_{x \to a} (f(x)+g(x)) = \alpha + \beta$　和

$\lim_{x \to a} (f(x)-g(x)) = \alpha - \beta.$　差

(3) $\lim_{x \to a} f(x)g(x) = \alpha\beta.$　積

(4) $\lim_{x \to a} \frac{f(x)}{g(x)} = \frac{\alpha}{\beta}$　$(g(x) \neq 0,\ \beta \neq 0)$．　商

(5) $f(x) \leqq g(x)$ ならば$\alpha \leqq \beta$.

(6) $f(x) \leqq h(x) \leqq g(x)$ かつ $\lim_{x \to a} f(x) = \lim_{x \to a} g(x) = \alpha$ ならば $\lim_{x \to a} h(x) = \alpha.$

これらの式は $x \to \pm\infty$ のときにも成り立つ．(6) を**はさみうちの原理**という．$f(x)$，$g(x)$ が収束しないときには，これらの式は一般には成立しない．

[例題 19] 次の極限値を求めよ.

(1) $\displaystyle\lim_{x\to+\infty}\frac{2x-3}{5x+4}$ (2) $\displaystyle\lim_{x\to 2}\frac{\sqrt{x+7}-3}{x-2}$ (3) $\displaystyle\lim_{x\to+\infty}(\sqrt{x^2-2x}-x)$

(4) $\displaystyle\lim_{x\to-\infty}(\sqrt{x^2+2x}+x)$ (5) $\displaystyle\lim_{x\to 0}x^2\sin\frac{1}{x}$

(解答) (1) $\displaystyle\lim_{x\to+\infty}\frac{1}{x}=0$ を使う. $\displaystyle\lim_{x\to+\infty}\frac{2x-3}{5x+4}=\lim_{x\to+\infty}\frac{2-\frac{3}{x}}{5+\frac{4}{x}}=\frac{2}{5}.$

(2) 根号がある場合は $(a+b)(a-b)=a^2-b^2$ や $(a-b)(a^2+ab+b^2)=a^3-b^3$ などの式を使って有理化を行う.

$$\begin{aligned}\lim_{x\to 2}\frac{\sqrt{x+7}-3}{x-2}&=\lim_{x\to 2}\frac{(\sqrt{x+7}-3)(\sqrt{x+7}+3)}{(x-2)(\sqrt{x+7}+3)}\\&=\lim_{x\to 2}\frac{(x+7)-9}{(x-2)(\sqrt{x+7}+3)}\\&=\lim_{x\to 2}\frac{1}{\sqrt{x+7}+3}=\frac{1}{6}.\end{aligned}$$

(3)
$$\begin{aligned}\lim_{x\to+\infty}(\sqrt{x^2-2x}-x)&=\lim_{x\to+\infty}\frac{(x^2-2x)-x^2}{\sqrt{x^2-2x}+x}\\&=\lim_{x\to+\infty}\frac{-2x}{\sqrt{x^2-2x}+x}\\&=\lim_{x\to+\infty}\frac{-2}{\sqrt{1-\frac{2}{x}}+1}=-\frac{2}{2}=-1.\end{aligned}$$

(4) (3) と似ているが, $x\to-\infty$ より $x<0$ である. このとき $\sqrt{x^2}=-x$ に注意する必要がある. または $t=-x$ とおいて $t\to+\infty$ として (3) に帰着させてもよい.

$$\begin{aligned}\lim_{x\to-\infty}(\sqrt{x^2+2x}+x)&=\lim_{x\to-\infty}\frac{(\sqrt{x^2+2x}+x)(\sqrt{x^2+2x}-x)}{\sqrt{x^2+2x}-x}\\&=\lim_{x\to-\infty}\frac{2x}{\sqrt{x^2+2x}-x}=\lim_{x\to-\infty}\frac{2}{-\sqrt{1+\frac{2}{x}}-1}\\&=\frac{2}{-1-1}=-1.\end{aligned}$$

(5) $-1 \leqq \sin\dfrac{1}{x} \leqq 1$ と $x^2 \geqq 0$ より，

$$-x^2 \leqq x^2 \sin\frac{1}{x} \leqq x^2.$$

$x \to 0$ のとき $-x^2$, $x^2 \to 0$ であり，定理 4.1(6)[はさみうちの原理] より $\displaystyle\lim_{x\to 0} x^2 \sin\frac{1}{x} = 0$ となる．（解終）

練習問題 18　次の極限を求めよ．

(1) $\displaystyle\lim_{x\to 0}\frac{(x+2)^2-4}{x}$　(2) $\displaystyle\lim_{x\to 1}\frac{x-1}{x^3-1}$

(3) $\displaystyle\lim_{x\to\infty}\frac{3x^2-4x+5}{x^2+6x+7}$　(4) $\displaystyle\lim_{x\to 0}\frac{\sqrt{1+x}-\sqrt{1-x}}{x}$

定義 4.2（右極限・左極限）

x が a より小さい値をとりながら a に近づくとき $x \to a-0$,
x が a より大きい値をとりながら a に近づくとき $x \to a+0$ と表す．
とくに，$a=0$ のときは，単に $x \to -0$, $x \to +0$ と表す．
$\displaystyle\lim_{x\to a-0} f(x)$ を $f(x)$ の**左極限**，$\displaystyle\lim_{x\to a+0} f(x)$ を**右極限**という．

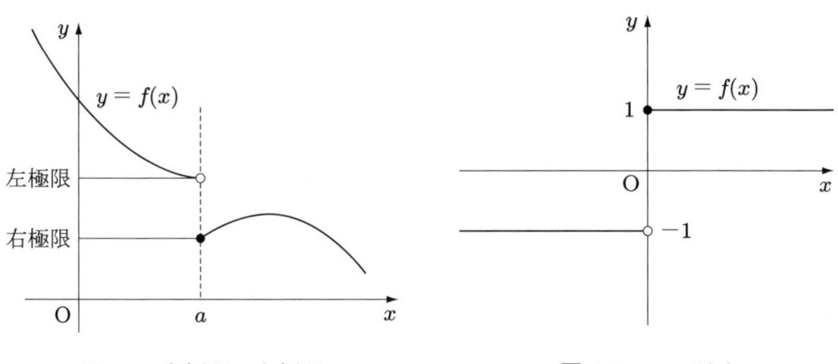

図 4.1　右極限・左極限　　**図 4.2**　$y = f(x)$

図 4.1 のように $\lim_{x\to a+0} f(x)$ と $\lim_{x\to a-0} f(x)$ の値が異なるとき $\lim_{x\to a} f(x)$ の値は存在しない.

［例題 20］

$$f(x) = \begin{cases} 1 & x \geqq 0 \\ -1 & x < 0 \end{cases}$$

とする．極限 $\lim_{x\to 0} f(x)$ を求めよ.

（解答） 図 4.2 からわかるように $\lim_{x\to +0} f(x) = 1$，$\lim_{x\to -0} f(x) = -1$ より，この極限は存在しない.　（解終）

$f(x)$ の右極限と左極限が一致するときは，次の定理が知られている.

定理 4.2 $\lim_{x\to a+0} f(x) = \lim_{x\to a-0} f(x) = \alpha$ ならば $\lim_{x\to a} f(x) = \alpha$.

定理 4.3 $\lim_{x\to 0} \dfrac{\sin x}{x} = 1$.

［証明］ $x \to 0$ より $-\dfrac{\pi}{2} < x < \dfrac{\pi}{2}$ としてよい．$0 < x < \dfrac{\pi}{2}$ のとき，原点 O を中心とする半径 1 の円に対し点 A，B，C を図 4.3 のようにとる.

このとき，△OAB の面積 < 扇形 OAB の面積 < △OAC の面積 より

$$\frac{\sin x}{2} < \frac{x}{2} < \frac{\tan x}{2}.$$

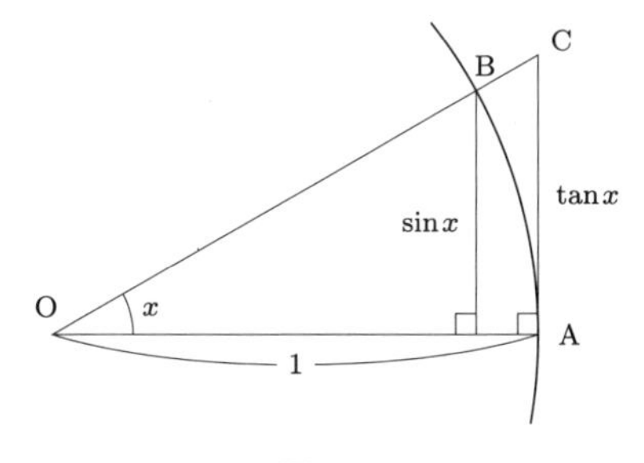

図 4.3

$\sin x > 0$ から，各辺を $\dfrac{1}{2}\sin x$ で割ると，

$$1 < \frac{x}{\sin x} < \frac{1}{\cos x} \quad \text{逆数をとって} \quad 1 > \frac{\sin x}{x} > \cos x.$$

したがって

$$1 \geqq \lim_{x \to +0} \frac{\sin x}{x} \geqq \lim_{x \to +0} \cos x = 1$$

となり，定理 4.1(6) より $\displaystyle\lim_{x \to +0} \frac{\sin x}{x} = 1$ が示される．

$-\dfrac{\pi}{2} < x < 0$ のとき，$x = -\theta$ とおくと $\theta \to +0$ より

$$\lim_{x \to -0} \frac{\sin x}{x} = \lim_{\theta \to +0} \frac{\sin(-\theta)}{-\theta} = \lim_{\theta \to +0} \frac{\sin \theta}{\theta} = 1.$$

したがって，$\displaystyle\lim_{x \to 0} \frac{\sin x}{x} = 1$ が成り立つ．（証明終）

この定理により，$|x|$ が 0 に近いときには $\sin x \fallingdotseq x$ と考えてよい．

4.2　連続関数

定義 4.3（連続関数）　関数 $f(x)$ が点 $x = a$ で

$$\lim_{x \to a} f(x) = f(a)$$

をみたすとき，$f(x)$ は $x = a$ で**連続**であるという．$f(x)$ が $x = a$ で連続でないとき，$x = a$ で**不連続**という．
区間 I のすべての点 x で $f(x)$ が連続であるとき，$f(x)$ はその区間 I で**連続**であるという．

（解説）　連続か不連続かという性質は 1 点 x での性質である．したがって，区間で連続とはその区間のすべての点で連続でなければならない．これは，風船を考えてみるとわかりやすいかもしれない．すべての点で穴の開いていない（連続な）風船を，破れていない（連続な）風船という．（解説終）

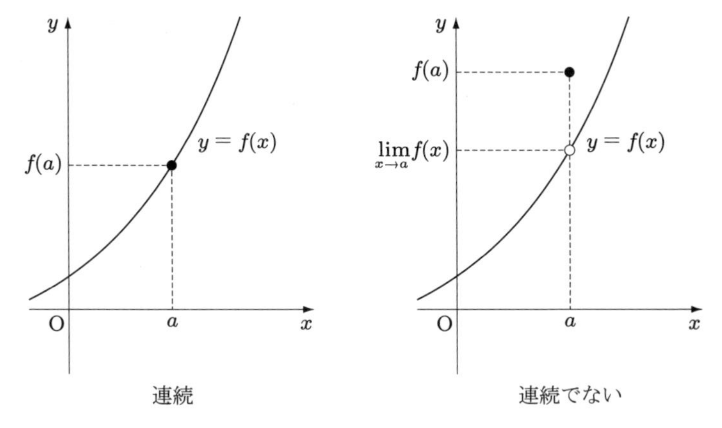

図 4.4　連続関数

定理 4.1 より，次の定理が成り立つ．

定理 4.4（**連続関数の和，差，積，商**）$f(x)$，$g(x)$ が $x = a$ において連続であるならば，

$cf(x)$	定数倍　c は定数
$f(x) \pm g(x)$	和・差
$f(x)g(x)$	積
$\dfrac{f(x)}{g(x)}$　(ただし　$g(a) \neq 0$)	商

もまた $x = a$ で連続である．

■連続関数の例　三角関数・逆三角関数・指数関数・対数関数などはその定義域上で連続関数になる（ただし，$y = \tan x$ は定義域を便宜的に実数にすれば連続関数でないと考えることもできる）．

定理 4.5（**合成関数の極限値**）　$\lim_{x \to a} f(x) = b$，$g(x)$ が $x = b$ で連続ならば

$$\lim_{x \to a} g(f(x)) = g(\lim_{x \to a} f(x)).$$

（解説）　この定理により $g(x)$ が連続であれば関数と極限の順序を入れ替えてもよい．（解説終）

定理 4.6（**合成関数の連続性**）　$f(x)$ が $x = a$ で連続，$g(x)$ が $x = f(a)$ で連続ならば，合成関数 $(g \circ f)(x)$ は $x = a$ で連続である．

（解説） 定理 4.5 で $f(x)$ も連続の場合である．この定理により関数が連続という性質は写像の合成で保存される．（解説終）

定理 4.7（**中間値の定理**）　閉区間 $[a, b]$ で連続な関数 $f(x)$ において，$f(a) \neq f(b)$ であるとき，$f(a)$ と $f(b)$ の中間にある任意の α に対して (a, b) の点 c で $f(c) = \alpha$ となるものが存在する．

（解説） 図 4.5 を見ればこの定理の意味はわかるだろう．この定理は，$y = f(x)$ のグラフにおいて $f(a)$ と $f(b)$ の中間にある値 α に対して $y = \alpha$ と $y = f(x)$ は少なくとも 1 点（図 4.5 では 3 点）で交わることを主張している．当たり前のような定理であるが証明は難しい．（解説終）

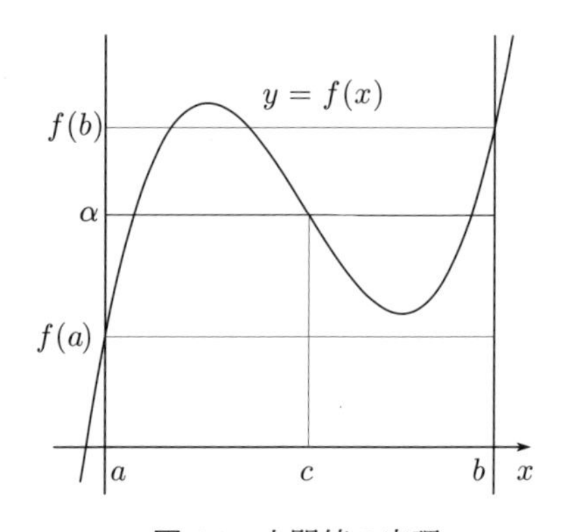

図 4.5　中間値の定理

［例題 21］ 方程式 $x^3 - 3x + 1 = 0$ は，区間 $[0, 1]$ 内に少なくとも 1 つ解を持つ．

（解答） $f(x) = x^3 - 3x + 1$ は区間 $[0, 1]$ で連続．また，$f(0) = 1 > 0$，$f(1) = -1 < 0$ より中間値の定理から $f(x) = 0$ となる x が $[0, 1]$ 内に少なくとも 1 つ存在する．（解終）

練習問題 19 方程式 $x^3 - 2x^2 - 5 = 0$ は，区間 $[2, 3]$ 内に少なくとも 1 つの解を持つことを示せ．

定義 4.4 $f(x)$ の値域に最大の値があるとき，この値を $f(x)$ の**最大値**といい，最小の値があるとき，この値を**最小値**という．

定理 4.8（連続関数の閉区間での最大値と最小値の存在性） 閉区間で連続な関数は，その閉区間で最大値と最小値を持つ．

（解説） $y = \tan x$ は図 3.5 からわかるように開区間 $\left(-\dfrac{\pi}{2}, \dfrac{\pi}{2}\right)$ で連続であるが最大値と最小値を持たない．関数が連続であることと閉区間であることが重要である．（解説終）

練習問題 20 次の関数の最大値と最小値を求めよ．

(1) $y = x^2 - 2x \ (0 \leqq x \leqq 3)$　　(2) $y = \sin x \ (0 \leqq x \leqq 2\pi)$

章末問題 4

4.1　次の極限値を求めよ．

(1) $\displaystyle\lim_{x\to 2}(5x^2+1)$　(2) $\displaystyle\lim_{x\to 0}\frac{3x^2+7x}{x}$

(3) $\displaystyle\lim_{x\to\infty}\frac{2x^2+2x}{x^2+5x}$　(4) $\displaystyle\lim_{x\to\infty}\left(1+\frac{1}{x}\right)\left(1-\frac{1}{x}\right)$

(5) $\displaystyle\lim_{x\to+\infty}\frac{\mathrm{Tan}^{-1}x}{x}$　(6) $\displaystyle\lim_{x\to 0}\frac{x}{\sqrt{x+9}-3}$

4.2　次の極限値を求めよ．

(1) $\displaystyle\lim_{x\to a}\frac{x^3-a^3}{x-a}$　(2) $\displaystyle\lim_{x\to 1}\frac{x-\sqrt{x}}{\sqrt{3x-2}-1}$

(3) $\displaystyle\lim_{x\to+\infty}\frac{2^x-2^{-x}}{2^x+2^{-x}}$　(4) $\displaystyle\lim_{x\to 1}\frac{\sqrt{2x-1}-\sqrt{x}}{x-1}$

(5) $\displaystyle\lim_{x\to+\infty}\left(\sqrt{x^2+x+1}-x\right)$　(6) $\displaystyle\lim_{x\to-\infty}\left(\sqrt{x^2-x}+x+1\right)$

(7) $\displaystyle\lim_{x\to 0}\frac{\tan^2 x}{1-\cos x}$　(8) $\displaystyle\lim_{x\to 0}\frac{\sqrt[3]{1+x}-\sqrt[3]{1-x}}{x}$

4.3　次の等式が成り立つように，定数 a と b の値を求めよ．

$$\lim_{x\to 1}\frac{x^2+ax+b}{x-1}=2.$$

4.4　方程式 $x=\cos x$ は閉区間 $\left[\dfrac{\pi}{6},\dfrac{\pi}{4}\right]$ 内に解を持つことを示せ．

第5章　導関数

速さは，移動距離をかかった時間で割って求める．1時間に60km移動すると，速さは60km/hである．ところが，自動車の速度メーターには瞬間の速さが表示される．瞬間の速さはかかった時間を0に限りなく近づけたときの極限値である．速さは移動距離を時間で微分することで得られる．このように身近なところに微分がある．

微分法は，17世紀の後半にイギリス人のアイザック・ニュートン(I. Newton)とドイツ人のゴットフリート・ライプニッツ(G. Leibniz)によって独立に発見された．現在，微分法は薬学を初めとして自然科学や工学などのさまざまな分野で使われている．

5.1　微分係数と導関数

定義 5.1（微分係数） $y = f(x)$ について，極限値

$$\lim_{x \to a} \frac{f(x) - f(a)}{x - a}$$

が存在するとき，この極限値を $f(x)$ の $x = a$ における**微分係数**といい $f'(a)$ で表す．また $f(x)$ は，$x = a$ において**微分可能**であるという．区間 I で定義された関数 $f(x)$ が，I のすべての点で微分可能であるとき $f(x)$ はその**区間 I で微分可能**という．

（解説） 微分係数は，

$$f'(a) = \lim_{h \to 0} \frac{f(a+h) - f(a)}{h}$$

などとも表せる．　（解説終）

図 5.1 から，関数 $y = f(x)$ の点 $\mathrm{A}(a, f(a))$ での接線の式もわかる．

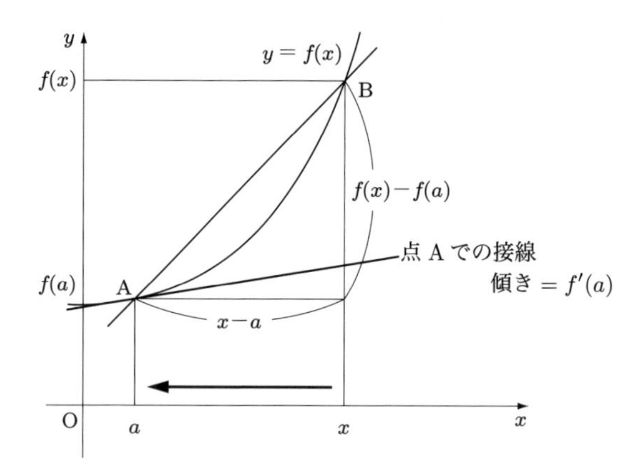

図 5.1　微分係数

定理 5.1　微分可能な関数 $y = f(x)$ において，点 $\mathrm{A}(a, f(a))$ での接線の式は

$$y - f(a) = f'(a)(x - a)$$

である．

定義 5.2（**導関数**）　$y = f(x)$ は区間 I 上で微分可能とする．I の点 $x = a$ に微分係数 $f'(a)$ を対応させる関数を $f(x)$ の**導関数**といい，$f'(x)$ で表す．$f'(x)$ は

$$f'(x) = \lim_{h \to 0} \frac{f(x+h) - f(x)}{h}$$

と表せる．また $f'(x)$ を

$$y', \quad f', \quad \frac{dy}{dx}, \quad \frac{df}{dx}, \quad \frac{df}{dx}(x), \quad \frac{d}{dx}f(x)$$

などとも表す．導関数を求めることを $f(x)$ を**微分する**という．

［例題 22］ $n = 1, 2, 3, \ldots$ のとき，$(x^n)' = nx^{n-1}$ を示せ．

（解答） $f(x) = x^n$ とおく．2 項定理より

$(x+h)^n = x^n + {}_n\mathrm{C}_1 x^{n-1}h + {}_n\mathrm{C}_2 x^{n-2}h^2 + \cdots + {}_n\mathrm{C}_{n-1} x h^{n-1} + h^n$ となる．

$$
\begin{aligned}
&\lim_{h \to 0} \frac{f(x+h) - f(x)}{h} \\
&= \lim_{h \to 0} \frac{(x+h)^n - x^n}{h} \\
&= \lim_{h \to 0} \frac{(x^n + {}_n\mathrm{C}_1 x^{n-1}h + {}_n\mathrm{C}_2 x^{n-2}h^2 + \cdots + {}_n\mathrm{C}_{n-1} x h^{n-1} + h^n) - x^n}{h} \\
&= \lim_{h \to 0} \frac{{}_n\mathrm{C}_1 x^{n-1}h + {}_n\mathrm{C}_2 x^{n-2}h^2 + \cdots + {}_n\mathrm{C}_{n-1} x h^{n-1} + h^n}{h} \\
&= \lim_{h \to 0} (nx^{n-1} + {}_n\mathrm{C}_2 x^{n-2}h^1 + \cdots + {}_n\mathrm{C}_{n-1} x h^{n-2} + h^{n-1}) \\
&= nx^{n-1}
\end{aligned}
$$

したがって，$(x^n)' = nx^{n-1}$ が得られる．　　　　（解終）

c が定数のとき，$f(x) = c$ を**定数関数**という．

［例題 23］ 定数関数 $f(x) = c$ に対して，$f'(x) = 0$ を示せ．

（解答） $f'(x) = \lim_{h \to 0} \frac{f(x+h) - f(x)}{h} = \lim_{h \to 0} \frac{c - c}{h} = \lim_{h \to 0} \frac{0}{h} = 0.$　　　　（解終）

定理 5.2（微分可能性と連続性） $f(x)$ が $x = a$ で微分可能ならば $x = a$ で連続である．

［証明］ $f(x)$ が $x = a$ で微分可能より，$f'(a)$ が存在する．

$$\lim_{x \to a} (f(x) - f(a)) = \lim_{x \to a} \left(\frac{f(x) - f(a)}{x - a} \cdot (x - a) \right) = f'(a) \cdot 0 = 0.$$

したがって，$\lim_{x \to a} f(x) = f(a)$ となり，$f(x)$ は $x = a$ で連続である．

（証明終）

定理 5.3（微分可能な関数の和，差，積，商）$f(x)$，$g(x)$ が微分可能とする．このとき

(1) $\{cf(x)\}' = c\,f'(x)$ （c は定数）．

(2) $\{f(x)+g(x)\}' = f'(x)+g'(x)$.

$\{f(x)-g(x)\}' = f'(x)-g'(x)$.

(3) $\{f(x)g(x)\}' = f'(x)g(x)+f(x)g'(x)$.

(4) $\left\{\dfrac{f(x)}{g(x)}\right\}' = \dfrac{f'(x)g(x)-f(x)g'(x)}{\{g(x)\}^2}$ （$g(x)\neq 0$）．

［証明］ (3) について証明する．

$$(f(x)g(x))' = \lim_{h\to 0}\frac{f(x+h)g(x+h)-f(x)g(x)}{h}$$

$$= \lim_{h\to 0}\frac{f(x+h)g(x+h)-f(x)g(x+h)+f(x)g(x+h)-f(x)g(x)}{h}$$

$$= \lim_{h\to 0}\frac{(f(x+h)-f(x))g(x+h)+f(x)(g(x+h)-g(x))}{h}$$

$$= \lim_{h\to 0}\left(\frac{f(x+h)-f(x)}{h}\cdot g(x+h)+f(x)\cdot\frac{g(x+h)-g(x)}{h}\right).$$

$f(x)$，$g(x)$ は微分可能より

$$\lim_{h\to 0}\frac{f(x+h)-f(x)}{h} = f'(x), \quad \lim_{h\to 0}\frac{g(x+h)-g(x)}{h} = g'(x).$$

$g(x)$ は微分可能より連続なので，$\lim\limits_{h\to 0} g(x+h) = g(x)$．したがって

$$(f(x)g(x))' = f'(x)g(x)+f(x)g'(x).$$

残りの式も同様に示すことができる．（証明終）

［例題 24］ 次の関数の導関数を求めよ．

(1) $y = (x^2+2)(x+3)$　　　(2) $y = \dfrac{2x+1}{x-1}$

（解答） (1) 積の微分法を使う．

$$\begin{aligned} y' &= (x^2+2)'(x+3) + (x^2+2)(x+3)' \\ &= 2x(x+3) + (x^2+2)\cdot 1 \\ &= 2x^2+6x+x^2+2 \\ &= 3x^2+6x+2. \end{aligned}$$

(2) 商の微分法を使う．

$$\begin{aligned} y' &= \frac{(2x+1)'(x-1)-(2x+1)(x-1)'}{(x-1)^2} \\ &= \frac{2\cdot(x-1)-(2x+1)\cdot 1}{(x-1)^2} \\ &= -\frac{3}{(x-1)^2}. \end{aligned}$$

（解終）

練習問題 21　次の関数の導関数を求めよ．

(1) $y = (x^3+5x)(2x^4+1)$　　　(2) $y = \dfrac{5x-2}{x^3+1}$

定理 5.4（合成関数の微分） $y = g(u)$ が u の関数として微分可能，$u = f(x)$ が x の関数として微分可能であるとき，合成関数 $y = g(f(x))$ は x の関数として微分可能で，

$$\frac{dy}{dx} = \frac{dy}{du}\frac{du}{dx} = g'(u)u' = g'(f(x))f'(x).$$

（解説） $h \to 0$ のとき，$f(x+h) \to f(x)$ より

$$y' = \lim_{h\to 0} \frac{g(f(x+h)) - g(f(x))}{h}$$

$$= \lim_{h \to 0} \left(\frac{g(f(x+h)) - g(f(x))}{f(x+h) - f(x)} \cdot \frac{f(x+h) - f(x)}{h} \right)$$
$$= g'(f(x))f'(x).$$

$g'(f(x)) = g'(u) = \dfrac{dy}{du}$，$f'(x) = u' = \dfrac{du}{dx}$ より $\dfrac{dy}{dx} = \dfrac{dy}{du}\dfrac{du}{dx}$ が得られる．

ただし $f(x+h) \to f(x)$ のとき，$f(x+h) \neq f(x)$ とは限らないので証明には工夫が必要である．（解説終）

［例題 25］ $y = (3x^2+1)^5$ の導関数を求めよ．

（解答） $u = 3x^2+1$ とおくと，$y = u^5$ より $\dfrac{dy}{du} = 5u^4$，$\dfrac{du}{dx} = 6x$ となる．

$$\frac{dy}{dx} = \frac{dy}{du}\frac{du}{dx} \qquad （合成関数の微分より）$$
$$= 5u^4 \cdot 6x \qquad （u = 3x^2+1 を代入）$$
$$= 30x(3x^2+1)^4.$$

（解終）

練習問題 22　次の関数の導関数を求めよ．

(1) $y = (2x^4+5)^7$　　(2) $y = (5x^3+x^2)^9$　　(3) $y = \dfrac{1}{(x^3+5)^2}$

定理 5.5（逆関数の微分） $y = f(x)$ が区間 I で微分可能で I の任意の点 x で $f'(x) \neq 0$ とする．このとき，逆関数 $y = f^{-1}(x)$ は微分可能で，$x = f(y)$ の導関数との関係は

$$\frac{dy}{dx} = \frac{1}{\frac{dx}{dy}}.$$

［証明］ $y = f^{-1}(x)$ より $x = f(y)$ である．$x = f(y)$ の両辺を x で微分すると，

$$左辺 = \frac{d}{dx}x = 1,$$
$$右辺 = \frac{d}{dx}f(y) = \frac{d}{dy}f(y)\frac{dy}{dx} \quad （合成関数の微分法）$$

$$= \frac{dx}{dy}\frac{dy}{dx}.$$

したがって，$1 = \dfrac{dx}{dy}\dfrac{dy}{dx}$ となるから，$\dfrac{dy}{dx} = \dfrac{1}{\frac{dx}{dy}}$ を得る．　（証明終）

［例題 26］ 逆関数の微分を用いて $y = \sqrt[3]{x}$ の導関数を求めよ．

（解答） $y = \sqrt[3]{x}$ より $x = y^3$ である．x を y の関数とみて，y で微分する．

$$\frac{dx}{dy} = 3y^2.$$

したがって，

$$\begin{aligned} \frac{dy}{dx} &= \frac{1}{\frac{dx}{dy}} && \text{（逆関数の微分）} \\ &= \frac{1}{3y^2} = \frac{1}{3x^{\frac{2}{3}}} && (y = x^{\frac{1}{3}}\text{ を代入}) \\ &= \frac{1}{3\sqrt[3]{x^2}}. \end{aligned}$$

（解終）

練習問題 23　逆関数の微分を用いて次の関数の導関数を求めよ．

(1) $y = \sqrt[7]{x}$　　(2) $y = (3x+2)^{\frac{1}{5}}$

5.2　三角関数・逆三角関数の導関数

5.2.1　三角関数の導関数

定理 5.6（三角関数の導関数）

$$(\sin x)' = \cos x. \qquad (\cos x)' = -\sin x. \qquad (\tan x)' = \frac{1}{\cos^2 x}.$$

［証明］■ $y = \sin x$ の導関数

定理3.5と定理4.3より

$$
\begin{aligned}
(\sin x)' &= \lim_{h \to 0} \frac{\sin(x+h) - \sin x}{h} \\
&= \lim_{h \to 0} \frac{2 \sin \frac{h}{2} \cos \frac{2x+h}{2}}{h} \\
&= \lim_{h \to 0} \frac{\sin \frac{h}{2} \cos \left(x + \frac{h}{2}\right)}{\frac{h}{2}} \qquad \left(\lim_{x \to 0} \frac{\sin x}{x} = 1 \text{ より}\right) \\
&= \cos x.
\end{aligned}
$$

■ $y = \cos x$ の導関数

$\sin x$ と同様にできるが，以下のようにしても求めることができる．

$$\cos x = \sin\left(x + \frac{\pi}{2}\right), \qquad \cos\left(x + \frac{\pi}{2}\right) = -\sin x$$

と合成関数の微分法より

$$(\cos x)' = \left(\sin\left(x + \frac{\pi}{2}\right)\right)' = \cos\left(x + \frac{\pi}{2}\right) \cdot \left(x + \frac{\pi}{2}\right)' = -\sin x.$$

■ $y = \tan x$ の導関数

$\tan x = \dfrac{\sin x}{\cos x}$ より

$$(\tan x)' = \frac{(\sin x)' \cos x - \sin x (\cos x)'}{\cos^2 x} = \frac{\cos^2 x + \sin^2 x}{\cos^2 x} = \frac{1}{\cos^2 x}.$$

（証明終）

練習問題24　次の導関数を求めよ．

(1) $y = \sin(2x + 3)$　　(2) $y = x \cos 3x$　　(3) $y = \dfrac{1}{\tan x}$

5.2.2　逆三角関数の導関数

定理 5.7（逆三角関数の導関数）

(1) $\left(\mathrm{Sin}^{-1}x\right)' = \dfrac{1}{\sqrt{1-x^2}} \quad (-1 < x < 1).$

(2) $\left(\mathrm{Cos}^{-1}x\right)' = \dfrac{-1}{\sqrt{1-x^2}} \quad (-1 < x < 1).$

(3) $\left(\mathrm{Tan}^{-1}x\right)' = \dfrac{1}{1+x^2} \quad (-\infty < x < \infty).$

［証明］ (1) $y = \mathrm{Sin}^{-1}x$ より $x = \sin y$ となる．両辺を y で微分して，

$$\frac{dx}{dy} = \frac{d}{dy}\sin y = \cos y.$$

$-\dfrac{\pi}{2} \leqq y \leqq \dfrac{\pi}{2}$ より，$\cos y \geqq 0$ となるので

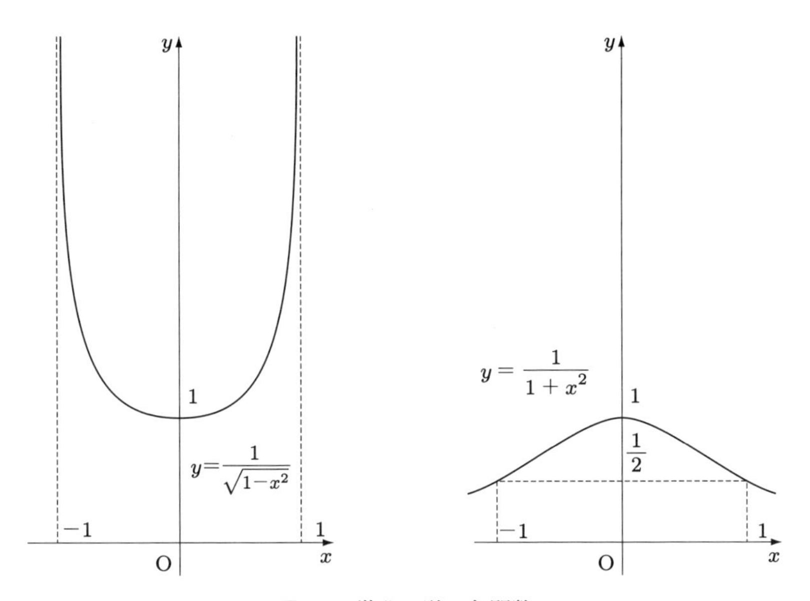

図 5.2　微分と逆三角関数

$$\cos y = \sqrt{1-\sin^2 y} = \sqrt{1-x^2}.$$

したがって，$\dfrac{dx}{dy} = \sqrt{1-x^2}$ となる．定理5.5（逆関数の微分）から

$$\frac{dy}{dx} = \frac{1}{\frac{dx}{dy}} = \frac{1}{\sqrt{1-x^2}}.$$

分母は0にならないので $-1 < x < 1$ となる．同様に(2)についても示される．

(3) $y = \mathrm{Tan}^{-1}x$ より $x = \tan y$ となる．両辺を y で微分して

$$\frac{dx}{dy} = \frac{d}{dy}\tan y = \frac{1}{\cos^2 y} = 1 + \tan^2 y = 1 + x^2.$$

したがって

$$\frac{dy}{dx} = \frac{1}{1+x^2} \qquad (-\infty < x < \infty).$$

（証明終）

練習問題 25　次の導関数を求めよ．

(1) $y = \mathrm{Sin}^{-1}5x$　　(2) $y = \mathrm{Cos}^{-1}(3x+2)$　　(3) $y = \mathrm{Tan}^{-1}\dfrac{1-x}{1+x}$

5.3　指数関数・対数関数の導関数

5.3.1　指数関数の導関数

$y = a^x$ $(a \neq 1,\ a > 0)$ の導関数を求めよう．

$$(a^x)' = \lim_{h\to 0}\frac{a^{x+h}-a^x}{h} = \lim_{h\to 0}\frac{a^x(a^h-1)}{h} = a^x\lim_{h\to 0}\frac{a^h-1}{h}.$$

$\displaystyle\lim_{h\to 0}\frac{a^h-1}{h} = 1$ のとき，$(a^x)' = a^x$ となる．このときの a の値を e とおく．

$\displaystyle\lim_{h\to 0}\frac{e^h-1}{h}=1$ となる e の値を求めよう．$e^h-1=k$ とおくと $e^h=k+1$ となる．両辺の e を底とする対数をとって，$h=\log_e(k+1)$ が得られる．また，$h\to 0$ のとき $k\to 0$ となる．これらを $\displaystyle\lim_{h\to 0}\frac{e^h-1}{h}=1$ に代入して，

$$1=\lim_{k\to 0}\frac{k}{\log_e(k+1)}=\lim_{k\to 0}\frac{1}{\frac{1}{k}\log_e(k+1)}=\lim_{k\to 0}\frac{1}{\log_e(k+1)^{\frac{1}{k}}}.$$

対数関数の連続性から，$\displaystyle\lim_{k\to 0}\log_e(k+1)^{\frac{1}{k}}=1$ より $\displaystyle\lim_{k\to 0}(k+1)^{\frac{1}{k}}=e$ となる．この極限は存在し，$e=2.718281828459045\cdots$ であることが知られている．e を**ネピア数**[3] という．$x=\dfrac{1}{k}$ とおくと

$$e=\lim_{k\to 0}(k+1)^{\frac{1}{k}}=\lim_{x\to\pm\infty}\left(1+\frac{1}{x}\right)^x$$

が得られる．e の定義と合成関数の微分より次の定理を得る．

定理 5.8（指数関数の導関数 1）

$$(e^x)'=e^x. \qquad (e^{ax})'=ae^{ax} \quad (a\text{ は定数}).$$

定義 5.3（自然対数）e を底とする対数 $\log_e x$ を x の**自然対数**という．このとき e を**自然対数の底**とよぶ．

数学では自然対数を $\log x$，常用対数を $\log_{10} x$ で表すが，他の分野では自然対数を $\ln x$，常用対数を $\log x$ と表すときもある．ln は natural logarithm（自然対数）からきている．

正の定数 a に対して，対数の定義より $a=e^{\log a}$ である．したがって，$(a^x)'=(e^{x\log a})'=e^{x\log a}\log a=a^x\log a$ が得られる．

[3] J. Napier，1550-1617．スコットランド人で対数を発明した．対数の発明により巨大な数の掛け算，割り算が簡単に計算できるようになった．

定理 5.9（指数関数の導関数 2）

$$(a^x)' = a^x \log a \quad (a > 0 \text{ は定数}).$$

［例題 27］ 次の導関数を求めよ．

(1) $y = e^{7x}$　　(2) $y = e^{3x^2+x}$　　(3) $y = a^{5x}$ $(a > 0)$

（解答） 合成関数の微分法を使う．

(1) $y' = 7e^{7x}$.　(2) $y' = (6x+1)e^{3x^2+x}$.　(3) $y' = 5a^{5x} \log a$.　（解終）

5.3.2　対数関数の導関数

自然対数 $y = \log x$ の導関数を求めよう．

$$\begin{aligned}(\log x)' &= \lim_{h \to 0} \frac{\log(x+h) - \log x}{h} \\ &= \lim_{h \to 0} \left(\frac{1}{h} \log\left(1 + \frac{h}{x}\right)\right) = \lim_{h \to 0} \left(\frac{1}{x}\frac{x}{h} \log\left(1 + \frac{h}{x}\right)\right) \\ &= \lim_{h \to 0} \left(\frac{1}{x} \log\left(1 + \frac{h}{x}\right)^{\frac{x}{h}}\right) \\ &= \frac{1}{x} \log\left(\lim_{h \to 0}\left(1 + \frac{h}{x}\right)^{\frac{x}{h}}\right) \qquad \text{（対数関数の連続性より）} \\ &= \frac{1}{x} \log e = \frac{1}{x}. \qquad \text{（} e \text{ の定義より）}\end{aligned}$$

よって，$(\log x)' = \dfrac{1}{x}$ が得られる．

定理 5.10（対数関数の導関数）

(1) $(\log x)' = \dfrac{1}{x}$.　(2) $(\log |x|)' = \dfrac{1}{x}$.　(3) $(\log_a x)' = \dfrac{1}{x \log a}$.

［証明］ (2) $x > 0$ のときは (1) に帰着する．$x < 0$ のとき，$y = \log |x|$ として $t = -x$ とおくと，$y = \log t$ となる．

$$y' = \frac{dy}{dt}\frac{dt}{dx} = \frac{1}{t}(-1) = \frac{1}{-t} = \frac{1}{x}.$$

よって (2) が成り立つ．

(3) $(\log_a x)' = \left(\dfrac{\log x}{\log a}\right)' = \dfrac{1}{x \log a}$ より示される．　（証明終）

［例題 28］ 次の導関数を求めよ．

(1) $y = \log|3x+4|$　(2) $y = (\log x)^2$　(3) $y = \log(\log x)$

（解答） 合成関数の微分法を使う．

(1) $u = 3x+4$ とおくと，$y = \log|u|$ となる．

$$y' = \frac{dy}{du}\frac{du}{dx} = (\log|u|)'(3x+4)' = \frac{1}{u} \cdot 3 = \frac{3}{3x+4}.$$

(2) $u = \log x$ とおくと，$y = u^2$ となる．

$$y' = \frac{dy}{du}\frac{du}{dx} = (u^2)'(\log x)' = 2u \cdot \frac{1}{x} = \frac{2\log x}{x}.$$

(3) $u = \log x$ とおくと，$y = \log u$ となる．

$$y' = \frac{dy}{du}\frac{du}{dx} = (\log u)'(\log x)' = \frac{1}{u} \cdot \frac{1}{x} = \frac{1}{x \log x}.$$

（解終）

練習問題 26 次の導関数を求めよ．

(1) $y = x \log x$　(2) $y = \log|\sin x|$　(3) $y = \log\left|\dfrac{x-1}{x+1}\right|$

定理 5.11（x^a の導関数）

$$(x^a)' = ax^{a-1} \quad (x > 0 \quad a \text{ は実数}).$$

この定理は例題 22 の拡張になっている．

［証明］ $y = x^a$ の両辺の自然対数をとると，$\log y = a \log x$ となる．

$$\begin{aligned}
\frac{d}{dx}\log y &= \frac{d}{dx}(a \log x) \quad \text{（両辺を } x \text{ で微分）} \\
\frac{d}{dy}\log y \cdot \frac{dy}{dx} &= \frac{a}{x} \quad \text{（合成関数の微分法）} \\
\frac{1}{y} \cdot y' &= \frac{a}{x}.
\end{aligned}$$

よって，$y' = \dfrac{ay}{x} = \dfrac{ax^a}{x} = ax^{a-1}$ が得られる．　　（証明終）

両辺の対数をとってから微分する方法を**対数微分法**という．

［例題 29］ 次の導関数を求めよ．
(1) $y = x^{\frac{2}{5}}$　(2) $y = \sqrt[3]{x^2+3x+1}$　(3) $y = (x^2+1)^{\sqrt{5}}$

（解答） (1) $y' = \dfrac{2}{5}x^{\frac{2}{5}-1} = \dfrac{2}{5}x^{-\frac{3}{5}}$　$\left(\text{または}\ \dfrac{2}{5\sqrt[5]{x^3}}\right)$.

(2) $u = x^2+3x+1$ とおくと，$y = u^{\frac{1}{3}}$ となる．

$$\begin{aligned} y' &= (x^2+3x+1)'(u^{\frac{1}{3}})' \\ &= (2x+3)\frac{1}{3}u^{-\frac{2}{3}} \\ &= \frac{1}{3}(2x+3)(x^2+3x+1)^{-\frac{2}{3}} \quad \left(\text{または}\ \frac{2x+3}{3\sqrt[3]{(x^2+3x+1)^2}}\right). \end{aligned}$$

(3) $u = x^2+1$ とおくと，$y = u^{\sqrt{5}}$ となる．

$$\begin{aligned} y' &= (x^2+1)'(u^{\sqrt{5}})' \\ &= 2x \cdot \sqrt{5}\,u^{\sqrt{5}-1} \\ &= 2\sqrt{5}\,x \cdot (x^2+1)^{\sqrt{5}-1}. \end{aligned}$$

（解終）

練習問題 27　次の導関数を求めよ．
(1) $y = (x+2)^{\frac{2}{5}}$　(2) $y = \sqrt[3]{x^2+4}$　(3) $y = \dfrac{1}{\sqrt[5]{x^3+1}}$

［例題 30］（対数微分法） 次の導関数を求めよ．
(1) $y = x^x$.　(2) $y = x^{\sin x}$.

（解答） $y = x^n$ と異なることに注意する．たとえば (2) は $y' = \sin x \cdot x^{\sin x - 1}$ としてはいけない．底と指数の両方に x があるときには対数微分法を使う．

(1) 両辺の自然対数をとると，

$$\log y = \log x^x,$$

$$\log y = x \log x.$$

両辺を x で微分する．左辺は合成関数の微分法を使うと，

$$\begin{aligned}\frac{y'}{y} &= \log x + 1,\\ y' &= y(\log x + 1)\\ &= x^x(\log x + 1).\end{aligned}$$

(2) 両辺の自然対数をとると，$\log y = \log x^{\sin x} = \sin x \log x$ となる．

$$\begin{aligned}\frac{y'}{y} &= (\sin x)' \log x + \sin x (\log x)'\\ &= \cos x \log x + \sin x \frac{1}{x}.\\ y' &= y\left(\cos x \log x + \frac{\sin x}{x}\right)\\ &= x^{\sin x}\left(\cos x \log x + \frac{\sin x}{x}\right).\end{aligned}$$

（解終）

練習問題 28　次の導関数を求めよ．

(1) $y = x^{3x}$　　(2) $y = x^{\cos x}$　　(3) $y = x^{\log x}$

5.4　高次導関数

関数 $f(x)$ に対して，その導関数 $f'(x)$ がまた微分可能であるとき，$f(x)$ は 2 回微分可能であるという．$f'(x)$ の導関数を $f(x)$ の 2 次導関数といい，$f''(x)$ で表す．

［例題 31］　$f(x) = x^3$ の 2 次導関数を求めよ．

（解答）　$f'(x) = 3x^2$ より $f''(x) = 6x$ となる．　（解終）

定義 5.4（**高次導関数**）関数 $f(x)$ が n 回微分可能であるとき n 回微分して得られる関数を，$f(x)$ の $\boldsymbol{n}$ **次導関数**といい，

$$f^{(n)}(x), \quad y^{(n)}, \quad \frac{d^n y}{dx^n}, \quad \frac{d^n f}{dx^n}, \quad \frac{d^n}{dx^n} f(x)$$

などのように表す．また，$f^{(1)}(x) = f'(x)$, $f^{(2)}(x) = f''(x)$, $f^{(3)}(x) = f'''(x)$ である．さらに，$f^{(0)}(x) = f(x)$ と表すこともある．
2次以上の導関数を**高次導関数**という．

［例題 32］ $y = x^3 + 2x^2 + 3x + 4$ の n 次導関数を求めよ．

（解答） 順に微分していけばよい．

$$y' = 3x^2 + 4x + 3.$$
$$y'' = 6x + 4.$$
$$y''' = 6.$$
$$y^{(4)} = 0 \text{ より，}$$
$$y^{(n)} = 0 \quad (n \geqq 4).$$

（解終）

練習問題 29　次の関数の3次導関数まですべて求めよ．

(1) $y = x^4 + x^3 + x^2$　(2) $y = e^{2x}$　(3) $y = \dfrac{1}{x}$　(4) $y = e^x \sin x$

章末問題5

5.1　次の関数を微分せよ．

(1)　$y=(3x^5+2)(x^2+1)$　(2)　$y=(3x+5)^7$

(3)　$y=\sin(4x+5)$　(4)　$y=\tan(x^3+2x)$

(5)　$y=\dfrac{x}{x^2+1}$　(6)　$y=\dfrac{1}{\sin x}$

(7)　$y=\mathrm{Sin}^{-1}\dfrac{x}{2}$　(8)　$y=\mathrm{Tan}^{-1}\sqrt{x}$

5.2　次の関数を微分せよ．

(1)　$y=\sqrt[3]{x^7}$　(2)　$y=\tan^3 x$

(3)　$y=\sqrt{(x+a)(x+b)}$　(4)　$y=\mathrm{Sin}^{-1}(x^2-1)$

(5)　$y=e^x\log x$　(6)　$y=\dfrac{1-e^x}{1+e^x}$

(7)　$y=\log_2 x$　(8)　$y=a^{3x}$

(9)　$y=\log(\log 3x)$　(10)　$y=\mathrm{Sin}^{-1}(\cos x)\quad(0<x<\pi)$

(11)　$y=\mathrm{Tan}^{-1}e^x$　(12)　$y=\log(x+\sqrt{x^2+7})$

5.3　対数微分法によって次の関数を微分せよ．

(1) $y=x^{\sqrt{x}}$　(2) $y=(\sin x)^x\quad(0<x<\pi)$

5.4　原点から曲線 $y=e^x$ へ引いた接線の方程式を求めよ．

5.5　$\displaystyle\lim_{k\to 0}(k+1)^{\frac{1}{k}}=e$ を用いて，次の極限を求めよ．

(1) $\displaystyle\lim_{x\to 0}(3x+1)^{\frac{1}{x}}$　(2) $\displaystyle\lim_{x\to\infty}\left(1+\frac{1}{2x}\right)^x$

第6章　平均値の定理と関数の増減

微分係数は接線の傾きを表すので，微分係数を調べることにより曲線の状態がわかる．そして，$y = f(x)$ のグラフをかくことができる．また，ロピタルの定理より，微分を用いて極限を求める．

6.1　平均値の定理

閉区間 $[a, b]$ で連続，(a, b) で微分可能である関数 $f(x)$ の 2 つの端点を結ぶ線分の傾きは

$$\frac{f(b) - f(a)}{b - a}$$

である．図 6.1 からわかるように，$a < c < b$ となる c が存在して，

$$f'(c) = \frac{f(b) - f(a)}{b - a}$$

となる．すなわち，$y = f(x)$ 上の 2 点 $\mathrm{A}(a, f(a))$，$\mathrm{B}(b, f(b))$ をとると，線分 AB と平行な接線を持つ点 $\mathrm{C}(c, f(c))$ が，2 点 A，B 間の曲線 $y = f(x)$ 上に少なくとも 1 つ存在する．

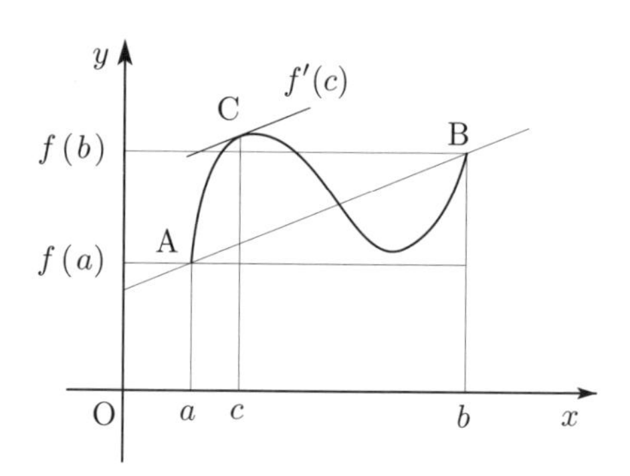

図 6.1　平均値の定理

定理 6.1（**平均値の定理**）　関数 $f(x)$ が閉区間 $[a,b]$ で連続，開区間 (a,b) で微分可能ならば

$$f'(c) = \frac{f(b) - f(a)}{b - a}, \quad a < c < b$$

となる c が少なくとも 1 つ存在する．

平均値の定理の証明をするために，ロルの定理とよばれる $f(a) = f(b)$ となる特別な場合を先に証明する（図 6.2）．

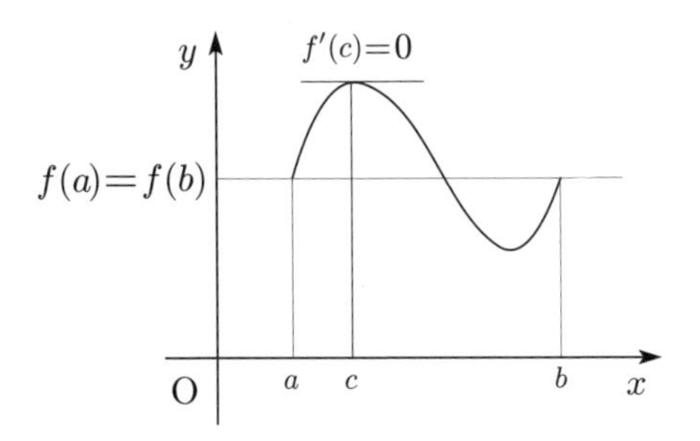

図 6.2　ロルの定理

定理 6.2（**ロルの定理**）　関数 $f(x)$ が閉区間 $[a,b]$ で連続，開区間 (a,b) で微分可能であるとき，$f(a) = f(b)$ ならば $f'(c) = 0$ となる c $(a < c < b)$ が少なくとも 1 つ存在する．

［**証明**］　$f(x)$ が定数関数 $f(x) = k$（k: 定数）のときは，常に $f'(x) = 0$ となり定理は成り立つ．

定数関数でないときは，$f(x)$ は区間 $[a,b]$ 上の連続関数より定理 4.8 から最大値または最小値を持つ．$f(a) = f(b)$ より，その値をとる x は区間 (a,b) 内に存在する．

$x=c$ で最大値 $f(c)$ をとるとき，$f'(c)=0$ を示す．十分小さい h に対して $f(c+h) \leqq f(c)$ より

$$f'(c) = \lim_{h\to+0} \frac{f(c+h)-f(c)}{h} \leqq 0,$$
$$f'(c) = \lim_{h\to-0} \frac{f(c+h)-f(c)}{h} \geqq 0$$

となり，$f'(c)=0$ が得られる．最小値をとる場合も同様である．

(ロルの定理の証明終)

■ 定理 6.1（平均値の定理）の証明

$\dfrac{f(b)-f(a)}{b-a} = m$ とおき，

$$F(x) = f(x) - f(a) - m(x-a)$$

とする．$F(x)$ は $[a,b]$ で連続，(a,b) で微分可能であり，$F'(x) = f'(x) - m$，$F(a) = F(b) = 0$ となるので，ロルの定理から $F'(c)=0$ となる $c\ (a<c<b)$ が存在する．$F'(c)=0$ より

$$f'(c) = m = \frac{f(b)-f(a)}{b-a}.$$

（平均値の定理の証明終）

定数関数 $f(x)=k$ を微分すると $f'(x)=0$ となるが，逆も成り立つ．すなわち，$f'(x)=0$ ならば $f(x)$ は定数関数となる．

定理 6.3　関数 $f(x)$ が閉区間 $[a,b]$ で連続，開区間 (a,b) で微分可能であり常に $f'(x)=0$ ならば，$f(x)$ は $[a,b]$ で定数関数である．

［証明］　平均値の定理より，任意の $x\ (a<x\leqq b)$ に対して

$$\frac{f(x)-f(a)}{x-a} = f'(c) = 0.$$

したがって，$f(x)=f(a)$ となり $f(x)$ は定数関数となる．　（証明終）

［例題 33］（平均値の定理の応用） $a>0$ のとき，次の不等式が成り立つことを示せ．

$$\frac{1}{a+1}<\log(a+1)-\log a<\frac{1}{a}$$

（解答） $f(x)=\log x$ とおくと $f'(x)=\dfrac{1}{x}$ と $f(a+1)-f(a)=\log(a+1)-\log a$ に注目して平均値の定理を使う．

$x>0$ で $f(x)$ は微分可能より，区間 $[a,a+1]$ で平均値の定理を用いると

$$f'(c)=\frac{1}{c}=\frac{\log(a+1)-\log a}{(a+1)-a}=\log(a+1)-\log a$$

となる $c\ (a<c<a+1)$ が存在する．$a>0$ より $\dfrac{1}{a+1}<\dfrac{1}{c}<\dfrac{1}{a}$ となる．したがって，

$$\frac{1}{a+1}<\log(a+1)-\log a<\frac{1}{a}.$$

（解終）

練習問題 30　次の不等式を示せ．

(1) $\dfrac{a}{a+1}<\log(a+1)<a\quad(a>0)$　　(2) $e^a<\dfrac{e^b-e^a}{b-a}<e^b\quad(a<b)$

定理 6.4（コーシーの平均値の定理） $f(x)$，$g(x)$ が閉区間 $[a,b]$ で連続，開区間 (a,b) で微分可能で $g'(x)\neq 0$ とする．このとき，

$$\frac{f(b)-f(a)}{g(b)-g(a)}=\frac{f'(c)}{g'(c)}$$

をみたす $c\ (a<c<b)$ が少なくとも1つ存在する．

［証明］ $F(x)=(g(b)-g(a))\cdot(f(x)-f(a))-(f(b)-f(a))\cdot(g(x)-g(a))$ とおくと，$F(x)$ は $[a,b]$ で連続，(a,b) で微分可能であり $F(a)=F(b)=0$ となる．ロルの定理を適用して，

$$F'(c)=(g(b)-g(a))\cdot f'(c)-(f(b)-f(a))\cdot g'(c)=0$$

をみたす c $(a < c < b)$ が存在する．よって

$$\frac{f(b)-f(a)}{g(b)-g(a)} = \frac{f'(c)}{g'(c)}.$$

分母 $g(b)-g(a)$ が 0 にならないことを示す．平均値の定理より $g(b)-g(a) = (b-a)g'(d)$ をみたす d $(a < d < b)$ が存在する．$g'(x) \neq 0$ から $g'(d) \neq 0$ より $g(b)-g(a) \neq 0$ となる．（証明終）

極限値を求めるのに有効なロピタルの定理を，コーシーの平均値の定理を用いて証明できる．ロピタルの定理を大まかに述べると，$f(a) = g(a) = 0$ のとき

$$\lim_{x\to a}\frac{f(x)}{g(x)} = \lim_{h\to 0}\frac{f(a+h)-f(a)}{g(a+h)-g(a)} = \lim_{h\to 0}\frac{\dfrac{f(a+h)-f(a)}{h}}{\dfrac{g(a+h)-g(a)}{h}} = \frac{f'(a)}{g'(a)}$$

のように $f(x)$ と $g(x)$ を微分して極限値を求める方法である．

定理 6.5（**ロピタルの定理**）　$f(x)$，$g(x)$ は a を含む区間で連続，高々 a を除いて微分可能，$g'(x) \neq 0$ とする．

(1) $\displaystyle\lim_{x\to a} f(x) = \lim_{x\to a} g(x) = 0$ のとき，$\displaystyle\lim_{x\to a}\frac{f'(x)}{g'(x)}$ が収束するか正または負の無限大ならば

$$\lim_{x\to a}\frac{f(x)}{g(x)} = \lim_{x\to a}\frac{f'(x)}{g'(x)}.$$

(2) $\displaystyle\lim_{x\to a} |f(x)| = \lim_{x\to a} |g(x)| = \infty$ のとき，$\displaystyle\lim_{x\to a}\frac{f'(x)}{g'(x)}$ が収束するか正または負の無限大ならば

$$\lim_{x\to a}\frac{f(x)}{g(x)} = \lim_{x\to a}\frac{f'(x)}{g'(x)}.$$

$a = \pm\infty$ のときも (1)，(2) が成立する．

［**証明**］ (1) の証明．$f(x)$，$g(x)$ は $x = a$ において連続だから，仮定より $f(a) = g(a) = 0$ である．

$x > a$ のとき，閉区間 $[a, x]$ でコーシーの平均値の定理を適用して

$$\frac{f(x)}{g(x)} = \frac{f(x) - f(a)}{g(x) - g(a)} = \frac{f'(c)}{g'(c)}$$

となる c $(a < c < x)$ が存在する．$x \to a + 0$ のとき $c \to a + 0$ より

$$\lim_{x \to a+0} \frac{f(x)}{g(x)} = \lim_{c \to a+0} \frac{f'(c)}{g'(c)} = \lim_{x \to a+0} \frac{f'(x)}{g'(x)}.$$

$x < a$ のとき，閉区間 $[x, a]$ でコーシーの平均値の定理を適用して

$$\lim_{x \to a-0} \frac{f(x)}{g(x)} = \lim_{x \to a-0} \frac{f'(x)}{g'(x)}$$

を得る．$\displaystyle\lim_{x \to a} \frac{f'(x)}{g'(x)}$ が存在するか無限大に発散するので，右極限と左極限が一致して，

$$\lim_{x \to a} \frac{f(x)}{g(x)} = \lim_{x \to a} \frac{f'(x)}{g'(x)}.$$

残りの場合の証明は，細かな議論が必要なため省略する．　（証明終）

［例題 34］ 次の極限値を求めよ．

(1) $\displaystyle\lim_{x \to 0} \frac{e^x - 1}{\sin x}$　(2) $\displaystyle\lim_{x \to \infty} \frac{e^x}{x}$　(3) $\displaystyle\lim_{x \to +0} x \log x$　(4) $\displaystyle\lim_{x \to 0} \frac{x^2 \sin \frac{1}{x}}{x}$

（解答） ロピタルの定理が使えるかどうか確認する必要がある．

(1) $f(x) = e^x - 1$，$g(x) = \sin x$ とおくと $f(0) = g(0) = 0$，$f'(x) = e^x$，$g'(x) = \cos x$ より

$$\lim_{x \to 0} \frac{f'(x)}{g'(x)} = \lim_{x \to 0} \frac{e^x}{\cos x} = 1$$

となり収束する．ロピタルの定理より

$$\lim_{x \to 0} \frac{e^x - 1}{\sin x} = 1.$$

(2) $f(x)=e^x$，$g(x)=x$ とおく．$x\to\infty$ のとき $f(x)\to\infty$，$g(x)\to\infty$ である．$f'(x)=e^x$，$g'(x)=1$ より

$$\lim_{x\to\infty}\frac{f'(x)}{g'(x)}=\lim_{x\to\infty}e^x=\infty$$

となり ∞ に発散する．ロピタルの定理より $\displaystyle\lim_{x\to\infty}\frac{e^x}{x}=\infty$.

(3) $f(x)=\log x$，$g(x)=\dfrac{1}{x}$ とおくと $\displaystyle\lim_{x\to+0}x\log x=\lim_{x\to+0}\frac{f(x)}{g(x)}$ となる．$x\to+0$ のとき $f(x)\to-\infty$，$g(x)\to+\infty$ である．$f'(x)=\dfrac{1}{x}$，$g'(x)=-\dfrac{1}{x^2}$ より

$$\lim_{x\to+0}\frac{f'(x)}{g'(x)}=\lim_{x\to+0}\frac{\frac{1}{x}}{-\frac{1}{x^2}}=\lim_{x\to+0}(-x)=0.$$

ロピタルの定理より $\displaystyle\lim_{x\to+0}x\log x=0$.

(4) ロピタルの定理の条件をみたさないので注意が必要．$f(x)=x^2\sin\dfrac{1}{x}$，$g(x)=x$ とおく．$x\to0$ のとき $f(x)\to0$（［例題 19］(5) 参照)，$g(x)\to0$ である．$f'(x)=2x\sin\dfrac{1}{x}-\cos\dfrac{1}{x}$，となり $\cos\dfrac{1}{x}$ の値は発散するので，$f'(x)$ は収束しない．したがってロピタルの定理を使えない．

この場合は直接計算して極限値を求める．

$$\lim_{x\to0}\frac{x^2\sin\frac{1}{x}}{x}=\lim_{x\to0}x\sin\frac{1}{x}=0.$$

$-|x|\leqq x\sin\dfrac{1}{x}\leqq|x|$ よりはさみうちの原理を使った．　　（解終）

練習問題 31　次の極限を求めよ．

(1) $\displaystyle\lim_{x\to0}\frac{1-\cos x}{\sin x}$　(2) $\displaystyle\lim_{x\to\infty}\frac{\log x}{x}$　(3) $\displaystyle\lim_{x\to2}\frac{\sin\pi x}{x-2}$　(4) $\displaystyle\lim_{x\to0}\frac{1-\cos x}{x^2}$

6.2 関数の増減と極値

定義 6.1（単調増加・減少）関数 $f(x)$ が，ある区間の任意の点 x_1，x_2 について

$$x_1 < x_2 \quad \text{ならば} \quad f(x_1) < f(x_2)$$

をみたすとき，$f(x)$ はその区間で**単調増加**するという．また

$$x_1 < x_2 \quad \text{ならば} \quad f(x_1) > f(x_2)$$

をみたすとき，$f(x)$ はその区間で**単調減少**するという．

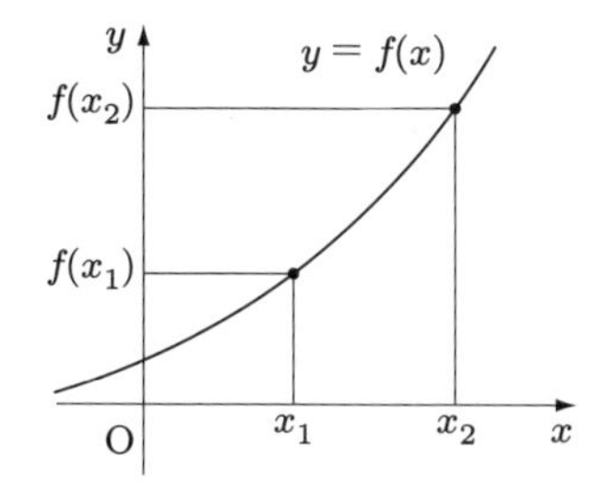

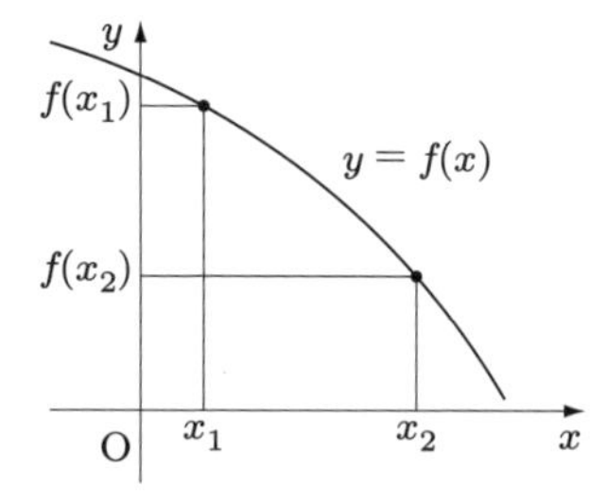

図 6.3 単調増加と単調減少

（解説） 図 6.3 の左図のように x の値が増加するにつれて $y = f(x)$ の値も増加するのが単調増加であり，右図のように減少するのが単調減少である．

（解説終）

定理 6.6（関数の増減）関数 $f(x)$ が閉区間 $[a, b]$ で連続，開区間 (a, b) で微分可能とする．$a < x < b$ をみたす任意の x で $f'(x) > 0$ ならば，$f(x)$ は $[a, b]$ で単調増加であり，$f'(x) < 0$ ならば単調減少である．

［証明］ $a < x_1 < x_2 < b$ となる任意の x_1，x_2 に対し平均値の定理より

$$\frac{f(x_2) - f(x_1)}{x_2 - x_1} = f'(c)$$

となる c $(x_1 < c < x_2)$ が存在する．$f'(x) > 0$ のとき $f'(c) > 0$ より $f(x_2) > f(x_1)$ となり，$f(x)$ は単調増加である．同様に $f'(x) < 0$ のとき単調減少になる．　（証明終）

定義 6.2（**関数の極大・極小**）$f(x)$ を連続関数とする．a を内部に含む十分小さい区間内の x $(x \neq a)$ に対して
$f(a) > f(x)$ をみたすとき $f(x)$ は $x = a$ で**極大**になるといい，$f(a)$ を $f(x)$ の**極大値**という．
$f(a) < f(x)$ をみたすとき $f(x)$ は $x = a$ で**極小**になるといい，$f(a)$ を $f(x)$ の**極小値**という．
極大値と極小値をあわせて**極値**という．

最大値・最小値の場合は比べる対象はすべての定義域であるが，極値の場合は点 a のごく小さい近傍で比較する．

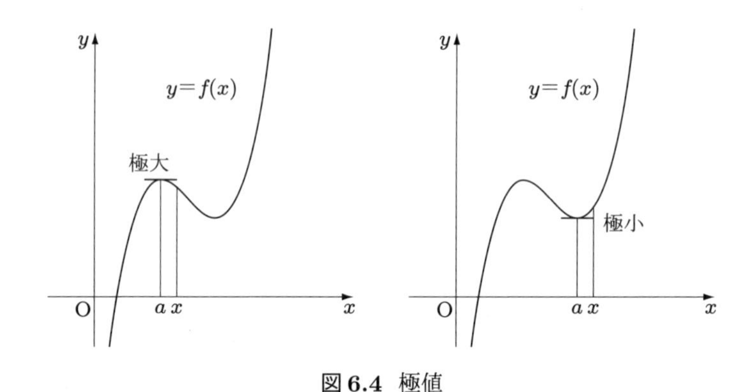

図 6.4　極値

定理 6.2（ロルの定理）の証明と同様の方法で，次の定理が示される．

定理 6.7　関数 $f(x)$ が $x = a$ で微分可能で $x = a$ で極値をとるならば，$f'(a) = 0$ である．

逆に，$f'(a)=0$ であっても $x=a$ で極値をとるとは限らない．$f(x)=x^3$ は $f'(0)=0$ であるが，$x=0$ で極値をとらない．しかし，$x=a$ の前後で $f'(x)$ の符号が変われば，関数 $f(x)$ は $x=a$ で極値をとることがわかる．

定理 6.8　$f'(a)=0$ となる $x=a$ の前後で $f'(x)$ の符号が
　正から負に変わるとき $f(a)$ は極大値をとり，
　負から正に変わるとき $f(a)$ は極小値をとる．

［例題 35］ 次の関数の増減を調べ，グラフをかけ．

(1) $f(x)=x^3-3x^2-9x+10$　　(2) $f(x)=\dfrac{4x}{x^2+4}$

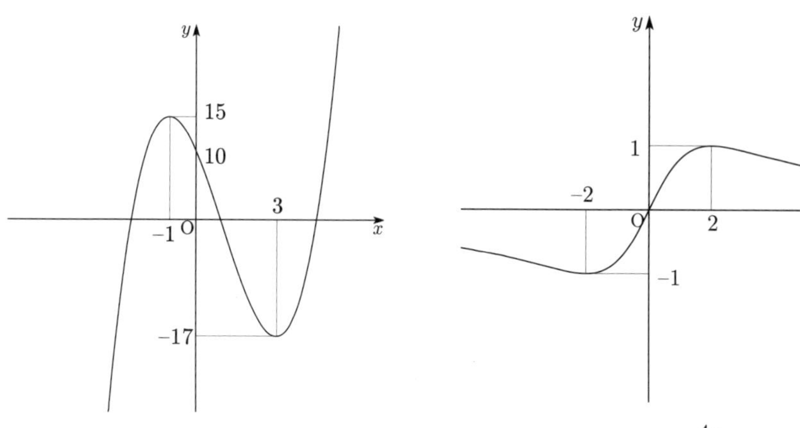

図 6.5　$y=x^3-3x^2-9x+10$　　**図 6.6**　$y=\dfrac{4x}{x^2+4}$

（解答） (1) $f'(x)=3x^2-6x-9=3(x-3)(x+1)$ より $f'(x)=0$ となるのは，$x=-1$ および $x=3$ である．そのときの増減表は次の (1) であり，$x=-1$ で極大値 15 および $x=3$ で極小値 -17 をとる．グラフは図 6.5 である．

(2) $f'(x)=\dfrac{4(x^2+4)-4x\cdot 2x}{(x^2+4)^2}=\dfrac{-4(x-2)(x+2)}{(x^2+4)^2}$ より，増減表は次の

(2) であり，$x=-2$ で極小値 -1 および $x=2$ で極大値 1 をとる．グラフは図 6.6 である．また，$\displaystyle\lim_{x\to\pm\infty}\frac{4x}{x^2+4}=0$ よりグラフは $x\to\pm\infty$ で x 軸に限りなく近づく．

x	$\cdots$	-1	$\cdots$	3	$\cdots$
$f'(x)$	$+$	0	$-$	0	$+$
$f(x)$	$\nearrow$	15	$\searrow$	-17	$\nearrow$

(1)

x	$\cdots$	-2	$\cdots$	2	$\cdots$
$f'(x)$	$-$	0	$+$	0	$-$
$f(x)$	$\searrow$	-1	$\nearrow$	1	$\searrow$

(2)

（解終）

練習問題 32　次の関数の増減を調べ，グラフをかけ．

(1) $y=x+\dfrac{4}{x}$　　(2) $y=|x^3-3x^2|$　　(3) $y=x\sqrt{1-x^2}$

［例題 36］（不等式の証明） $x>0$ のとき，次の不等式が成り立つことを証明せよ．

(1) $e^x>1+x$　　(2) $e^x>1+x+\dfrac{1}{2}x^2$

（解答） (1) $f(x)=e^x-(1+x)$ とおくと，$f'(x)=e^x-1$ である．$x>0$ のとき，$e^x>1$ より $f'(x)>0$ となる．よって，$f(x)$ は $x>0$ で単調に増加する．$f(0)=0$ より $x>0$ のとき $f(x)>0$ となる．したがって，$e^x>1+x$ である．

(2) $g(x)=e^x-\left(1+x+\dfrac{1}{2}x^2\right)$ とおくと，$g'(x)=e^x-(1+x)$ である．(1) より $x>0$ のとき $g'(x)>0$ となる．$g(0)=0$ より $x>0$ のとき $g(x)>0$ である．したがって，$e^x>1+x+\dfrac{1}{2}x^2$ が得られる．　（解終）

練習問題 33　$x>0$ のとき，次の不等式が成り立つことを証明せよ．

(1) $x>\sin x$　　(2) $x>\log(x+1)$

章末問題 6

6.1　次の極限値を求めよ.

(1) $\displaystyle\lim_{x\to 0}\frac{e^{4x}-e^{x}}{x}$　(2) $\displaystyle\lim_{x\to 0}\frac{\mathrm{Tan}^{-1}x}{x}$　(3) $\displaystyle\lim_{x\to\infty}\frac{x^3}{e^x}$

(4) $\displaystyle\lim_{x\to 0}\frac{\log(1+x)}{\log(1-x)}$　(5) $\displaystyle\lim_{x\to 0}\frac{\sin x-\cos x}{\sin x+\cos x}$　(6) $\displaystyle\lim_{x\to\infty}x^{\frac{1}{x}}$

6.2　次の不等式を証明せよ.

$$\frac{x}{1+x^2}<\mathrm{Tan}^{-1}x<x \quad (x>0)$$

6.3　$y=x^3+ax^2+bx+c$ が，極値を持つための係数がみたす必要十分条件を求めよ.

第7章　関数の展開

三角関数や指数関数などの関数の値を求めることは簡単にはできない．それに比べて，多項式の値を求めることは少し簡単になる．そこで，与えられた関数を多項式で近似することを考えよう．

7.1　2次導関数と凹凸

定義 7.1（**関数の凹凸**）　区間 I 上の関数 $y = f(x)$ のグラフを曲線 C とする．C 上の任意の2点 P_1，P_2 に対して，線分 $\overline{\mathrm{P}_1\mathrm{P}_2}$ が（両端を除いて）P_1 と P_2 を結ぶ C の部分より上側（または下側）にあるとき，関数 $f(x)$ は区間 I で**下に凸**（または**上に凸**）という．

$x = a$ の前後で $f(x)$ の凹凸が変わるとき，点 $(a, f(a))$ を $y = f(x)$ の**変曲点**という．

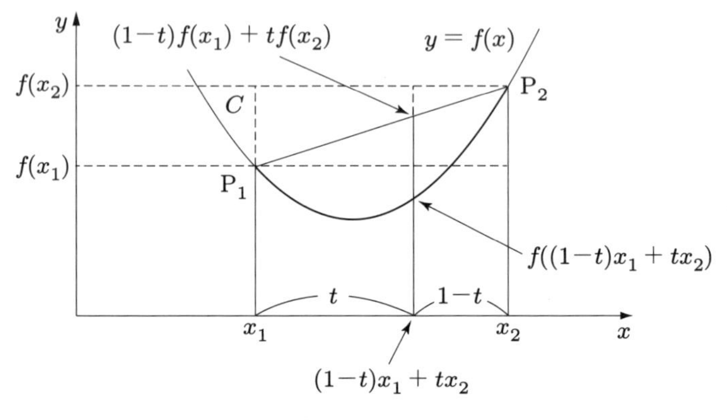

図 7.1　下に凸

注意　下に（上に）凸を上に（下に）凹ともいう．したがって，変曲点の周りで凹凸が変わるという．$f(x)$ が2回微分可能であるとき，$f''(x)$ の符号を調べることで関数の凹凸や変曲点

がわかる (図 7.2).

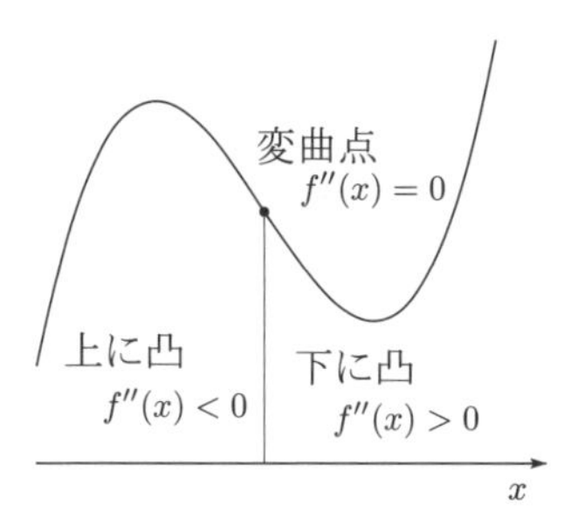

図 7.2　変曲点

定理 7.1　$f(x)$ が開区間 I 上で 2 回微分可能であるとき，
(1) I 上で $f''(x)>0$ ならば，$f(x)$ は I で下に凸である．
(2) I 上で $f''(x)<0$ ならば，$f(x)$ は I で上に凸である．
(3) $f''(a)=0$ のとき，$x=a$ の前後で $f''(x)$ の符合が変わるならば，点 $(a, f(a))$ は $y=f(x)$ の変曲点である．

［**証明**］ (1) $f(x)$ が下に凸であることを示すためには，グラフ上の任意の 2 点 $\mathrm{P}_1(x_1, f(x_1))$，$\mathrm{P}_2(x_2, f(x_2))$ $(x_1<x_2)$ を固定して，この 2 点を結ぶ線分 $\overline{\mathrm{P}_1\mathrm{P}_2}$ が P_1 と P_2 とを結ぶグラフの部分より上側にあることを示せばよい．図 7.1 より x_1 と x_2 の間の点は $(1-t)x_1+tx_2$ $(0 \leqq t \leqq 1)$ と表せる．この点に対する線分 $\overline{\mathrm{P}_1\mathrm{P}_2}$ 上の点は，

$$((1-t)x_1+tx_2,\ (1-t)f(x_1)+tf(x_2))$$

であり，グラフ上の点は，

$$((1-t)x_1+tx_2,\ f((1-t)x_1+tx_2))$$

である．

$$g(t)=(1-t)f(x_1)+tf(x_2)-f((1-t)x_1+tx_2) \qquad (0 \leqq t \leqq 1)$$

とおいて，$g(t)>0$ $(0<t<1)$ を示せばよい．

$$g'(t)=f(x_2)-f(x_1)-(x_2-x_1)f'((1-t)x_1+tx_2)$$

となる．$f(x)$ は I 上で $f''(x) > 0$ より，定理 6.7（関数の増減）から $f'(x)$ は単調増加関数となる．したがって，$g'(t)$ は単調減少関数となる．また $g(0) = g(1) = 0$ より定理 6.2（ロルの定理）から $g'(c) = 0$ となる c $(0 < c < 1)$ が存在する．よって $g(t)$ の増減表

t	0	$\cdots$	c	$\cdots$	1
$g'(t)$		$+$	0	$-$	
$g(t)$	0	↗	$g(c)$	↘	0

より，$g(t) > 0$ $(0 < t < 1)$ が示された．

(2) も同様に証明できる．

(3) $f''(a) = 0$ となる I 上の点 a の前後で $f''(x)$ の符号が変わるので，(1) と (2) より $f(x)$ の凹凸が変わる．したがって，$(a,\ f(a))$ が $y = f(x)$ の変曲点になる．　　　　（証明終）

関数 $y = f(x)$ の極値と凹凸を調べてグラフの概形をかこう．

［例題 37］ 例題 35(1) の $y = x^3 - 3x^2 - 9x + 10$ の凹凸と変曲点を調べよ．

（解答） $y' = 3(x-3)(x+1)$，$y'' = 6x - 6$ より $y' = 0$ のとき，$x = -1,\ 3$ である．また，$y'' = 0$ のとき，$x = 1$ となり増減表は以下となる．

x	$\cdots$	-1	$\cdots$	1	$\cdots$	3	$\cdots$
y'	$+$	0	$-$	$-$	$-$	0	$+$
y''	$-$	$-$	$-$	0	$+$	$+$	$+$
y	↗	極大	↘	変曲点	↘	極小	↗

上の表で ↗ は上に凸で単調増加，↘ は上に凸で単調減少，↘ は下に凸で単調減少，↗ は下に凸で単調増加を表す．

$x < 1$ のとき上に凸，$x > 1$ のとき下に凸，変曲点は $(1, -1)$ である．

（解終）

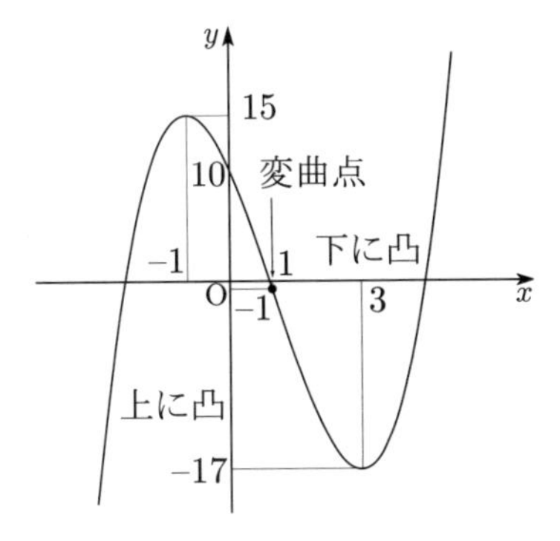

図 **7.3**　$y = x^3 - 3x^2 - 9x + 10$ のグラフ

練習問題 34　次の関数の極値と凹凸を調べてグラフをかけ．

(1) $y = x^2(x^2 - 2)$　(2) $y = e^{-x^2}$　(3) $y = x + \sin x$　$(0 \leqq x \leqq 2\pi)$

7.2　n 次導関数

定義 7.2　$f(x)$ が n 回微分可能で，n 次導関数 $f^{(n)}(x)$ が連続ならば，$f(x)$ は $\boldsymbol{C^n}$ **関数**であるという．

［例題 38］ 次の関数の n 次導関数を求めよ．

(1) e^x　(2) $\sin x$　(3) $\log x$　(4) $(1+x)^a$　($x > -1$, a は定数)

(解答)　(1) $(e^x)' = e^x$ より $(e^x)^{(n)} = e^x$ となる．

(2) $(\sin x)' = \cos x$, $(\sin x)'' = -\sin x$, $(\sin x)^{(3)} = -\cos x$, $(\sin x)^{(4)} = \sin x$ より

$$(\sin x)^{(n)} = \begin{cases} \sin x & (n = 4m) \\ \cos x & (n = 4m+1) \\ -\sin x & (n = 4m+2) \\ -\cos x & (n = 4m+3) \end{cases} \qquad (m = 0, 1, 2, \ldots).$$

ところで，$y = \sin x$, $y = \cos x$ のグラフを比較すれば

$$\cos x = \sin\left(x + \frac{\pi}{2}\right),\ -\sin x = \sin\left(x + \frac{2\pi}{2}\right),\ -\cos x = \sin\left(x + \frac{3\pi}{2}\right)$$

となるので，$(\sin x)^{(n)} = \sin\left(x + \dfrac{n\pi}{2}\right)$ と表せる．

(3) $(\log x)' = \dfrac{1}{x} = x^{-1}$ より順に微分していく．

$$\begin{aligned}(\log x)' &= x^{-1}\\ (\log x)'' &= (-1)x^{-2} = (-1)x^{-2}\\ (\log x)^{(3)} &= (-1)(-2)x^{-3} = (-1)^2 2\,!\,x^{-3}\\ (\log x)^{(4)} &= (-1)(-2)(-3)x^{-4} = (-1)^3 3\,!\,x^{-4} \quad \text{より}\end{aligned}$$

帰納的に，$(\log x)^{(n)} = (-1)^{n-1}(n-1)\,!\,x^{-n}$ となる．

(4) $y = (1+x)^a$ とおく．

$$\begin{aligned}y' &= a(1+x)^{a-1}\\ y'' &= a(a-1)(1+x)^{a-2}\\ y^{(3)} &= a(a-1)(a-2)(1+x)^{a-3} \quad \text{より}\end{aligned}$$

$y^{(n)} = a(a-1)\cdots(a-n+1)(1+x)^{a-n}$ である．ただし，a が自然数のときは $a+1$ 次導関数から $y^{(n)} = 0$ となる．（解終）

練習問題 35　次の関数の n 次導関数を求めよ．

(1) $\cos x$　　(2) $\sin 2x$　　(3) e^{3x}

［例題 39］ $f(x)$ と $g(x)$ の積 $f(x)g(x)$ の n 次導関数を求めよ．

（解答） 順に n 次導関数を求める．

$$(f(x)g(x))'(x) = f'(x)g(x) + f(x)g'(x),$$

$$\begin{aligned}(f(x)g(x))''(x) &= (f''(x)g(x) + f'(x)g'(x)) + (f'(x)g'(x) + f(x)g''(x))\\ &= f''(x)g(x) + 2f'(x)g'(x) + f(x)g''(x),\end{aligned}$$

$$\begin{aligned}(f(x)g(x))'''(x) &= (f'''(x)g(x) + f''(x)g'(x)) + 2(f''(x)g'(x) + f'(x)g''(x))\\ &\quad + (f'(x)g''(x) + f(x)g'''(x))\\ &= f'''(x)g(x) + 3f'(x)g''(x) + 3f''(x)g'(x) + f(x)g'''(x).\end{aligned}$$

$f(x) = f^{(0)}(x)$，$f'(x) = f^{(1)}(x)$，$f''(x) = f^{(2)}(x)$，$f'''(x) = f^{(3)}(x)$ として書き直すと，

$$(f(x)g(x))^{(1)} = f^{(1)}(x)g^{(0)}(x) + f^{(0)}(x)g^{(1)}(x),$$

$$(f(x)g(x))^{(2)} = f^{(2)}(x)g^{(0)}(x) + 2f^{(1)}(x)g^{(1)}(x) + f^{(0)}(x)g^{(2)}(x),$$

$$(f(x)g(x))^{(3)} = f^{(3)}(x)g^{(0)}(x) + 3f^{(2)}(x)g^{(1)}(x) + 3f^{(1)}(x)g^{(2)}(x) + f^{(0)}(x)g^{(3)}(x).$$

ところで，$a^0 = 1, b^0 = 1$ に注意して，これらの式を，

$$(a+b)^2 = a^2b^0 + 2ab + a^0b^2,$$

$$(a+b)^3 = a^3b^0 + 3a^2b + 3ab^2 + a^0b^3$$

と比べると，類似性がみえる．実際に，二項定理の一般式

$$(a+b)^n = \sum_{k=0}^{n} {}_n\mathrm{C}_k\, a^{n-k}b^k$$

と類似性をもち，

$$(f(x)g(x))^{(n)} = \sum_{k=0}^{n} {}_n\mathrm{C}_k\, f^{(n-k)}(x)g^{(k)}(x)$$

が成り立つ．この等式を**ライプニッツの公式**という．証明は n による帰納法で示される．　（解終）

定理 7.2（ライプニッツの定理）$f(x)$，$g(x)$ が n 回微分可能であるならば，$f(x)g(x)$ も n 回微分可能であり，

$$\begin{aligned}(f(x)g(x))^{(n)} &= {}_n\mathrm{C}_0 f^{(n)}(x)g^{(0)}(x) + {}_n\mathrm{C}_1 f^{(n-1)}(x)g^{(1)}(x) + {}_n\mathrm{C}_2 f^{(n-2)}(x)g^{(2)}(x)\\ &\quad + \cdots + {}_n\mathrm{C}_{n-1} f^{(1)}(x)g^{(n-1)}(x) + {}_n\mathrm{C}_n f^{(0)}(x)g^{(n)}(x)\\ &= \sum_{k=0}^{n} {}_n\mathrm{C}_k f^{(n-k)}(x)g^{(k)}(x)\end{aligned}$$

が成り立つ．ただし，$f^{(0)}(x) = f(x)$，$g^{(0)}(x) = g(x)$ である．

練習問題 36　次の関数の n 次導関数を求めよ．

(1) x^2e^x　　(2) $x^2\sin x$

7.3　マクローリンの定理とテイラーの定理

7.3.1　マクローリンの定理

$f(x)=3x^5+2x^4-7x^2-x+4$，$g(x)=\sin x$ に対して，$x=2$ のときの値を求めるとき，$f(x)$ は多項式より値は簡単に計算できるが，$g(x)$ の値は簡単には求まらない．

定義 7.3　$a_i\ (i=0,1,2,\ldots)$ を定数とする．

$$a_0+a_1x^1+a_2x^2+a_3x^3+a_4x^4+\cdots+a_nx^n$$

を x の**多項式**という．

注意　証明は与えないが，$\sqrt{1-x^2}$，$\log(x+1)$，$\dfrac{x}{x+1}$ などは多項式ではない．

$\sin x$ や一般の関数 $f(x)$ が，多項式で近似できれば値を計算できるかもしれないと考える．

$$f(x)=a_0+a_1x^1+a_2x^2+a_3x^3+a_4x^4+\cdots \tag{1}$$

とおく．$\cdots$ の部分はいまは考えない．a_0，a_1，$a_2,\ldots$ を求めよう．

(1) に $x=0$ を代入して $a_0=f(0)$ を得る．次に a_1x^1 の x を微分することで x を消去して a_1 を求める．(1) を微分すると，

$$f'(x)=1\cdot a_1+2\cdot a_2x^1+3\cdot a_3x^2+4\cdot a_4x^3+\cdots. \qquad (1)'$$

$(1)'$ に $x=0$ を代入して，$a_1=f'(0)$ を得る．同様に $(1)'$ の両辺を微分して，

$$f''(x)=2\cdot 1\cdot a_2+3\cdot 2\cdot a_3x^1+4\cdot 3\cdot a_4x^2+\cdots. \qquad (1)''$$

$(1)''$ に $x=0$ を代入して $a_2=\dfrac{f''(0)}{2\cdot 1}$ を得る．

さらに繰り返していくと

$$f(x)=f(0)+\frac{f^{(1)}(0)}{1!}x^1+\frac{f^{(2)}(0)}{2!}x^2+\frac{f^{(3)}(0)}{3!}x^3+\cdots$$

が得られる．そこで $\cdots$ の部分を $R_n(x)$ を使って

$$f(x) = f(0)+\frac{f^{(1)}(0)}{1!}x^1+\frac{f^{(2)}(0)}{2!}x^2+\frac{f^{(3)}(0)}{3!}x^3+\cdots+\frac{f^{(n-1)}(0)}{(n-1)!}x^{n-1}+R_n(x)$$

と表示する．定理 6.2（ロルの定理）を使うと

$$R_n(x) = \frac{f^{(n)}(\theta x)}{n!}x^n \qquad (0 < \theta < 1)$$

となることがわかる．これを**ラグランジュの剰余項**という．

定理 7.3（マクローリンの定理）　$f(x)$ が 0 を含む開区間で C^n 関数であるとき，その開区間の任意の x に対して

$$f(x) = f(0) + \frac{f^{(1)}(0)}{1!}x^1 + \frac{f^{(2)}(0)}{2!}x^2 + \cdots + \frac{f^{(n-1)}(0)}{(n-1)!}x^{n-1} + R_n(x)$$

ただし，$R_n(x) = \dfrac{f^{(n)}(\theta x)}{n!}x^n \quad (0 < \theta < 1)$ をみたす θ が存在する．

［**証明**］ x を変数ではなく定数だと思って以下の議論を進める．これを x を固定して考えるという．$x = 0$ のときは明らか．$x > 0$ のときを考える．$x < 0$ のときも同様である．t を変数とする関数 $F(t)$ を，

$$F(t) = f(x) - \left(f(t) + \frac{f^{(1)}(t)}{1!}(x-t) + \frac{f^{(2)}(t)}{2!}(x-t)^2 + \cdots + \frac{f^{(n-1)}(t)}{(n-1)!}(x-t)^{n-1} + K(x-t)^n\right)$$

で定義する．ただし，定数 K は $F(0) = 0$ となるように定める．仮定から $F(t)$ は微分可能で，$F(0) = F(x) = 0$ より区間 $[0, x]$ で定理 6.2（ロルの定理）を $F(t)$ に適用すると，$F'(c) = 0$ をみたす c $(0 < c < x)$ が存在する．

$$F'(t) = -\{f'(t) + \left(\frac{f^{(2)}(t)}{1!}(x-t) - \frac{f^{(1)}(t)}{1!}\right)$$

$$+\left(\frac{f^{(3)}(t)}{2!}(x-t)^2 - \frac{2f^{(2)}(t)}{2!}(x-t)\right) + \left(\frac{f^{(4)}(t)}{3!}(x-t)^3 - \frac{3f^{(3)}(t)}{3!}(x-t)^2\right)$$

$$+\cdots+\left(\frac{f^{(n)}(t)}{(n-1)!}(x-t)^{n-1}-\frac{(n-1)f^{(n-1)}}{(n-1)!}(x-t)^{n-2}\right)-nK(x-t)^{n-1}\}$$

より，

$$F'(c)=-\frac{f^{(n)}(c)}{(n-1)!}(x-c)^{n-1}+nK(x-c)^{n-1}.$$

$F'(c)=0$ より $K=\dfrac{f^{(n)}(c)}{n!}$ が得られる．c $(0<c<x)$ から $c=\theta x$ $(0<\theta<1)$ と表されるので，$K=\dfrac{f^{(n)}(\theta x)}{n!}$ となる．これを $F(0)=0$ に代入すれば求める結果が得られる．（証明終）

注意　$R_n(x)$ が十分小さいときに，マクローリンの定理は，$x=0$ の値を使って関数を多項式で近似している．したがって，$x=0$ の周りで関数は連続でなければ近似できない．たとえば，$\dfrac{1}{1-x}$ は $x=1$ で不連続より高々 $x<1$ の範囲までの近似となる．

［例題 40］ (1) $f(x)=\sin x$ にマクローリンの定理を適用せよ．
(2) $g(x)=\cos x$ にマクローリンの定理を適用せよ．

（解答） (1) 例題 38(2) より $f^{(k)}(x)=\sin\left(x+\dfrac{k\pi}{2}\right)$ となるので，

$$f^{(2k)}(0)=0,\quad f^{(2k+1)}(0)=(-1)^k\qquad(k=0,1,2,\ldots)$$

が得られる．$f^{(k)}(0)$ は k の偶奇で変わるので，$R_{2n}(x)$ まで求める．

$$R_{2n}(x)=\frac{f^{(2n)}(\theta x)}{(2n)!}x^{2n}=\frac{\sin(\theta x+n\pi)}{(2n)!}x^{2n}=(-1)^n\frac{\sin\theta x}{(2n)!}x^{2n}$$

より，

$$\sin x=x^1-\frac{x^3}{3!}+\frac{x^5}{5!}-\cdots+(-1)^{n-1}\frac{x^{2n-1}}{(2n-1)!}+(-1)^n\frac{\sin\theta x}{(2n)!}x^{2n}$$
$$(0<\theta<1).$$

(2) 練習問題 35(1) より $g^{(k)}(x)=\cos\left(x+\dfrac{k\pi}{2}\right)$ となるので，

$$f^{(2k)}(0)=(-1)^k,\quad f^{(2k+1)}(0)=0\qquad(k=0,1,2,\ldots)$$

が得られる．$f^{(k)}(0)$ は k の偶奇で変わるので，$R_{2n+1}(x)$ まで求める．

$$R_{2n+1}(x) = \frac{f^{(2n+1)}(\theta x)}{(2n+1)!}x^{2n+1} = \frac{\cos(\theta x + \frac{(2n+1)\pi}{2})}{(2n+1)!}x^{2n+1}$$
$$= (-1)^{n+1}\frac{\sin\theta x}{(2n+1)!}x^{2n+1}$$

より，

$$\cos x = 1 - \frac{x^2}{2!} + \frac{x^4}{4!} - \cdots + (-1)^n\frac{x^{2n}}{(2n)!} + (-1)^{n+1}\frac{\sin\theta x}{(2n+1)!}x^{2n+1} \quad (0 < \theta < 1).$$

（解終）

練習問題 37　以下の関数にマクローリンの定理を $n = 4$ のとき適用せよ．ただし，$R_4(x)$ を求めなくてよい．

(1) $f(x) = e^x$　　(2) $f(x) = \dfrac{1}{x+1}$　　(3) $f(x) = \log(x+1)$

（ヒント）$f(x) = a_0 + a_1x^1 + a_2x^2 + a_3x^3 + \cdots$ として，a_i を求めよ．

7.3.2 テイラーの定理

$f(x) = \log x$ に対して同様に多項式で近似しようとすると，$(\log x)' = \dfrac{1}{x}$ となり，$x = 0$ を代入すると ∞ が現れてうまくいかない．このような場合には，

$$f(x) = a_0 + a_1(x-1)^1 + a_2(x-1)^2 + a_3(x-1)^3 + a_4(x-1)^4 + \cdots$$

とおき，$f(x)$，$f'(x)$，$f''(x)$, ... を求めて $x = 1$ を代入して a_i を求めればよい．

定理 7.4（テイラーの定理）$f(x)$ が a を含む開区間で C^n 関数であるとき，その開区間の任意の x に対して

$$f(x) = f(a) + \frac{f^{(1)}(a)}{1!}(x-a)^1 + \frac{f^{(2)}(a)}{2!}(x-a)^2 + \frac{f^{(3)}(a)}{3!}(x-a)^3$$

$$+\cdots+\frac{f^{(n-1)}(a)}{(n-1)!}(x-a)^{n-1}+R_n(x)$$

ただし，$R_n(x)=\dfrac{f^{(n)}(a+\theta(x-a))}{n!}(x-a)^n \quad (0<\theta<1)$ をみたす θ が存在する．

（解説） 証明はマクローリンの定理と同様である．$x=a$ の値を使って関数を多項式で近似しているので，$x=a$ の周りで関数は連続でなければならない．（解説終）

［例題 41］ $a=1$ のとき，$f(x)=\log x$ に対してテイラーの定理を適用せよ．

（解答） 例題 38(3) より $f^{(n)}(x)=(-1)^{n-1}(n-1)!\,x^{-n}$ となるので $f^{(n)}(1)=(-1)^{n-1}(n-1)!$ が得られる．したがって，

$$\log x=(x-1)^1-\frac{(x-1)^2}{2}+\frac{(x-1)^3}{3}-\frac{(x-1)^4}{4}+\cdots+\frac{(-1)^{n-2}(x-1)^{n-1}}{n-1}$$
$$+\frac{(-1)^{n-1}}{n(1+\theta(x-1))^n}(x-1)^n \quad (0<\theta<1).$$

（解終）

練習問題 38　$a=1$，$n=4$ のとき，$\sqrt{x}$ に対してテイラーの定理を適用せよ．ただし，$R_4(x)$ を求める必要はない．

7.3.3　マクローリン展開とテイラー展開

すべての自然数 n に対して，$f(x)$ が C^n 関数であるとき，$f(x)$ は $\boldsymbol{C^\infty}$ **関数**であるという．すなわち，e^x や $\sin x$ のように何回でも微分可能な関数のことである．

定理 7.5（マクローリン展開） $f(x)$ が 0 を含む開区間 I で C^∞ 関数であり，I のすべての点 x において $\lim_{n\to\infty} R_n(x) = 0$ ならば，

$$f(x) = f(0) + \frac{f^{(1)}(0)}{1!}x^1 + \frac{f^{(2)}(0)}{2!}x^2 + \cdots + \frac{f^{(n)}(0)}{n!}x^n + \cdots$$

となる．右辺を $f(x)$ の**マクローリン展開**という．

［**例題 42**］次の関数をマクローリン展開せよ．

(1) $f(x) = e^x$　　(2) $f(x) = \sin x$　　(3) $f(x) = \cos x$

（解答） (1) 練習問題 37(1) より

$$e^x = 1 + \frac{x^1}{1!} + \frac{x^2}{2!} + \frac{x^3}{3!} + \cdots + \frac{x^{n-1}}{(n-1)!} + \frac{e^{\theta x}}{n!}x^n \qquad (0 < \theta < 1)$$

である．証明は省略するが，任意の x に対して $\lim_{n\to\infty} \frac{e^{\theta x}}{n!}x^n = 0$ より，

$$e^x = 1 + \frac{x^1}{1!} + \frac{x^2}{2!} + \frac{x^3}{3!} + \cdots + \frac{x^n}{n!} + \cdots \qquad (-\infty < x < \infty).$$

(2) 例題 40(1) より

$$\sin x = x^1 - \frac{x^3}{3!} + \frac{x^5}{5!} - \cdots + (-1)^{n-1}\frac{x^{2n-1}}{(2n-1)!} + (-1)^n\frac{\sin\theta x}{(2n)!}x^{2n} \qquad (0 < \theta < 1).$$

である．証明は省略するが，任意の x に対して $\lim_{n\to\infty} (-1)^n\frac{\sin\theta x}{(2n)!}x^{2n} = 0$ より

$$\sin x = x^1 - \frac{x^3}{3!} + \frac{x^5}{5!} - \cdots + (-1)^{n-1}\frac{x^{2n-1}}{(2n-1)!} + \cdots \qquad (-\infty < x < \infty).$$

(3) 例題 40(2) より

$$\cos x = 1 - \frac{x^2}{2!} + \frac{x^4}{4!} + \cdots + (-1)^n\frac{x^{2n}}{(2n)!} + (-1)^{n+1}\frac{\sin\theta x}{(2n+1)!}x^{2n+1} \qquad (0 < \theta < 1).$$

である．証明は省略するが，任意の x に対して $\lim_{n\to\infty}(-1)^{n+1}\frac{\sin\theta x}{(2n+1)!}x^{2n+1}=0$ より

$$\cos x = 1-\frac{x^2}{2!}+\frac{x^4}{4!}+\cdots+(-1)^n\frac{x^{2n}}{(2n)!}+\cdots \qquad (-\infty < x < \infty).$$（解終）

注意 ラグランジュの剰余項が 0 に収束する x の範囲を求めることは一般に難しい．マクローリン展開を実際に使う場合には，x の範囲に注意する必要がある．

例 7.1　$\log(x+1)$ と $\frac{1}{1-x}$ のマクローリン展開は以下のようになる．

(1) $\log(1+x) = x^1 - \frac{x^2}{2}+\frac{x^3}{3}-\cdots+(-1)^{n-1}\frac{x^n}{n}+\cdots \quad (-1 < x \leqq 1).$

(2) $\frac{1}{1-x} = 1+x^1+x^2+x^3+\cdots+x^n+\cdots \quad (-1 < x < 1).$

定理 7.6（テイラー展開） $f(x)$ が a を含む開区間 I で C^∞ 関数であり I のすべての点 x において $\lim_{n\to\infty}R_n(x)=0$ ならば，

$$f(x) = f(a)+\frac{f^{(1)}(a)}{1!}(x-a)^1+\frac{f^{(2)}(a)}{2!}(x-a)^2+\cdots + \frac{f^{(n)}(a)}{n!}(x-a)^n+\cdots$$

となる．右辺を $f(x)$ の $x=a$ のまわりでの**テイラー展開**という．

$a=0$ のときのテイラー展開がマクローリン展開である．

■オイラーの公式

$\sin x$，$\cos x$，e^x のマクローリン展開に対して便宜的に x に複素数も許可すれば

$$e^{ix}=\cos x + i\sin x$$

が得られる．実は，関数の定義域を複素数まで拡張するとこの式は意味を持ち**オイラーの公式**とよばれる．複素数で考えれば三角関数と指数関数には密接な関係がみられる．x に π を代入すれば $e^{i\pi}+1=0$ となり，数学で基本的な数 e，i，π，1，0 が現れる綺麗な関係が得られる．

章末問題 7

7.1　次の関数の n 次導関数を求めよ．

(1) e^{-x}　　(2) $\log(1-x)$　　(3) $e^x \sin x$

7.2　次の関数 $f(x)$ をマクローリン展開せよ．ただし，$\lim_{n\to\infty} R_n(x) = 0$ となる x の範囲を求めなくてもよい．

(1) $f(x) = \dfrac{e^x - e^{-x}}{2}$　　(2) $f(x) = \dfrac{e^x + e^{-x}}{2}$

第8章　積分法

初めに微分と積分の関係について述べる．不定積分 (原始関数) の定義といろいろな関数の積分について学習する．

8.1　不定積分

定義 8.1（**不定積分**）関数 $f(x)$ に対して，$F'(x) = f(x)$ となる関数 $F(x)$ を $f(x)$ の**不定積分**または**原始関数**という．$f(x)$ の不定積分を $\displaystyle\int f(x)\,dx$ で表す．

（解説） 関数 $f(x)$ の不定積分は無数にある．しかし，$F(x)$ と $G(x)$ を $f(x)$ の不定積分とすると

$$\{G(x) - F(x)\}' = f(x) - f(x) = 0$$

となる．したがって $G(x) - F(x)$ は定数関数となり，ある定数 C が存在して $G(x) = F(x) + C$ となる．$f(x)$ の不定積分はたくさんあるが，その違いは定数分だけである．したがって $f(x)$ の1つの不定積分を $F(x)$ とすると，

$$\int f(x)\,dx = F(x) + C \quad (C \text{ は定数})$$

となる．$f(x)$ の不定積分を求めることを $f(x)$ を**積分する**といい，$f(x)$ を**被積分関数**，定数 C を**積分定数**という．積分定数 C は省略されることがある．

また，厳密な定義では不定積分と原始関数は異なる概念である．しかし，この本では簡単のために同一視する．（解説終）

$F(x)$，$G(x)$ をそれぞれ $f(x)$，$g(x)$ の不定積分とすると，微分の公式から

$$\{F(x) \pm G(x)\}' = F'(x) \pm G'(x), \quad \{kF(x)\}' = kF'(x) \ (k \text{ は定数})$$

となるので，次の定理が得られる．

定理 8.1（積分の線形性） 次の等式が成立する．

(1) $\displaystyle\int\{f(x)+g(x)\}\,dx=\int f(x)\,dx+\int g(x)\,dx.$

$\displaystyle\int\{f(x)-g(x)\}\,dx=\int f(x)\,dx-\int g(x)\,dx.$

(2) $\displaystyle\int kf(x)=k\int f(x)\,dx$　　（k は定数）．

積分は微分の逆の操作であり，微分の公式から次の定理が導き出される．いずれも右辺を微分すれば左辺が得られることで証明が得られる．

定理 8.2 次の等式が成立する．

(1) $\displaystyle\int x^p\,dx=\frac{1}{p+1}x^{p+1}+C$　　（$p\neq-1$ となる実数）．

(2) $\displaystyle\int\frac{1}{x}\,dx=\log|\,x\,|+C.$

［証明］ (1) は $(x^{p+1})'=(p+1)x^p$ から明らかである．(2) は $(\log|\,x\,|)'=\dfrac{1}{x}$ より明らかである．（証明終）

注意 $\displaystyle\int 1\,dx$ を単に $\displaystyle\int dx$ と書く．また，$\displaystyle\int\frac{1}{f(x)}\,dx$ を $\displaystyle\int\frac{dx}{f(x)}$ とも表す．

［例題 43］ 次の不定積分を求めよ．

(1) $\displaystyle\int x^5\,dx$　(2) $\displaystyle\int x^{-7}\,dx$　(3) $\displaystyle\int\frac{1}{x^3}\,dx$

(4) $\displaystyle\int\sqrt[5]{x^6}\,dx$　(5) $\displaystyle\int\left(t^{-1}+\frac{3}{t^4}\right)dt$　(6) $\displaystyle\int\frac{dx}{\sqrt{x}}$

（ヒント）x^p の形に直してから計算せよ．

（解答） (1) $\displaystyle\int x^5\,dx = \frac{1}{5+1}x^{5+1} + C = \frac{1}{6}x^6 + C.$

(2) $\displaystyle\int x^{-7}\,dx = \frac{1}{-7+1}x^{-7+1} + C = -\frac{1}{6}x^{-6} + C.$

(3) $\displaystyle\int \frac{1}{x^3}\,dx = \int x^{-3}\,dx = \frac{1}{-3+1}x^{-3+1} + C = -\frac{1}{2}x^{-2} + C.$

(4) $\displaystyle\int \sqrt[5]{x^6}\,dx = \int x^{\frac{6}{5}}\,dx = \frac{1}{\frac{6}{5}+1}x^{\frac{6}{5}+1} + C = \frac{1}{\frac{11}{5}}x^{\frac{11}{5}} + C = \frac{5}{11}x^{\frac{11}{5}} + C.$

(5) $$\int \left(t^{-1} + \frac{3}{t^4}\right) dt = \int t^{-1}\,dt + 3\int t^{-4}\,dt$$

$$= \log|t| + 3\cdot\frac{1}{-4+1}t^{-4+1} + C = \log|t| - t^{-3} + C.$$

(6) $\displaystyle\int \frac{dx}{\sqrt{x}} = \int x^{-\frac{1}{2}}\,dx = \frac{1}{-\frac{1}{2}+1}x^{-\frac{1}{2}+1} + C = 2x^{\frac{1}{2}} + C \quad (= 2\sqrt{x} + C).$

（解終）

注意　不定積分の計算では分数の中にまた分数が出てきたりするので，ノートに書く場合には，行に余裕を持たせたほうが計算ミスが少ない．

定理 8.3（三角関数の積分）

(1) $\displaystyle\int \sin x\,dx = -\cos x + C.$　(2) $\displaystyle\int \cos x\,dx = \sin x + C.$

(3) $\displaystyle\int \frac{dx}{\cos^2 x} = \tan x + C.$　(4) $\displaystyle\int \frac{dx}{\sin^2 x} = -\frac{1}{\tan x} + C.$

［証明］ (1)，(2)，(3) は $\sin x$，$\cos x$，$\tan x$ の微分から得られる．

(4) は $\displaystyle\left(-\frac{1}{\tan x}\right)' = \left(-\frac{\cos x}{\sin x}\right)' = \frac{\sin^2 x + \cos^2 x}{\sin^2 x} = \frac{1}{\sin^2 x}$ から導き出される．

（証明終）

［例題 44］ 次の不定積分を求めよ．

(1) $\displaystyle\int (3\sin x - 6\cos x)\,dx$ (2) $\displaystyle\int \left(\frac{5}{\cos^2 x} - \cos x\right)dx$

(3) $\displaystyle\int \left(\frac{1}{\tan x} + 3\right)\sin x\,dx$ (4) $\displaystyle\int \left(\tan^2 x + \frac{1}{\tan^2 x}\right)dx$

（解答） (1) $\displaystyle\int (3\sin x - 6\cos x)\,dx = 3\int \sin x\,dx - 6\int \cos x\,dx$

$$= -3\cos x - 6\sin x + C.$$

(2) $\displaystyle\int \left(\frac{5}{\cos^2 x} - \cos x\right)dx = 5\int \frac{1}{\cos^2 x}\,dx - \int \cos x\,dx$

$$= 5\tan x - \sin x + C.$$

(3) $\displaystyle\int \left(\frac{1}{\tan x} + 3\right)\sin x\,dx = \int \left(\frac{\cos x \cdot \sin x}{\sin x} + 3\sin x\right)dx$

$$= \int \cos x\,dx + 3\int \sin x\,dx$$

$$= \sin x - 3\cos x + C.$$

(4) $\displaystyle\int \left(\tan^2 x + \frac{1}{\tan^2 x}\right)dx = \int \left(\frac{\sin^2 x}{\cos^2 x} + \frac{\cos^2 x}{\sin^2 x}\right)dx$

$$= \int \frac{1-\cos^2 x}{\cos^2 x}\,dx + \int \frac{1-\sin^2 x}{\sin^2 x}\,dx$$

$$= \int \left(\frac{1}{\cos^2 x} - 1\right)dx + \int \left(\frac{1}{\sin^2 x} - 1\right)dx$$

$$= \tan x - \frac{1}{\tan x} - 2x + C.$$

（解終）

練習問題 39　次の不定積分を求めよ．

(1) $\displaystyle\int (4x^3 - 2x^2 + 5x + 3)\,dx$　(2) $\displaystyle\int (x+1)^3\,dx$

(3) $\displaystyle\int \frac{\sqrt[5]{x^2} - \sqrt{x}}{\sqrt[3]{x^2}}\,dx$　(4) $\displaystyle\int (3\sin x + 2\cos x)\,dx$

(5) $\displaystyle\int \left(\cos\theta + \frac{2}{\cos^2\theta}\right) d\theta$　(6) $\displaystyle\int \frac{\tan^2 x}{\sin^2 x}\,dx$

定理 8.4

(1) $\displaystyle\int \frac{dx}{\sqrt{1-x^2}} = \mathrm{Sin}^{-1}x + C.$　(2) $\displaystyle\int \frac{dx}{1+x^2} = \mathrm{Tan}^{-1}x + C.$

（解説）　定理 5.7（逆三角関数の導関数）から得られる．(1) の定義域は $-1 < x < 1$ である．また，$\displaystyle\int \frac{dx}{\sqrt{1-x^2}} = -\mathrm{Cos}^{-1}x + C$ としてもよい．

（解説終）

［例題 45］　次の不定積分を求めよ．

(1) $\displaystyle\int \left(1 + x^2 + \frac{1}{1+x^2}\right) dx$　(2) $\displaystyle\int \frac{1}{\sqrt{1-x^2}}\left(1 - \sqrt{1-x^2}\right) dx$

（解答）

(1)
$$\int \left(1 + x^2 + \frac{1}{1+x^2}\right) dx = \int (1+x^2)\,dx + \int \frac{1}{1+x^2}\,dx$$
$$= x + \frac{1}{3}x^3 + \mathrm{Tan}^{-1}x + C.$$

(2)
$$\int \frac{1}{\sqrt{1-x^2}}\left(1 - \sqrt{1-x^2}\right) dx = \int \left(\frac{1}{\sqrt{1-x^2}} - 1\right) dx$$
$$= \mathrm{Sin}^{-1}x - x + C.$$

（解終）

練習問題 40　次の不定積分を求めよ．

(1) $\displaystyle\int \frac{1}{\sqrt{1+x}}\frac{1}{\sqrt{1-x}}\,dx$　　(2) $\displaystyle\int \left(1+\frac{1}{x^2}+\frac{1}{x^2+1}\right)dx$

指数関数と対数関数の微分法から次の公式が得られる．

定理 8.5（指数関数の積分）

(1) $\displaystyle\int e^x\,dx = e^x + C.$　　(2) $\displaystyle\int a^x\,dx = \frac{a^x}{\log a} + C \quad (a>0,\ a\neq 1).$

［例題 46］　次の不定積分を求めよ．

(1) $\displaystyle\int (x^3+e^x)\,dx$　(2) $\displaystyle\int e^{x+3}\,dx$　(3) $\displaystyle\int 5^x\,dx$　(4) $\displaystyle\int \left(e^x+3^{2x}\right)dx$

（解答） (1) $\displaystyle\int (x^3+e^x)\,dx = \int x^3\,dx + \int e^x\,dx = \frac{1}{4}x^4 + e^x + C.$

(2) $\displaystyle\int e^{x+3}\,dx = \int e^3\cdot e^x\,dx = e^3\int e^x\,dx = e^3\cdot e^x + C = e^{x+3} + C.$

(3) $\displaystyle\int 5^x\,dx = \frac{5^x}{\log 5} + C.$

(4) $\displaystyle\int \left(e^x+3^{2x}\right)dt = \int e^x\,dx + \int 3^{2x}\,dx$

$\displaystyle\qquad = e^x + \int 9^x\,dx = e^x + \frac{9^x}{\log 9} + C.$　　（解終）

練習問題 41　次の不定積分を求めよ．

(1) $\displaystyle\int e^{3x}\,dx$　(2) $\displaystyle\int 17^x\,dx$　(3) $\displaystyle\int 7^{x+2}\,dx$　(4) $\displaystyle\int \frac{1}{9^x}\,dx$

(5) $\displaystyle\int \left(2^x+2^{2x}+2^{3x}\right)dx$

8.2 置換積分

関数 $f(x)$ の不定積分を $F(x)$ とする．変数 x が変数 t で微分可能な関数 $g(t)$ で $x=g(t)$ と表されるとき，合成関数の微分法より，

$$\frac{d}{dt}F(g(t))=\frac{d}{dx}F(x)\frac{dx}{dt}=f(x)g'(t)=f(g(t))g'(t)$$

となる．よって，

$$\int f(g(t))g'(t)\,dt=F(g(t))+C=F(x)+C=\int f(x)dx$$

が得られる．このようにして積分を求める方法を**置換積分法**という．

定理 8.6（**置換積分法**）　$x=g(t)$ なる微分可能な関数 $g(t)$ に対して

$$\int f(x)\,dx=\int f(g(t))g'(t)dt$$

が成り立つ．

［**例題 47**］ 次の不定積分を求めよ．

(1) $\displaystyle\int(2x+3)^5\,dx$　　(2) $\displaystyle\int\sin(3x-7)\,dx$

（解答） (1) $2x+3=t$ とおくと，$x=\dfrac{t-3}{2}$ より

$$g(t)=\frac{t-3}{2},\quad f(g(t))=t^5,\quad g'(t)=\frac{dx}{dt}=\frac{1}{2}$$

となる．よって

$$\begin{aligned}\int(2x+3)^5\,dx&=\int t^5\cdot\frac{1}{2}\,dt\\&=\frac{1}{2}\cdot\frac{1}{6}t^6+C\qquad(t=2x+3\text{ を代入})\\&=\frac{1}{12}(2x+3)^6+C.\end{aligned}$$

(2) $t=3x-7$ とおくと，$\dfrac{dx}{dt}=\dfrac{1}{3}$ より，

$$\int\sin(3x-7)\,dx=\int\sin t\cdot\frac{1}{3}\,dt$$

$$= \frac{1}{3}(-\cos t) + C \qquad (t = 3x - 7 \text{ を代入})$$

$$= -\frac{1}{3}\cos(3x - 7) + C.$$

となる．　（解終）

注意　$\dfrac{dx}{dt} = g'(t)$ を形式的に $dx = g'(t)\,dt$ と表し，$\displaystyle\int f(x)\,dx$ に $x = g(t)$，$dx = g'(t)\,dt$ を代入すれば，置換積分法の公式が得られる．

また，$x = g(t)$ を t で微分して $dx = g'(t)dt$ を求めたが，x で微分して求めてもよい．逆関数の微分法より

$$\frac{dx}{dt} = \frac{1}{\dfrac{dt}{dx}}$$

が成り立つからである．

練習問題 42　次の不定積分を求めよ．

(1) $\displaystyle\int (5x + 1)^7\,dx$　(2) $\displaystyle\int \cos(5x - 8)\,dx$　(3) $\displaystyle\int \sin(7x + \pi)\,dx$

(4) $\displaystyle\int \sqrt{5x - 1}\,dx$　(5) $\displaystyle\int \sqrt[5]{7x - 3}\,dx$　(6) $\displaystyle\int \frac{1}{(3x - 5)^7}\,dx$

注意　根号 ($\sqrt{}$) や分数式は $(ax + b)^p$ の形に直すと計算が簡単になる．

［例題 48］ かっこ内に示された置換により，次の不定積分を求めよ．

(1) $\displaystyle\int \sin^2 x \cos x\,dx \quad (t = \sin x)$　(2) $\displaystyle\int \sin^3 x\,dx \quad (t = \cos x)$

（解答） (1) $\dfrac{dt}{dx} = \cos x$ より $dt = \cos x\,dx$ となる．よって，

$$\int \sin^2 x \cos x\,dx = \int t^2\,dt$$

$$= \frac{1}{3}t^3 + C \qquad (t = \sin x \text{ を代入})$$

$$= \frac{1}{3}\sin^3 x + C.$$

(2) $\dfrac{dt}{dx} = -\sin x$ より $dt = -\sin x\,dx$ となる．よって，

$$\begin{aligned}\int \sin^3 x\,dx &= \int \sin^2 x \sin x\,dx \\ &= \int (1-\cos^2 x)\sin x\,dx \\ &= -\int (1-t^2)\,dt \\ &= -t + \frac{t^3}{3} + C \qquad (t = \cos x \text{ を代入}) \\ &= -\cos x + \frac{\cos^3 x}{3} + C.\end{aligned}$$

$dt = -\sin x\,dx$ を代入したが，$dx = \dfrac{dt}{-\sin x}$ を代入しても同じ結果が得られる．　　　　（解終）

次の定理は，定理 8.6（置換積分法）よりただちに得られる．

定理 8.7（置換積分法を使った公式）

(1)　$f(x)$ の不定積分を $F(x)$ とすると

$$\int f(ax+b)\,dx = \frac{1}{a}F(ax+b) + C \quad (a,\ b \text{ は定数},\ a \neq 0).$$

(2)　$\displaystyle\int \frac{f'(x)}{f(x)}\,dx = \log|f(x)| + C.$

(3)　$\displaystyle\int \{f(x)\}^a f'(x)\,dx = \frac{1}{a+1}\{f(x)\}^{a+1} + C \quad (a \neq -1).$

［例題 49］　次の不定積分を求めよ．

(1) $\displaystyle\int \frac{3x^2-5}{x^3-5x+7}\,dx$　　　(2) $\displaystyle\int \tan x\,dx$

(3) $\displaystyle\int \cos(ax+b)\,dx \quad (a,\ b \text{ は定数},\ a \neq 0)$

(解答) (1) $\displaystyle\int \frac{3x^2-5}{x^3-5x+7}\,dx = \int \frac{(x^3-5x+7)'}{x^3-5x+7}\,dx$

$$= \log|x^3-5x+7| + C.$$

(2) $\displaystyle\int \tan x\,dx = \int \frac{\sin x}{\cos x}\,dx = \int \frac{-(\cos x)'}{\cos x}\,dx = -\log|\cos x| + C.$

(3) $\displaystyle\int \cos x\,dx = \sin x + C$ より

$$\int \cos(ax+b)\,dx = \frac{1}{a}\sin(ax+b) + C.$$

(解終)

置換をどのようにすればよいのかを与える一般的な公式はないので，経験を積まないといけない.

[例題 50] 次の不定積分を求めよ.

(1) $\displaystyle\int \frac{dx}{\sqrt{4-x^2}}$　(2) $\displaystyle\int \frac{dx}{\sqrt{-4x^2-4x}}$　(3) $\displaystyle\int \frac{dx}{9+x^2}$

(4) $\displaystyle\int \frac{dx}{x^2+2x+2}$

(解答) 定理 8.7(1) を使う.

(1) $\displaystyle\int \frac{dx}{\sqrt{1-x^2}} = \mathrm{Sin}^{-1}x$ より,

$$\int \frac{dx}{\sqrt{4-x^2}} = \frac{1}{2}\int \frac{dx}{\sqrt{1-\left(\frac{x}{2}\right)^2}}$$

$$= \frac{1}{2}\frac{1}{\frac{1}{2}}\mathrm{Sin}^{-1}\left(\frac{x}{2}\right) + C$$

$$= \mathrm{Sin}^{-1}\left(\frac{x}{2}\right) + C.$$

(2) $\displaystyle\int \frac{dx}{\sqrt{-4x^2-4x}} = \int \frac{dx}{\sqrt{1-(4x^2+4x+1)}} = \int \frac{dx}{\sqrt{1-(2x+1)^2}}$

$$= \frac{1}{2}\mathrm{Sin}^{-1}(2x+1) + C.$$

(3) $\displaystyle\int \frac{dx}{1+x^2} = \mathrm{Tan}^{-1}x$ より，

$$\int \frac{dx}{9+x^2} = \frac{1}{9}\int \frac{dx}{1+\left(\frac{x}{3}\right)^2}$$
$$= \frac{1}{9}\frac{1}{\frac{1}{3}}\mathrm{Tan}^{-1}\left(\frac{x}{3}\right) + C$$
$$= \frac{1}{3}\mathrm{Tan}^{-1}\left(\frac{x}{3}\right) + C.$$

(4) $\displaystyle\int \frac{dx}{x^2+2x+2} = \int \frac{dx}{1+(x+1)^2} = \mathrm{Tan}^{-1}(x+1) + C.$ （解終）

練習問題 43　次の不定積分を求めよ．

(1) $\displaystyle\int \frac{e^x}{e^x+2}\,dx$　(2) $\displaystyle\int \frac{\cos x}{\sin x+2}\,dx$　(3) $\displaystyle\int \cos x \sin^4 x\,dx$

［例題 51］　かっこ内に示された置換により，次の不定積分を求めよ．

$$\int \frac{dx}{\sqrt{x^2+A}} \quad (A \neq 0) \quad \left(t = \log\left|x+\sqrt{x^2+A}\right|\right)$$

（解答）　$t = \log\left|x+\sqrt{x^2+A}\right|$ より，$\dfrac{dt}{dx} = \dfrac{1}{\sqrt{x^2+A}}$ が得られる．

よって $dt = \dfrac{1}{\sqrt{x^2+A}}\,dx$ から，

$$\int \frac{dx}{\sqrt{x^2+A}} = \int dt = t + C = \log\left|x+\sqrt{x^2+A}\right| + C.$$ （解終）

注意　この解答における置換の仕方は通常は思いつかない．公式として扱う．

8.3　部分積分

関数の積の微分の公式

$$\{f(x)g(x)\}' = f'(x)g(x) + f(x)g'(x)$$

より，$f(x)g(x) = \int f'(x)g(x)\,dx + \int f(x)g'(x)\,dx$ が成り立つ．よって次の部分積分法の公式が得られる．

定理 8.8（部分積分法）　微分可能な関数 $f(x)$，$g(x)$ に対して，

$$\int f(x)g'(x)\,dx = f(x)g(x) - \int f'(x)g(x)\,dx$$

が成り立つ．

（解説）　部分積分法は両辺に不定積分が現れるので，微分することにより簡単になるように工夫しながら解く必要がある．また，慣れない間は $f(x)$ と $g(x)$ が何かを気にしながら解くようにしよう．　（解説終）

［例題 52］（部分積分 1）　次の不定積分を部分積分法を用いて求めよ．

(1) $\int x\cos x\,dx$　　(2) $\int xe^x\,dx$

（解答）　$f(x)$ と $g(x)$ をどの式にすればよいかを考える．うまくいかなければ逆にするのも 1 つの方法である．

(1) x を微分すると 1 になることを使う．$f(x) = x$，$g'(x) = \cos x$ とおくと，$f'(x) = 1$，$g(x) = \sin x$ となる．

$$\begin{aligned}\int x\cos x\,dx &= \int x(\sin x)'\,dx \\ &= x\sin x - \int x'\cdot\sin x\,dx \\ &= x\sin x + \cos x + C.\end{aligned}$$

(2) この場合も, x を微分すると1になることを使う．$f(x) = x, g'(x) = e^x$ とおくと，$f'(x) = 1$，$g(x) = e^x$ となる．

$$\begin{aligned}\int xe^x\,dx &= \int x(e^x)'\,dx \\ &= xe^x - \int 1\cdot e^x\,dx \\ &= xe^x - e^x + C.\end{aligned}$$

（解終）

練習問題 44（**部分積分 1**）次の不定積分を求めよ．

(1) $\displaystyle\int x\sin x\,dx$　　(2) $\displaystyle\int x\log x\,dx$　　(3) $\displaystyle\int x^2\log x\,dx$

［例題 53］（**部分積分 2**）次の不定積分を求めよ．

(1) $\displaystyle\int \log x\,dx$　　(2) $\displaystyle\int \mathrm{Sin}^{-1}x\,dx$

（解答） 式が1つしかないが $x' = 1$ が隠れていると思えばよい．

(1) $f(x) = \log x$，$g'(x) = 1$ とおくと，$f'(x) = \dfrac{1}{x}$，$g(x) = x$ である．

$$\begin{aligned}\int \log x\,dx &= \int x'\log x\,dx \\ &= x\log x - \int \frac{x}{x}\,dx \\ &= x\log x - \int dx \\ &= x\log x - x + C.\end{aligned}$$

(2) 部分積分法と置換積分法を使う必要があるので計算が大変である．

$f(x) = \mathrm{Sin}^{-1}x$，$g'(x) = 1$ とおくと，$f'(x) = \dfrac{1}{\sqrt{1-x^2}}$，$g(x) = x$ となる．

$$\int \mathrm{Sin}^{-1}x\cdot x'\,dx = x\ \mathrm{Sin}^{-1}x - \int \frac{x}{\sqrt{1-x^2}}\,dx.$$

ここで，$\displaystyle\int \frac{x}{\sqrt{1-x^2}}\,dx$ を $t=1-x^2$ とおいて置換積分をする．$dt=-2x\,dx$ より，

$$\begin{aligned}\int \frac{x}{\sqrt{1-x^2}}\,dx &= \int \frac{1}{\sqrt{t}}\cdot\left(-\frac{1}{2}\right)dt \\ &= -\frac{1}{2}\int t^{-\frac{1}{2}}\,dt = -\frac{1}{2}\cdot\frac{1}{-\frac{1}{2}+1}t^{-\frac{1}{2}+1}+C \\ &= -\frac{1}{2}\cdot 2t^{\frac{1}{2}}+C = -\sqrt{1-x^2}+C.\end{aligned}$$

したがって，$\displaystyle\int \mathrm{Sin}^{-1}x\,dx = x\,\mathrm{Sin}^{-1}x+\sqrt{1-x^2}+C$ が得られる．（解終）

練習問題 45（**部分積分 2**）次の不定積分を求めよ．

(1) $\displaystyle\int \mathrm{Tan}^{-1}x\,dx$　　(2) $\displaystyle\int \log(2x-1)\,dx$

［例題 54］ 不定積分 $\displaystyle\int \sqrt{x^2+A}\,dx\ (A\neq 0)$ を求めよ．

（解答） $f(x)=\sqrt{x^2+A}$，$g(x)=x$ とおくと $f'(x)=\dfrac{x}{\sqrt{x^2+A}}$，$g'(x)=1$ である．したがって，

$$\begin{aligned}\int \sqrt{x^2+A}\,dx &= x\sqrt{x^2+A}-\int \frac{x^2}{\sqrt{x^2+A}}\,dx \\ &= x\sqrt{x^2+A}-\int\left(\sqrt{x^2+A}-\frac{A}{\sqrt{x^2+A}}\right)dx \\ &= x\sqrt{x^2+A}-\int\sqrt{x^2+A}\,dx+A\log\left|x+\sqrt{x^2+A}\right|+C.\end{aligned}$$

よって

$$\int \sqrt{x^2+A}\,dx = \frac{1}{2}\left(x\sqrt{x^2+A}+A\log\left|x+\sqrt{x^2+A}\right|\right)+\frac{C}{2}.$$

（解終）

注意 この部分積分も解法は難しい．公式として扱う．$C/2$ は C としてよい．

8.4 いろいろな関数の不定積分

ある関数 $f(x)$ が与えられたとき，この関数の不定積分 $\displaystyle\int f(x)\,dx$ を求めるのは一般に難しい．そこで，いろいろな工夫が考えられてきた．現在では，不定積分を「Mathematica」などの数式処理システムで計算できるようになっている．さらに進んだ不定積分の求め方は専門書を参考にしてほしい．

■ **有理関数の積分**　多項式の分数の形をした関数が**有理関数**であり，分子の次数が分母の次数より低くなるように変形して，**部分分数分解**をする．たとえば，

$$\frac{x^3-3x^2+2x-2}{x^2-4x+3}=(x+1)+\frac{3x-5}{(x-1)(x-3)}$$

として，最後の分数式を部分分数分解する．

次の部分分数分解はよく使われる．

$$\frac{px+q}{(ax+b)(cx+d)}=\frac{A}{ax+b}+\frac{B}{cx+d}.$$

$$\frac{px+q}{(ax+b)^2}=\frac{A}{ax+b}+\frac{B}{(ax+b)^2}.$$

$$\frac{px^2+qx+r}{(ax+b)(cx^2+dx+e)}=\frac{A}{ax+b}+\frac{Bx+C}{cx^2+dx+e}.$$

（A，B，C，a，b，c，d，e，p，q，r は定数）

［例題 55］（部分分数分解）　次の不定積分を求めよ．

(1) $\displaystyle\int \frac{1}{(x+1)(x+2)}\,dx$　　(2) $\displaystyle\int \frac{x}{(x+1)^2}\,dx$

(3) $\displaystyle\int \frac{3x^3-x}{x^2-1}\,dx$

（解答）　(1) 部分分数分解を行う．

$$\frac{1}{(x+1)(x+2)}=\frac{a}{x+1}+\frac{b}{x+2}$$

とおいて定数 a, b の値を求める．両辺に $(x+1)(x+2)$ を掛けて整理すれば，$1=a(x+2)+b(x+1)$，したがって $(a+b)x+(2a+b)=1$ より $a+b=0$, $2a+b=1$ が得られる．これを解いて $a=1$，$b=-1$ となる．

$$\text{ゆえに}\quad \int \frac{1}{(x+1)(x+2)}\,dx = \int \frac{1}{x+1}\,dx + \int \frac{-1}{x+2}\,dx$$
$$= \log|x+1| - \log|x+2| + C$$
$$= \log\frac{|x+1|}{|x+2|} + C.$$

(2) $\dfrac{x}{(x+1)^2} = \dfrac{(x+1)-1}{(x+1)^2} = \dfrac{1}{x+1} - \dfrac{1}{(x+1)^2}$ となる．または，

$$\frac{x}{(x+1)^2} = \frac{a}{x+1} + \frac{b}{(x+1)^2}$$

とおいて a と b を求めてもよい．

$$\int \frac{x}{(x+1)^2}\,dx = \int \frac{1}{x+1}\,dx - \int \frac{1}{(x+1)^2}\,dx$$
$$= \log|x+1| + \frac{1}{x+1} + C.$$

(3) 分子の次数が分母の次数よりも大きいので，次の変形を行う．

$$\frac{3x^3-x}{x^2-1} = \frac{3x(x^2-1)+2x}{x^2-1} = 3x + \frac{2x}{x^2-1} = 3x + \frac{1}{x+1} + \frac{1}{x-1}.$$

$$\text{したがって，}\quad \int \frac{3x^3-x}{x^2-1}\,dx = \int 3x\,dx + \int \frac{dx}{x+1} + \int \frac{dx}{x-1}$$
$$= \frac{3}{2}x^2 + \log|x+1| + \log|x-1| + C$$
$$= \frac{3}{2}x^2 + \log|x^2-1| + C.$$

（解終）

練習問題 46（**部分分数分解**）次の不定積分を求めよ．

(1) $\displaystyle\int \frac{5}{x(x+5)}\,dx$ (2) $\displaystyle\int \frac{1}{(5x+2)(3x+1)}\,dx$ (3) $\displaystyle\int \frac{5x+12}{(x+2)(x+3)}\,dx$

■ **無理関数の積分**　根号内に変数を含む関数が**無理関数**であり，分母の**有理化**を行うか，根号または根号内の式を t とおき，置換積分を行う．

［例題56］（無理式の不定積分） 次の不定積分を求めよ．

(1) $\displaystyle\int \frac{dx}{\sqrt{x+1}+\sqrt{x}}$　　(2) $\displaystyle\int \frac{x}{\sqrt{1-x}}dx$

（解答） (1) 分子，分母に $\sqrt{x+1}-\sqrt{x}$ を掛けて有理化する．

$$\frac{1}{\sqrt{x+1}+\sqrt{x}} = \frac{\sqrt{x+1}-\sqrt{x}}{(x+1)-x} = \sqrt{x+1}-\sqrt{x}.$$

したがって，
$$\int \frac{dx}{\sqrt{x+1}+\sqrt{x}} = \int \sqrt{x+1}\,dx - \int \sqrt{x}\,dx$$
$$= \frac{2}{3}(x+1)^{\frac{3}{2}} - \frac{2}{3}x^{\frac{3}{2}} + C.$$

(2) $\sqrt{1-x}=t$ とおくと，$1-x=t^2$ となる．$x=1-t^2$ より $dx=-2tdt$ が得られる．

$$\int \frac{x}{\sqrt{1-x}}dx = \int \frac{1-t^2}{t}(-2t)\,dt$$
$$= -2\int (1-t^2)\,dt$$
$$= \frac{2}{3}t^3 - 2t + C \qquad (t=\sqrt{1-x}\text{を代入})$$
$$= \frac{2}{3}(\sqrt{1-x})^3 - 2\sqrt{1-x} + C.$$
（解終）

練習問題47（**無理関数の積分**）次の不定積分を求めよ．

(1) $\displaystyle\int \frac{dx}{\sqrt{x+1}-\sqrt{x+3}}$　　(2) $\displaystyle\int x\sqrt{1-x}\,dx$

■ **三角関数の積分**　$f(\sin x)\cos x$，$f(\cos x)\sin x$，$f(\tan x)\dfrac{1}{\cos^2 x}$ などの形に変形するか，加法定理などを使って1次式へ変形する．

[例題 57]　**(三角関数の不定積分)**　次の不定積分を求めよ．

(1) $\displaystyle\int \frac{dx}{\sin x}$　　(2) $\displaystyle\int \cos 3\theta \cos 2\theta \, d\theta$

(解答)　(1) $\displaystyle\int \frac{dx}{\sin x} = \int \frac{\sin x}{\sin^2 x}\,dx = \int \frac{\sin x}{1-\cos^2 x}\,dx$ より，

$\cos x = t$ とおくと，$-\sin x\,dx = dt$ となる．したがって，

$$\int \frac{\sin x}{1-\cos^2 x}\,dx = \int \frac{1}{1-t^2}(-1)\,dt = \int \frac{dt}{t^2-1}$$

$$= \frac{1}{2}\int \left(\frac{1}{t-1} - \frac{1}{t+1}\right) dx$$

$$= \frac{1}{2}\log\frac{|t-1|}{|t+1|} + C \quad (t = \cos x \text{ を代入})$$

$$= \frac{1}{2}\log\frac{|\cos x - 1|}{|\cos x + 1|} + C.$$

(2) 三角関数の和と積の公式を使って 1 次の式に変形する．

$$\cos 3\theta \cos 2\theta = \frac{1}{2}(\cos 5\theta + \cos\theta) \quad \text{より，}$$

$$\int \cos 3\theta \cos 2\theta\,d\theta = \int \frac{1}{2}(\cos 5\theta + \cos\theta)\,d\theta$$

$$= \frac{1}{10}\sin 5\theta + \frac{1}{2}\sin\theta + C.$$

(解終)

■ $\sin x$，$\cos x$，$\tan x$ の有理式で表せる関数の不定積分は，$t = \tan\dfrac{x}{2}$ とおいて置換積分を行うと，

$$\sin x = \frac{2t}{1+t^2}, \quad \cos x = \frac{1-t^2}{1+t^2}, \quad \tan x = \frac{2t}{1-t^2}, \quad \frac{dx}{dt} = \frac{2}{1+t^2}$$

となり，t の有理関数の積分に帰着される．

練習問題 48　次の不定積分を求めよ．

(1) $\displaystyle\int \frac{dx}{\cos x}$　　(2) $\displaystyle\int \sin x \cos 2x\,dx$　　(3) $\displaystyle\int \sin 2\theta \sin 3\theta\,d\theta$

章末問題 8

8.1　次の不定積分を求めよ．

(1) $\displaystyle\int (x-2)(x+3)\,dx$　　(2) $\displaystyle\int \frac{x^3+4x^2-4}{x}\,dx$

(3) $\displaystyle\int (x^{\frac{2}{3}}-5)^2\,dx$　　(4) $\displaystyle\int 3\,dx$

(5) $\displaystyle\int (\sqrt{x}+3)(\sqrt{x}-3)\,dx$　　(6) $\displaystyle\int \frac{1}{1-\sin x}\cdot\frac{1}{1+\sin x}\,dx$

(7) $\displaystyle\int (\tan^2 x+1)\,dx$　　(8) $\displaystyle\int \frac{x^2-x+2-x^{-3}}{x}\,dx$

8.2（置換積分）　次の不定積分を求めよ．

(1) $\displaystyle\int (2x+3)^{\frac{5}{7}}\,dx$　　(2) $\displaystyle\int \sqrt[5]{(9x+1)^3}\,dx$　　(3) $\displaystyle\int \cos(3\theta-7)\,d\theta$

(4) $\displaystyle\int \frac{dx}{\sqrt{1-(3x)^2}}$　　(5) $\displaystyle\int \frac{dx}{\sqrt{3^2-x^2}}$　　(6) $\displaystyle\int \frac{dx}{x^2+5^2}$

8.3（部分分数分解）　次の不定積分を求めよ[4]．

(1) $\displaystyle\int \frac{-x+2}{(x+1)(x+4)}\,dx$　　(2) $\displaystyle\int \frac{x^2+x+2}{(x^2+1)(x+1)}\,dx$

(3) $\displaystyle\int \frac{1}{(x^2+1)(x^2+9)}\,dx$　　(4) $\displaystyle\int \frac{3x+1}{x(x+1)^2}\,dx$

8.4　次の不定積分を求めよ．

(1) $\displaystyle\int \frac{x}{\sqrt{x+1}-1}\,dx$　　(2) $\displaystyle\int \frac{x}{\sqrt[3]{x+1}-1}\,dx$　　(3) $\displaystyle\int \frac{e^{2x}}{e^x-1}\,dx$

---

[4]（ヒント）以下の部分分数分解を行う．

(3) $\frac{a}{x^2+1}+\frac{b}{x^2+9}$　　(4) $\frac{a}{x}+\frac{b}{x+1}+\frac{c}{(x+1)^2}$

第 9 章　定積分

積分法は，微分法よりもはるか昔のエジプト時代に生まれたとされている．古代エジプトではナイル川がたびたび氾濫した．氾濫後の土地の配分のためには土地の面積を計算しなおさなければならなかった．曲線で囲まれた土地の面積を求めるには，土地をいくつかの小さな長方形で近似してそれらの面積の合計を求めればよい．曲線で囲まれた面積を小さな長方形の面積の和で近似して求める考え方に積分法の芽生えがある．

9.1　定積分

この章での定積分は，いままでの積分とはかなり意味が異なる．微分の逆操作としての積分というよりも，図形を小さな長方形に分割して面積を求めることと思った方が定積分の定義に近い．図 9.1 に示されている連続関数 $y=f(x)$，$x=a$，$x=b$ と x 軸で囲まれた図形の面積 S を，小さな長方形の面積の和で近似して求めてみよう．

閉区間 $[a,b]$ を n 等分して，その両端と分点を順に，

$$a=x_0,\ x_1,\ x_2,\dots,x_{i-1},\ x_i,\dots,x_{n-1},\ x_n=b$$

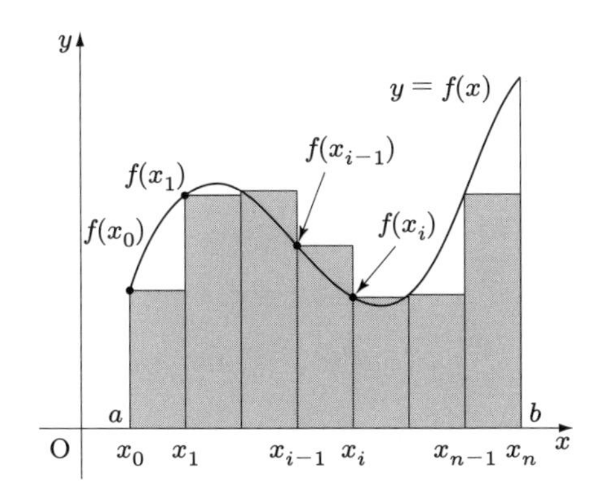

図 **9.1**　面積

とし，その間隔 $\dfrac{b-a}{n}$ を Δx とする．

図 9.1 の長方形の面積の和は，

$$\sum_{i=0}^{n-1} f(x_i)\Delta x = f(x_0)\Delta x + f(x_1)\Delta x + f(x_2)\Delta x + \cdots + f(x_{n-1})\Delta x$$

となる．ただし，$f(x_i) < 0$ のときは対応する長方形の面積は負の値を持つとみなす．この値を $R(f, \Delta x)$ で表し，$f(x)$ と Δx に関する**リーマン (Riemann) 和**とよぶ[5]．

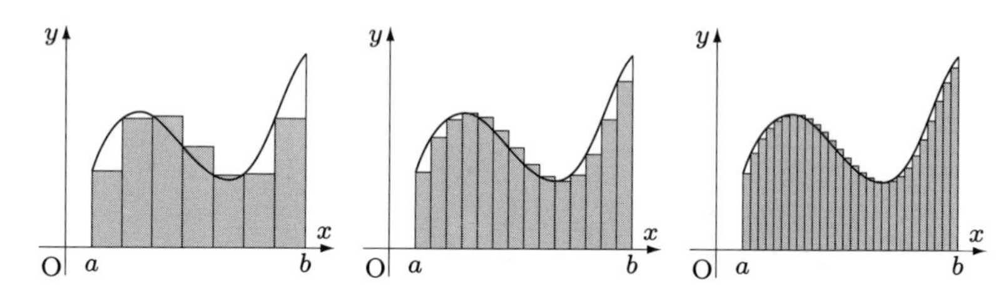

図 **9.2**　面積と定積分と細分

さらに正確な面積を求めたいときは，図 9.2 のように，n を大きくして Δx の値を小さくすればよい．関数 $f(x)$ が連続ならば，$n \to \infty$ としたとき $R(f, \Delta x)$ は一定の値，すなわち面積に収束することがわかっている．この極限値を，

$$\int_a^b f(x)\,dx = \lim_{n\to\infty} \sum_{i=0}^{n-1} f(x_i)\,\Delta x$$

で表し，$f(x)$ の a から b までの**定積分**という．不定積分で使用した $\int$ の記号が使われているが，ここでは，不定積分とは関係がないと思った方がよい．リーマン和の極限値として定積分を求める方法を**区分求積法**という．関数 $f(x)$ の定積分 $\displaystyle\int_a^b f(x)\,dx$ の値は，図 9.3 で示されている面積（グレーの部分）と思えばよい．

---

5) 分割は等分割をとっているが，ある条件があれば等分割でなくてよい．また分割の区間 $[x_{i-1}, x_i]$ に対して $f(x_{i-1})$ の値をとっているが，x_{i-1} の代わりに $x_{i-1} < x < x_i$ となる $f(x)$ の値でもよい．正確な定義は解析学の専門書を見てほしい．

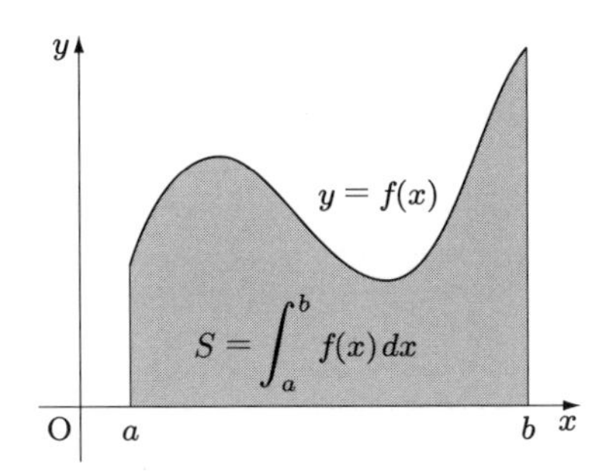

図 9.3　面積と定積分

$$\int_b^a f(x)\,dx = -\int_a^b f(x)\,dx,\quad \int_a^a f(x)\,dx = 0$$ と定義する．

定理 9.1　$[a,b]$ 上の連続関数 $f(x)$，$g(x)$ および定数 k に対して次が成り立つ．

(1)　$\displaystyle\int_a^b kf(x)\,dx = k\int_a^b f(x)\,dx.$

(2)　$\displaystyle\int_a^b \{f(x) \pm g(x)\}\,dx = \int_a^b f(x)\,dx \pm \int_a^b g(x)\,dx$（複号同順）.

(3)　閉区間 $[a,b]$ で $f(x) \leqq g(x)$ ならば，$\displaystyle\int_a^b f(x)\,dx \leqq \int_a^b g(x)\,dx.$

(4)　$a < b$ のとき，$\displaystyle\left|\int_a^b f(x)\,dx\right| \leqq \int_a^b |\,f(x)\,|\,dx.$

定理 9.1(1)，(2) を定積分の線形性という．

定理 9.2（**積分区間の加法性**）　連続関数 $f(x)$ が a，b，c を含む区間で連続ならば，

$$\int_a^c f(x)\,dx = \int_a^b f(x)\,dx + \int_b^c f(x)\,dx.$$

定理 9.3（**定積分に関する平均値の定理**）関数 $f(x)$ が閉区間 $[a,b]$ で連続ならば，

$$\int_a^b f(x)\,dx = f(c)(b-a) \qquad (a<c<b)$$

となる c が存在する．

$\displaystyle\int_a^b f(x)\,dx$ は図 9.4(a) のグレーの部分の面積を表す．この面積と等しい面積を持ち，底辺が閉区間 $[a,b]$ となる長方形の上辺と $y=f(x)$ は少なくとも1点で交わることを，この定理は示している（図 9.4(b)）．

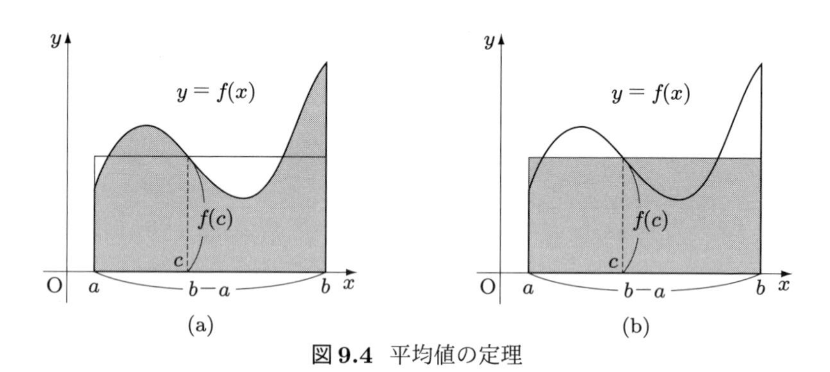

図 9.4　平均値の定理

［証明］ $f(x)$ は，閉区間 $[a,b]$ で連続より最大値 M と最小値 L を持つ．$M=L$ のとき，$f(x)=M$ となり，$f(x)$ は定数関数である．定積分の定義から $\displaystyle\int_a^b f(x)\,dx = M(b-a)$ となり，定理が成り立つ．

$L<M$ のとき，$L \leqq f(x) \leqq M$ より定理 9.1(3) を適用すると，

$$L(b-a) = \int_a^b L\,dx \leqq \int_a^b f(x)\,dx \leqq \int_a^b M\,dx = M(b-a).$$

ゆえに，

$$L \leqq \frac{1}{b-a}\int_a^b f(x)\,dx \leqq M$$

となる．定理 4.7（中間値の定理）より c $(a < c < b)$ が存在して

$$f(c) = \frac{1}{b-a}\int_a^b f(x)\,dx$$

が成り立つ．（証明終）

9.2　不定積分と定積分

9.1 節で定積分を，長方形の面積の和の極限値として定義した．実はこの定積分は微分の逆操作として定義した不定積分と密接な関係がある．そのために $\int$ の記号を使った．その関係を求めよう．

定理 9.4（微分積分学の基本定理）　閉区間 $[a, b]$ で連続な関数 $f(x)$ は不定積分を持つ．さらに，その 1 つを $F(x)$ とすると，

$$\int_a^b f(x)\,dx = F(b) - F(a).$$

この定理により微分と積分は互いに逆の演算であることが示される．また，$F(b) - F(a)$ を $\Big[F(x)\Big]_a^b$ で表す．

［**証明**］　閉区間 $[a, b]$ 内の点 x に対して，

$$G(x) = \int_a^x f(t)\,dt$$

と定義する．$G(x)$ が $f(x)$ の不定積分であること，すなわち $G'(x) = f(x)$ を示す．$a < x < b$ として $h > 0$ $(h < 0$ の場合も同様である$)$ を十分小さくとれば，

$$G(x+h) - G(x) = \int_a^{x+h} f(t)\,dt - \int_a^x f(t)\,dt = \int_x^{x+h} f(t)\,dt$$

となる．右辺に定理 9.3（定積分に関する平均値の定理）を適用して，

$$\frac{G(x+h) - G(x)}{h} = \frac{1}{h}\int_x^{x+h} f(t)\,dt = f(c) \qquad (x < c < x+h)$$

となる c が存在する．$h \to 0$ のとき $c \to x$ となり，$f(x)$ の連続性より，

$$G'(x) = \lim_{h \to 0} \frac{G(x+h) - G(x)}{h} = f(x)$$

が得られる．よって，$G(x)$ は $f(x)$ の不定積分となる．

$F(x)$ を $f(x)$ の1つの不定積分とすると，$F(x) = G(x) + C$ (C は定数) である．$G(x)$ の定義から $G(a) = 0$ である．したがって，

$$\begin{aligned} F(b) - F(a) &= \{G(b) + C\} - \{G(a) + C\} \\ &= G(b) - G(a) \\ &= \int_a^b f(t)\,dt - \int_a^a f(t)dt = \int_a^b f(x)dx \end{aligned}$$

が得られる．　（証明終）

この定理により，面積を求めるためにはリーマン和を用いなくても，不定積分を計算することで得られることがわかる．また，定積分は積分定数 C のとり方によらない．

ところで，

$$\int_a^b f(x)\,dx = \lim_{n \to \infty} \sum_{i=0}^{n-1} f(x_i)\,\Delta x$$

となるが，$\lim$ を無視して $\sum$ を $\int_a^b$ に Δx を dx に置き換えれば綺麗な対応が得られる．

［例題 58］ 次の定積分を求めよ．

(1) $\displaystyle\int_0^{\pi} \sin x\,dx$　　(2) $\displaystyle\int_{\pi}^{2\pi} \sin x\,dx$　　(3) $\displaystyle\int_0^{2\pi} \sin x\,dx$

（解答） (1) $\displaystyle\int_0^{\pi} \sin x\,dx = \Big[-\cos x\Big]_0^{\pi} = 1 + 1 = 2.$

(2) $\displaystyle\int_{\pi}^{2\pi} \sin x\,dx = \Big[-\cos x\Big]_{\pi}^{2\pi} = -1 - 1 = -2.$

(3) $\displaystyle\int_0^{2\pi} \sin x\,dx = \Big[-\cos x\Big]_0^{2\pi} = -1 + 1 = 0.$

(1) は図 9.5 の A の面積である．(2) は B の面積であるが，$\pi < x < 2\pi$ で $\sin x < 0$ より，負の面積を持つと考える．したがって，(3) は A と B の面積の和であるが，正と負で打ち消しあって 0 となる．したがって，通常の面積を求める場合には，$f(x) \geqq 0$ となる区間と $f(x) \leqq 0$ となる区間に分けて考える必要がある．

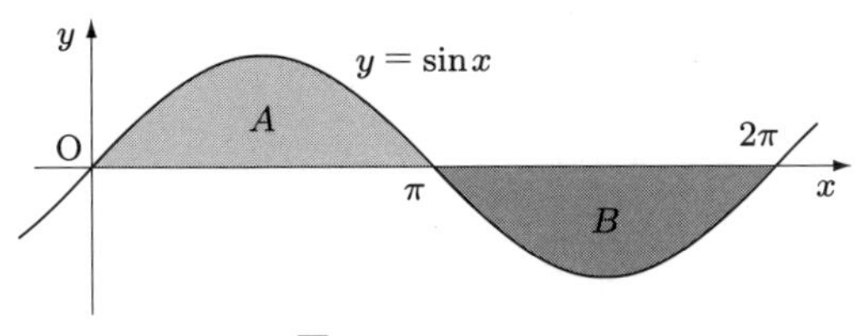

図 9.5　$y = \sin x$

（解終）

［例題 59］ 次の定積分を求めよ．

(1) $\displaystyle\int_0^1 2x(1-x)\,dx$　(2) $\displaystyle\int_1^3 (3x-2)\,dx$　(3) $\displaystyle\int_0^2 (x^2-4x+3)\,dx$

（解答）　グラフは図 9.6 である．

$$(1)\quad \int_0^1 2x(1-x)\,dx = \int_0^1 (2x-2x^2)\,dx$$
$$= \left[x^2 - \frac{2}{3}x^3\right]_0^1 = \left(1-\frac{2}{3}\right) - 0 = \frac{1}{3}.$$

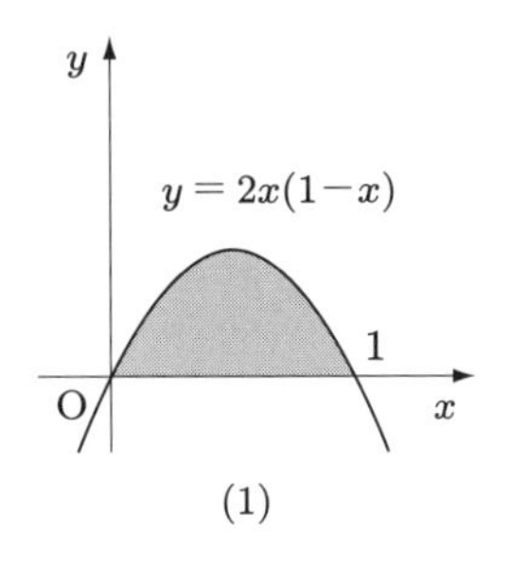

(1)

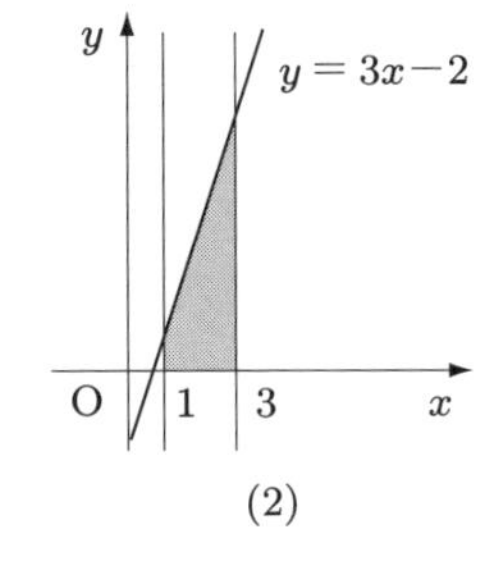

(2)

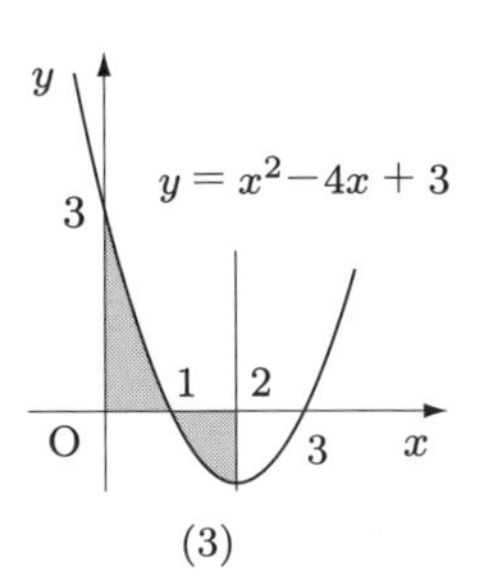

(3)

図 9.6　定積分

(2) $\displaystyle\int_1^3 (3x-2)\,dx = \left[\frac{3}{2}x^2 - 2x\right]_1^3 = \left(\frac{27}{2} - 6\right) - \left(\frac{3}{2} - 2\right) = 8.$

(3) $\displaystyle\int_0^2 (x^2-4x+3)\,dx = \left[\frac{1}{3}x^3-2x^2+3x\right]_0^2 = \left(\frac{8}{3}-8+6\right) - 0 = \frac{2}{3}.$

（解終）

練習問題 49　次の定積分を求めよ．

(1) $\displaystyle\int_0^2 (4x^3 - 2x^2 + 5x + 3)\,dx$　(2) $\displaystyle\int_{\frac{\pi}{3}}^{\frac{\pi}{2}} \sin x\,dx$

(3) $\displaystyle\int_0^{\frac{1}{2}} \frac{1}{\sqrt{1-x^2}}\,dx$　(4) $\displaystyle\int_{-1}^{\sqrt{3}} \frac{1}{1+x^2}\,dx$

9.3　定積分の置換積分法

定理 9.5（**定積分の置換積分法**）　関数 $x = g(t)$ は t について微分可能で，$g'(t)$ は連続であるとする．$a = g(\alpha)$，$b = g(\beta)$ のとき，連続関数 $f(x)$ に対して，

$$\int_a^b f(x)\,dx = \int_\alpha^\beta f(g(t))g'(t)\,dt.$$

［**証明**］ $f(x)$ の不定積分の1つを $F(x)$ とする．定理8.6（置換積分法）より，

$$F(g(t)) = \int f(g(t))g'(t)\,dt$$

となる．したがって，

$$\begin{aligned}\int_\alpha^\beta f(g(t))g'(t)\,dt &= \Big[F(g(t))\Big]_\alpha^\beta \\ &= F(g(\beta)) - F(g(\alpha)) \\ &= F(b) - F(a)\end{aligned}$$

$$= \Big[F(x)\Big]_a^b$$
$$= \int_a^b f(x)\,dx. \qquad （証明終）$$

［**例題 60**］ 次の定積分を求めよ．

(1) $\displaystyle\int_0^1 (2x+1)^3\,dx$ (2) $\displaystyle\int_0^2 \sqrt{x+1}\,dx$ (3) $\displaystyle\int_0^3 \sqrt{9-x^2}\,dx$

（解答） (1) $t = 2x+1$ とおくと $2dx = dt$ となる．

x	$0 \to 1$
t	$1 \to 3$

より

$$\int_0^1 (2x+1)^3\,dx = \int_1^3 \frac{t^3}{2}\,dt = \Big[\frac{1}{2}\cdot\frac{1}{4}t^4\Big]_1^3 = \frac{1}{8}(3^4-1^4) = 10.$$

(2) $t = x+1$ とおくと $dx = dt$ となる．

x	$0 \to 2$
t	$1 \to 3$

より

$$\int_0^2 \sqrt{x+1}\,dx = \int_1^3 t^{\frac{1}{2}}\,dt = \Big[\frac{2}{3}t^{\frac{3}{2}}\Big]_1^3 = \frac{2}{3}(3^{\frac{3}{2}} - 1^{\frac{3}{2}}) = \frac{2}{3}(3^{\frac{3}{2}} - 1).$$

(3) $x = 3\sin\theta$ とおくと $dx = 3\cos\theta\,d\theta$ となる．

x	$0 \to 3$
θ	$0 \to \frac{\pi}{2}$

より

$$\int_0^3 \sqrt{9-x^2}\,dx = \int_0^{\frac{\pi}{2}} \sqrt{9-9\sin^2\theta}\cdot 3\cos\theta\,d\theta$$
$$= 9\int_0^{\frac{\pi}{2}} \sqrt{\cos^2\theta}\cos\theta\,d\theta \quad \left(0 \leqq \theta \leqq \frac{\pi}{2} \text{ より } \cos\theta \geqq 0\right)$$
$$= 9\int_0^{\frac{\pi}{2}} \cos^2\theta\,d\theta \quad \left(\cos^2\theta = \frac{1}{2}(\cos 2\theta + 1) \text{ より}\right)$$

$$= \frac{9}{2} \int_0^{\frac{\pi}{2}} (\cos 2\theta + 1)\, d\theta$$

$$= \frac{9}{2} \left[\frac{1}{2} \sin 2\theta + \theta \right]_0^{\frac{\pi}{2}}$$

$$= \frac{9}{4} \pi.$$

（解終）

練習問題 50　次の定積分を求めよ.

(1) $\displaystyle\int_1^2 \sqrt{5x-1}\, dx$　(2) $\displaystyle\int_2^3 (2x+3)^{\frac{5}{7}}\, dx$　(3) $\displaystyle\int_0^2 \frac{dx}{\sqrt{16-x^2}}$

9.4　定積分の部分積分法

定理 9.6（定積分の部分積分法）　関数 $f(x)$, $g(x)$ が閉区間 $[a, b]$ で微分可能ならば,

$$\int_a^b f(x)g'(x)\, dx = \Big[f(x)g(x) \Big]_a^b - \int_a^b f'(x)g(x)\, dx.$$

［証明］　定理 8.8 より,

$$\int f(x)g'(x)\, dx = f(x)g(x) - \int f'(x)g(x)\, dx$$

となる. したがって,

$$\int_a^b f(x)g'(x)\, dx = \Big[f(x)g(x) \Big]_a^b - \int_a^b f'(x)g(x)\, dx$$

が得られる.　（証明終）

［例題 61］　次の定積分を求めよ.

(1) $\displaystyle\int_0^1 xe^x\, dx$　(2) $\displaystyle\int_0^{\frac{\pi}{3}} x\cos x\, dx$　(3) $\displaystyle\int_1^e \log x\, dx$

(解答) (1) $f(x)=x$，$g'(x)=e^x$ とおくと，$g(x)=e^x$ より，

$$\begin{aligned}\int_0^1 xe^x\,dx &= \int_0^1 x(e^x)'\,dx \\ &= \Big[\,xe^x\,\Big]_0^1 - \int_0^1 e^x\,dx \\ &= e - \Big[\,e^x\,\Big]_0^1 \\ &= e-(e-1)=1.\end{aligned}$$

(2) $f(x)=x$，$g'(x)=\cos x$ とおくと，$g(x)=\sin x$ より，

$$\begin{aligned}\int_0^{\frac{\pi}{3}} x\cos x\,dx &= \int_0^{\frac{\pi}{3}} x(\sin x)'\,dx \\ &= \Big[\,x\sin x\,\Big]_0^{\frac{\pi}{3}} - \int_0^{\frac{\pi}{3}} \sin x\,dx \\ &= \frac{\pi}{3}\sin\frac{\pi}{3} + \Big[\,\cos x\,\Big]_0^{\frac{\pi}{3}} \\ &= \frac{\pi}{3}\frac{\sqrt{3}}{2} + \left(\cos\frac{\pi}{3} - \cos 0\right) \\ &= \frac{\sqrt{3}}{6}\pi - \frac{1}{2}.\end{aligned}$$

(3) $f(x)=\log x$，$g'(x)=1$ とおくと，$g(x)=x$ より，

$$\begin{aligned}\int_1^e \log x\,dx &= \int_1^e x'\log x\,dx \\ &= \Big[\,x\log x\,\Big]_1^e - \int_1^e x\frac{1}{x}\,dx \\ &= (e\log e - 1\log 1) - \Big[\,x\,\Big]_1^e \\ &= e-(e-1)=1.\end{aligned}$$

(解終)

練習問題 51 次の定積分を求めよ．

(1) $\displaystyle\int_0^{\frac{\pi}{2}} x\sin x\,dx$ (2) $\displaystyle\int_0^{\pi} e^x\cos x\,dx$

章末問題9

9.1　次の定積分を求めよ．

(1) $\displaystyle\int_1^8 \frac{5x-2}{\sqrt[3]{x}}\,dx$　(2) $\displaystyle\int_0^{\frac{\pi}{6}} \sin 3\theta\,d\theta$　(3) $\displaystyle\int_2^3 \frac{6x^2-2x}{2x^3-x^2}\,dx$

(4) $\displaystyle\int_0^{\log a} e^x\,dx$　(5) $\displaystyle\int_0^3 3^x\,dx$　(6) $\displaystyle\int_0^3 \frac{dx}{x^2+3}$

(7) $\displaystyle\int_{\log 2}^{\log 3} \frac{dx}{e^x-1}$　(8) $\displaystyle\int_0^{\frac{\pi}{4}} \tan^2 x\,dx$　(9) $\displaystyle\int_0^1 \frac{dx}{x^2-9}$

9.2　次の定積分を求めよ．

(1) $\displaystyle\int_0^1 x^2e^{2x}\,dx$　(2) $\displaystyle\int_0^1 \mathrm{Tan}^{-1}x\,dx$　(3) $\displaystyle\int_0^1 x\,\mathrm{Tan}^{-1}x\,dx$

9.3　絶対値に注意して次の定積分を求めよ．

(1) $\displaystyle\int_0^2 |\,x^2-1\,|\,dx$　(2) $\displaystyle\int_0^{\frac{\pi}{2}} |\,\cos 2\theta\,|\,d\theta$

第 10 章　面積と体積

積分を用いて面積・体積・曲線の長さを求めてみよう．

10.1 面　積

連続関数 $y = f(x)$ と x 軸および $x = a$，$x = b$ で囲まれる図形の**面積** S は，閉区間 $[a, b]$ で $f(x) \geqq 0$（図 10.1(a)）のとき，定積分の定義より

$$S = \int_a^b f(x)\,dx$$

となる．また，この閉区間で負の値をとることがあるとき（図 10.1(b)）には，負の部分は負の面積を持つと考えたので，

$$S = \int_a^b |\,f(x)\,|\,dx$$

となる．

2 つの連続関数 $f(x)$，$g(x)$ について，閉区間 $[a, b]$ で $f(x) \geqq g(x)$ のとき（図 10.2(a)），$x = a$，$x = b$ と 2 つの関数 $y = f(x)$，$y = g(x)$ で囲まれる図形の面積 S は，

$$S = \int_a^b \{f(x) - g(x)\}\,dx$$

となる．

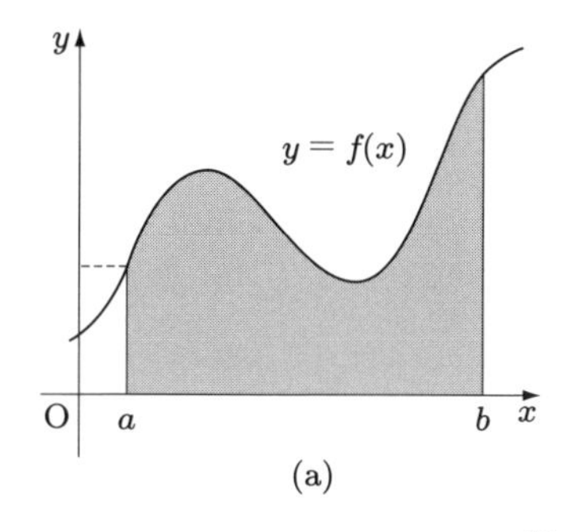

(a)

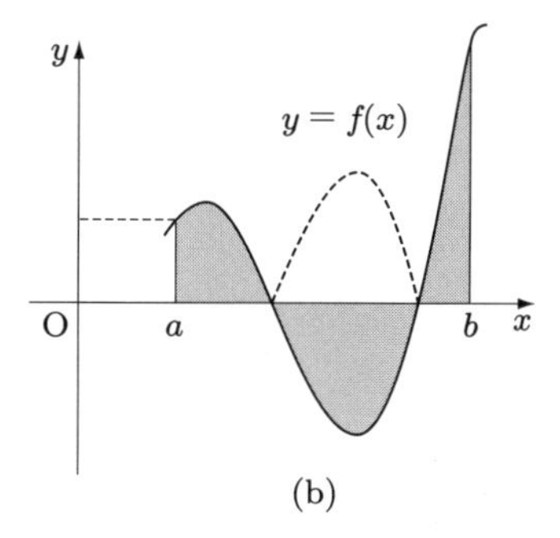

(b)

図 10.1　面積

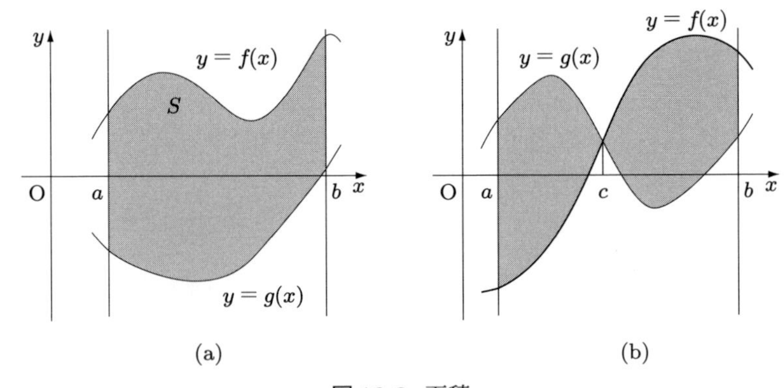

図 **10.2**　面積

閉区間 $[\,a,b\,]$ で関数 $y=f(x)$，$y=g(x)$ が交わるとき（図 10.2(b)）には，面積 S は

$$S=\int_a^b |\,f(x)-g(x)\,|\,dx$$

となる．

［例題 **62**］ (1) $y=-x^2+5x$，$x=1$，$x=3$ と x 軸で囲まれる図形の面積 S を求めよ．
(2) $y=x^2-1$，$x=2$ と x 軸で囲まれる図形の面積 S を求めよ．

（解答） (1) 図 10.3 (a) で示された図形である．

$$S=\int_1^3(-x^2+5x)\,dx=\Big[-\frac{1}{3}x^3+\frac{5}{2}x^2\Big]_1^3=\frac{34}{3}.$$

(2) 図 10.3 (b) で示された図形である．$y=x^2-1$ は閉区間 $[\,-1,2\,]$ で正と負の両方の値をとるので

$$\text{面積}\ S=\int_{-1}^2 |\,x^2-1\,|\,dx$$

となる．

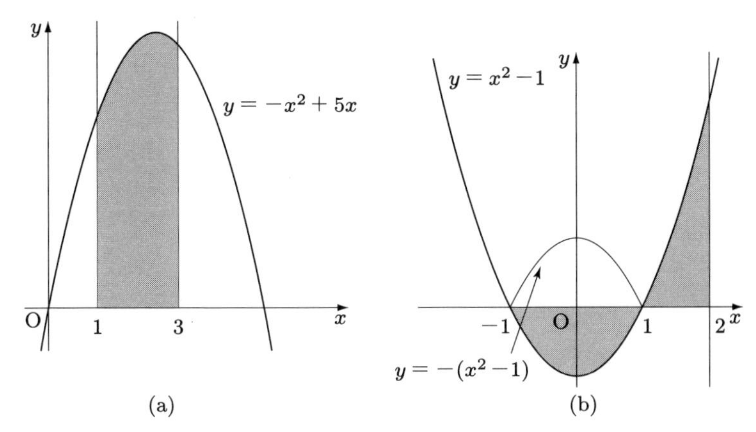

図 10.3　面積と定積分

図 10.3 (b) より，絶対値をはずして，

$$
\begin{aligned}
S &= \int_{-1}^{1} -(x^2-1)\,dx + \int_{1}^{2} (x^2-1)\,dx \\
&= -\left[\frac{1}{3}x^3 - x\right]_{-1}^{1} + \left[\frac{1}{3}x^3 - x\right]_{1}^{2} \\
&= \frac{8}{3}.
\end{aligned}
$$

（解終）

［例題 63］　半径 1 の円の面積が π になることを，積分を用いて示せ．

（解答）　xy 平面上の原点を中心とする半径 1 の円の面積を考える（図 10.4）．これは 2 つの関数 $y = \sqrt{1-x^2}$ と $y = -\sqrt{1-x^2}$ で囲まれた面積 S である．

$$
S = \int_{-1}^{1} \left(\sqrt{1-x^2} - (-\sqrt{1-x^2})\right) dx = \int_{-1}^{1} 2\sqrt{1-x^2}\,dx.
$$

置換積分を行う．$x = \cos\theta$ とおくと，$dx = -\sin\theta\,d\theta$ となる．

x	$-1 \;\to\; 1$
θ	$\pi \;\to\; 0$

より

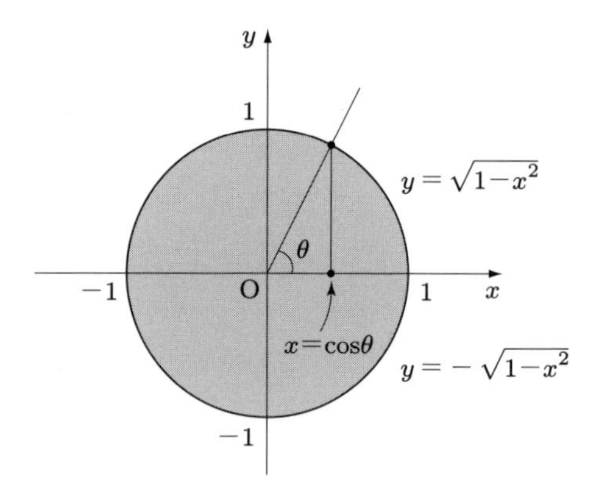

図 10.4　単位円

$$\begin{aligned}
S &= -2\int_{\pi}^{0}\sqrt{1-\cos^2\theta}\sin\theta\,d\theta \\
&= -2\int_{\pi}^{0}\sin^2\theta\,d\theta \quad \left(0\leqq\theta\leqq\pi \text{より} \sin\theta\geqq 0 \text{から} \sqrt{\sin^2\theta}=\sin\theta\right) \\
&= -2\int_{\pi}^{0}\left(\frac{1-\cos 2\theta}{2}\right)d\theta \quad \left(\sin^2\theta=\frac{1-\cos 2\theta}{2}\text{より}\right) \\
&= -\left[\theta-\frac{1}{2}\sin 2\theta\right]_{\pi}^{0} \\
&= \pi.
\end{aligned}$$

よって，面積は π となる．　　（解終）

10.2 体　積

定理 10.1（**体積**）　3 次元空間内の立体で，2 つの平面 $x=a$ と $x=b$ $(a<b)$ にはさまれる立体を考える．x 軸に垂直な平面による断面積が $S(x)$ となるとき，立体の**体積** V は

$$V=\int_a^b S(x)\,dx$$

で得られる．

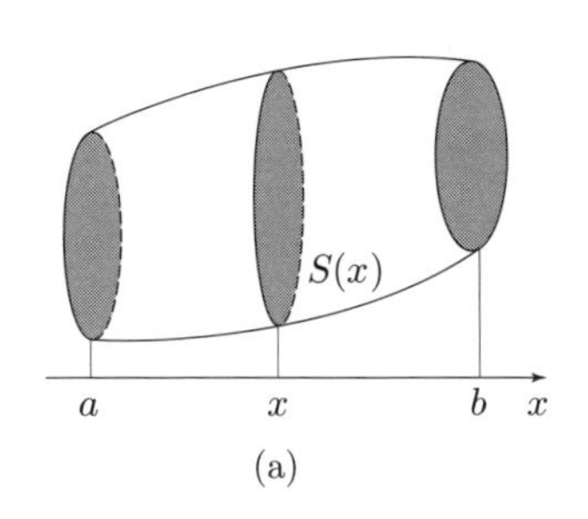

(a)

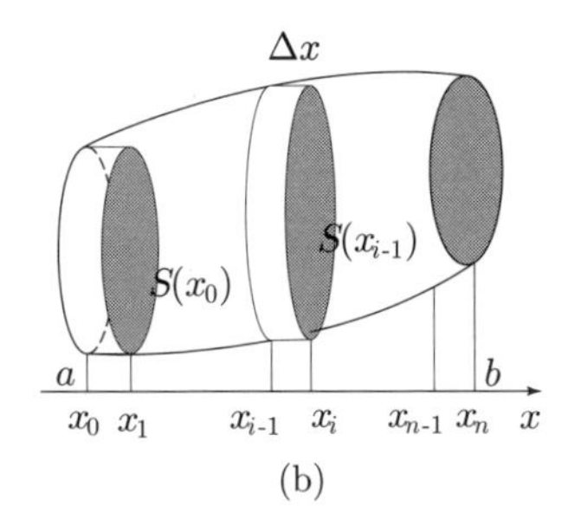

(b)

図 10.5 体積

(解説) 立体が図 10.5(a) のように空間内に入っているとする．面積を求めたときと同様に閉区間 $[a,b]$ を n 等分する（図 10.5(b)）．$\Delta x = \dfrac{b-a}{n}$ とすると，体積 V は，

$$\sum_{i=0}^{n-1} S(x_i)\Delta x = S(x_0)\Delta x + S(x_1)\Delta x + S(x_2)\Delta x + \cdots + S(x_{n-1})\Delta x$$

で近似される．体積 V を求めるためには $n \to \infty$ とすればよい．したがって，定積分の定義より，

$$V = \int_a^b S(x)\,dx = \lim_{n\to\infty} \sum_{i=0}^{n-1} S(x_i)\Delta x$$

となる． （解説終）

［例題 64］ 底辺の半径 r，高さ h の円錐の体積 V を求めよ．

(解答) 図 10.6 のように円錐をおく．断面積を $S(x)$ とすると，

$$S(x) = \left(\frac{x}{h}r\right)^2 \pi$$

となる．よって，

$$V = \int_0^h \left(\frac{x}{h}r\right)^2 \pi\,dx = \frac{r^2\pi}{h^2}\left[\,\frac{1}{3}x^3\,\right]_0^h = \frac{1}{3}\,\pi r^2 h.$$

（解終）

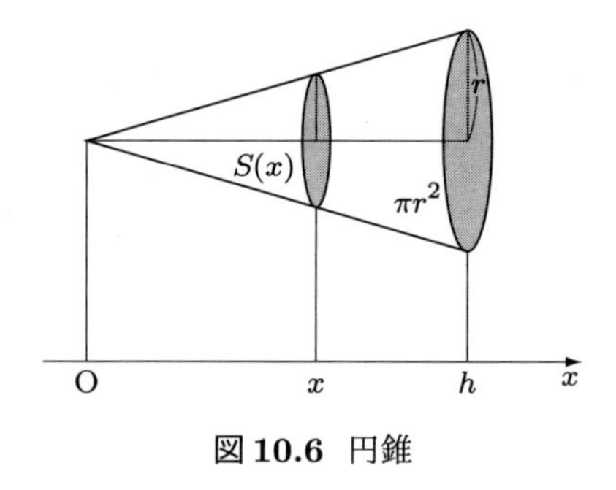

図 10.6　円錐

［例題 65］（回転体の体積）　曲線 $y = x^2$，$x = 1$ と x 軸ではさまれた図形を x 軸のまわりに 1 回転させて得られる回転体の体積 V を求めよ．

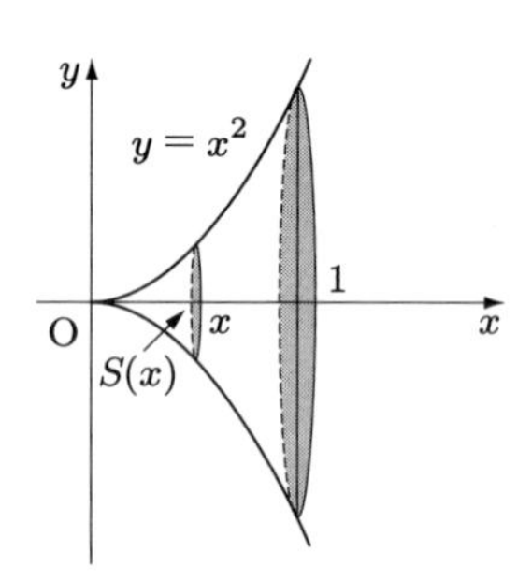

図 10.7　$y = x^2$ の回転体

（解答）　曲線 $y = f(x)$ と x 軸および 2 つの直線 $x = a$，$x = b$ $(a < b)$ とで囲まれた図形を，x 軸のまわりに 1 回転してできる回転体を考える．点 x での断面は半径 $|\,f(x)\,|$ の円より，断面積 $S(x)$ は $\pi\{f(x)\}^2$ である．したがって，体積 V は

$$V = \pi \int_a^b \{f(x)\}^2\, dx$$

となる．

$f(x) = x^2$ より，点 x $(0 \leqq x \leqq 1)$ での断面積 $S(x)$ は $\pi(x^2)^2 = \pi x^4$ であるから，体積 V は，

$$V = \pi \int_0^1 x^4 \, dx = \frac{\pi}{5} \Big[x^5 \Big]_0^1 = \frac{\pi}{5}. \qquad \text{（解終）}$$

練習問題 52　次の図形を x 軸のまわりに 1 回転して得られる回転体の体積を求めよ．

(1) 曲線 $y = \sin x$ $(0 \leqq x \leqq \pi)$ と x 軸とで囲まれた図形．

(2) 曲線 $y = 2x(2 - x)$ と x 軸とで囲まれた図形．

10.3　曲線の長さ

曲線 C が，媒介変数 t を用いて

$$\begin{array}{rccl} \varphi : & [a, b] & \to & \mathbb{R}^2 \\ & t & \mapsto & \varphi(t) = (f(t),\, g(t)) \end{array}$$

で表されて，$x = f(t)$ と $y = g(t)$ はともに微分可能であるとする．**曲線 C の長さ L は**，次のようにして求めることができる．

曲線 C を折れ線で近似して，折れ線の長さの和をとる．すると，曲線 C の長さ L は，折れ線を曲線 C に限りなく近づけたときの折れ線の長さの和の極限値と考えられる．

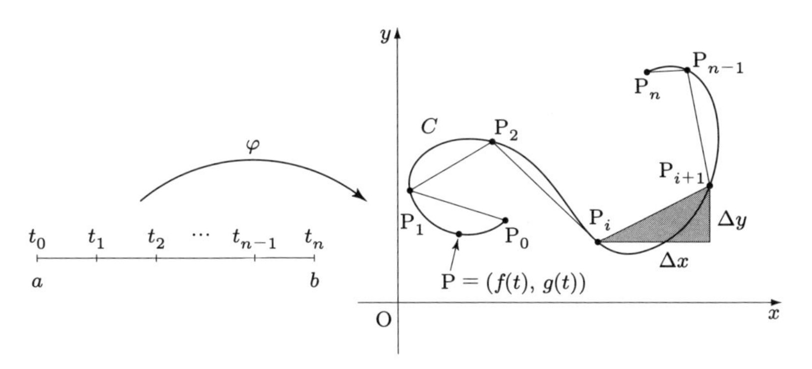

図 10.8　曲線の長さ

図 10.8のように，閉区間$[a,b]$をn等分する．

$$a=t_0,\ t_1,\ t_2,\ \ldots,\ t_{n-1},\ t_n=b.$$

$\Delta t=\dfrac{b-a}{n}$とおく．また，点$\mathrm{P}_i=(f(t_i),\ g(t_i))$とする．曲線$C$の長さ$L$は，各点$\mathrm{P}_i$を結んで得られる折れ線の長さで近似できる．折れ線の長さL_nは

$$L_n=\mathrm{P}_0\mathrm{P}_1+\mathrm{P}_1\mathrm{P}_2+\cdots+\mathrm{P}_{n-2}\mathrm{P}_{n-1}+\mathrm{P}_{n-1}\mathrm{P}_n$$

である．$\Delta x_i=f(t_{i+1})-f(t_i)$，$\Delta y_i=g(t_{i+1})-g(t_i)$とおくと

$$\mathrm{P}_i\mathrm{P}_{i+1}=\sqrt{(\Delta x_i)^2+(\Delta y_i)^2}=\sqrt{\left(\frac{\Delta x_i}{\Delta t}\right)^2+\left(\frac{\Delta y_i}{\Delta t}\right)^2}\Delta t$$

となる．したがって，

$$L_n=\sum_{i=0}^{n-1}\sqrt{\left(\frac{\Delta x_i}{\Delta t}\right)^2+\left(\frac{\Delta y_i}{\Delta t}\right)^2}\Delta t$$

が得られ，$L=\displaystyle\lim_{n\to\infty}L_n$となる．$n\to\infty$のとき，定積分の定義より，

$$\begin{aligned}L&=\lim_{n\to\infty}\sum_{i=0}^{n-1}\sqrt{\left(\frac{\Delta x_i}{\Delta t}\right)^2+\left(\frac{\Delta y_i}{\Delta t}\right)^2}\Delta t\\&=\int_a^b\sqrt{\left(\frac{dx}{dt}\right)^2+\left(\frac{dy}{dt}\right)^2}\,dt\\&=\int_a^b\sqrt{\{f'(t)\}^2+\{g'(t)\}^2}\,dt\end{aligned}$$

が得られる．

定理 10.2（曲線の長さ，媒介変数表示）$x=f(t)$，$y=g(t)$が$a\leqq t\leqq b$上で微分可能であるとき，曲線$C:x=f(t)$，$y=g(t)$ $(a\leqq t\leqq b)$の長さLは，

$$L=\int_a^b\sqrt{\left(\frac{dx}{dt}\right)^2+\left(\frac{dy}{dt}\right)^2}\,dt=\int_a^b\sqrt{\{f'(t)\}^2+\{g'(t)\}^2}\,dt$$

で与えられる．

(解説) 付録(188 頁)より,曲線 C 上の点 P の,時刻 t における速さ $|\vec{v}|$ は,

$$|\vec{v}| = \sqrt{\left(\frac{dx}{dt}\right)^2 + \left(\frac{dy}{dt}\right)^2}$$

となる.したがって,点 P の速さを積分すると点 P が移動した道のり s が得られると考えることができて,

$$s = \int_a^b |\vec{v}|\,dt = \int_a^b \sqrt{\left(\frac{dx}{dt}\right)^2 + \left(\frac{dy}{dt}\right)^2}\,dt$$

となる. (解説終)

定理 10.3(曲線の長さ,直交座標表示) $y = f(x)$ が $a \leqq x \leqq b$ 上で微分可能であるとき,曲線 $y = f(x)$ $(a \leqq x \leqq b)$ の長さ L は

$$L = \int_a^b \sqrt{1 + \left(\frac{dy}{dx}\right)^2}\,dx = \int_a^b \sqrt{1 + \{f'(x)\}^2}\,dx$$

で与えられる.

[**証明**] 曲線が直交座標 $y = f(x)$ $(a \leqq x \leqq b)$ で与えられているので,$x = t$,$y = f(t)$ $(a \leqq t \leqq b)$ とおく.すると,

$$\frac{dx}{dt} = 1, \qquad \frac{dy}{dt} = \frac{dy}{dx} = f'(x)$$

より,定理が得られる. (証明終)

[**例題 66**] 次の曲線の長さ L を求めよ.
(1) $x = 2t$, $y = t^2 + 1$ $(0 \leqq t \leqq 3)$ (2) $x = \cos\theta$, $y = \sin\theta$ $(0 \leqq \theta \leqq 2\pi)$

(解答) (1) $x'(t) = 2$,$y'(t) = 2t$ より $\{x'(t)\}^2 + \{y'(t)\}^2 = 4(1 + t^2)$ となる.例題 54 の公式を使って,

$$L = \int_0^3 2\sqrt{t^2 + 1}\,dt$$

$$= \left[t\sqrt{t^2+1} + \log\left|t+\sqrt{t^2+1}\right| \right]_0^3$$
$$= 3\sqrt{10} + \log(3+\sqrt{10}).$$

(2) 半径1の円周の長さである．$x'(\theta) = -\sin\theta$，$y'(\theta) = \cos\theta$ より，

$$\{x'(\theta)\}^2 + \{y'(\theta)\}^2 = \sin^2\theta + \cos^2\theta = 1.$$

したがって，

$$L = \int_0^{2\pi} d\theta = \Big[\,\theta\,\Big]_0^{2\pi} = 2\pi.$$

（解終）

［例題67］（サイクロイド，cycloid） サイクロイド

$$x = a(t - \sin t), \quad y = a(1-\cos t) \qquad (0 \leqq t \leqq 2\pi,\ a>0)$$

の長さ L を求めよ．

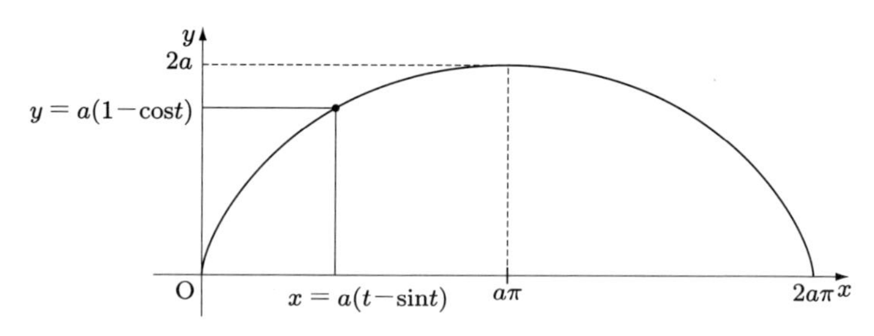

図10.9　サイクロイド (cycloid)

（解答）$x'(t) = a(1-\cos t)$，$y'(t) = a\sin t$ より

$$\{x'(t)\}^2 + \{y'(t)\}^2 = 2a^2(1-\cos t)$$
$$= 4a^2\sin^2\frac{t}{2}.$$

$0 \leqq t \leqq 2\pi$ より $\sin\dfrac{t}{2} \geqq 0$ となる．よって，$\sqrt{\{x'(t)\}^2+\{y'(t)\}^2} = 2a\sin\dfrac{t}{2}$ が得られる．したがって，

$$L = 2a\int_0^{2\pi}\sin\frac{t}{2}\,dt = 2a\Big[-2\cos\frac{t}{2}\Big]_0^{2\pi} = 8a.$$

（解終）

練習問題 53　図 10.10 で示された次の曲線の長さ L を求めよ．

$x = a(\cos t + t\sin t)$，$y = a(\sin t - t\cos t)$　$(0 \leqq t \leqq \pi,\ a > 0)$.

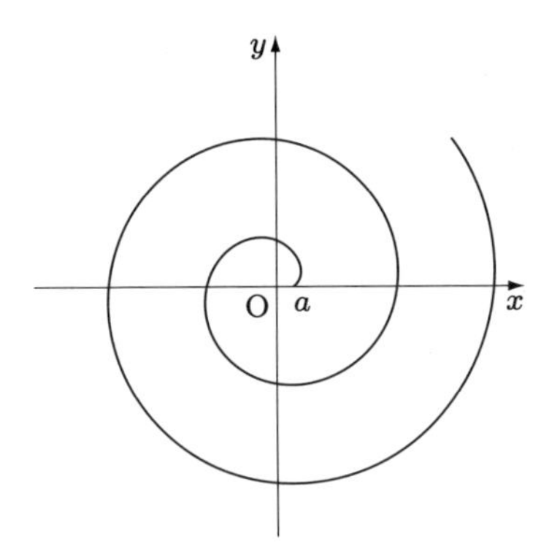

図 10.10　$(a(\cos t + t\sin t),\ a(\sin t - t\cos t))$ $(t \geqq 0)$

練習問題 54　図 10.11 で示された次の曲線の長さ L を求めよ．

$x = e^t\cos\pi t$，$y = e^t\sin\pi t$　$(0 \leqq t \leqq 3)$.

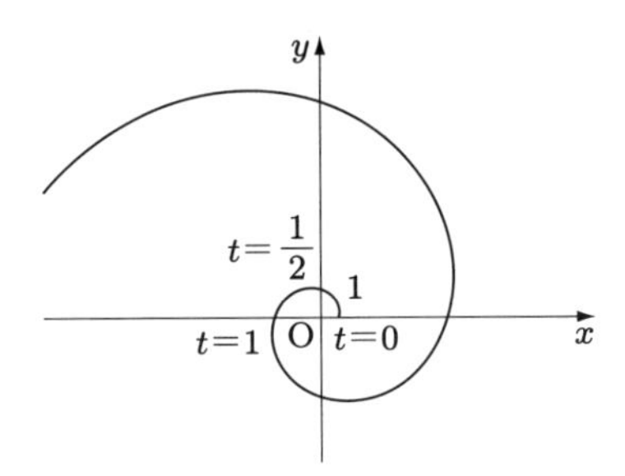

図 10.11　$(e^t\cos\pi t,\ e^t\sin\pi t)$ $(t \geqq 0)$

章末問題10

10.1　次の曲線または直線によって囲まれた図形の面積Sを求めよ.

(1) $y = x + 2$，$y = x^2$

(2) $y = x^3 - 7x^2 + 3x$，$y = -x^2 - 6x + 4$

(3) $y = x$，$y = \sqrt{x}$

10.2　次の曲線の長さLを求めよ.

(1) アステロイド　$x^{\frac{2}{3}} + y^{\frac{2}{3}} = a^{\frac{2}{3}}$ $(a > 0)$

（ヒント）$x = a\cos^3\theta$，$y = a\sin^3\theta$ とおいて媒介変数表示に直せ.

(2) カテナリー　$y = \dfrac{e^x + e^{-x}}{2}$　$(-1 \leqq x \leqq 1)$

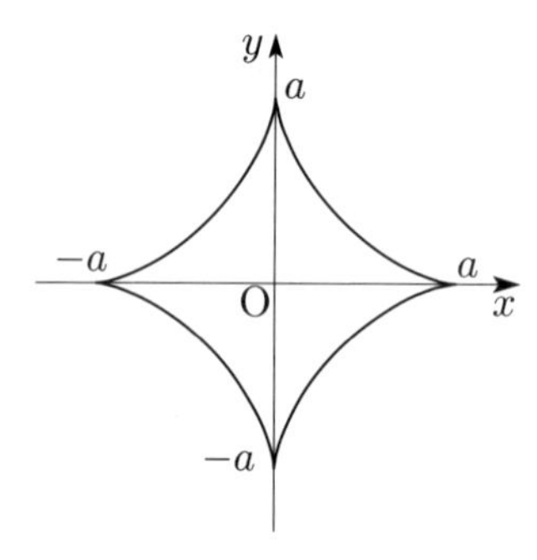

図10.12　アステロイド

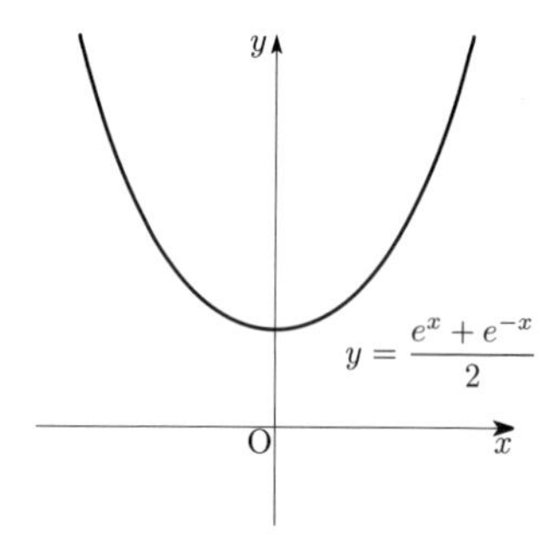

図10.13　カテナリー

10.3　次の曲線または直線で囲まれた部分を，x軸のまわりに回転してできる回転体の体積Vを求めよ.

(1) $y = x$，$y = x^2$

(2) $y = -x + 6$，$y = x^2 - x + 2$

第 11 章　定積分の近似計算

不定積分 $\displaystyle\int f(x)\,dx$ が具体的に求まらないときでも，定積分 $\displaystyle\int_a^b f(x)\,dx$ を求める工夫がいろいろなされてきた．ここでは図形から近似的に求めてみよう．

11.1　台形公式

定積分 $\displaystyle\int_a^b f(x)\,dx$ に対して，区間 $[a,b]$ を n 等分して，その両端と分点を順に

$$a = x_0,\ x_1,\ x_2, \ldots,\ x_{n-1},\ x_n = b, \qquad h = \frac{b-a}{n}$$

とし，$y_i = f(x_i)$ $(i = 0, 1, \ldots, n-1, n)$ とする．図 11.1 で示されたように点 $\mathrm{P}_i(x_i, y_i)$ として，$y = f(x)$ を折れ線 $\mathrm{P}_0\mathrm{P}_1\mathrm{P}_2 \cdots \mathrm{P}_{n-1}\mathrm{P}_n$ で近似する．

すると，定積分は影のついたいくつかの台形の面積の和で近似されるので，

$$\int_a^b f(x)\,dx \fallingdotseq \frac{h}{2}(y_0 + y_1) + \frac{h}{2}(y_1 + y_2) + \cdots + \frac{h}{2}(y_{n-1} + y_n).$$

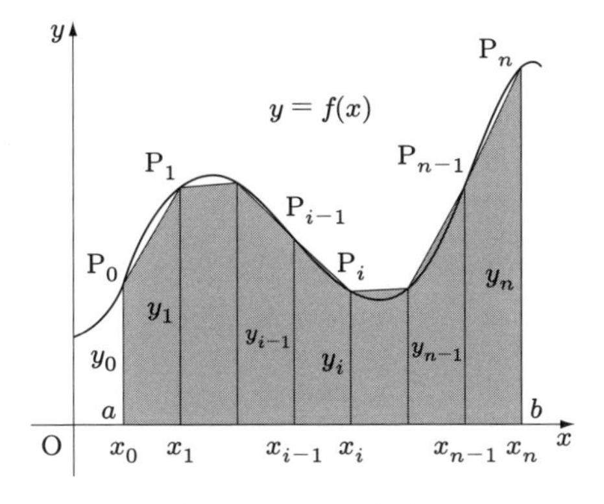

図 11.1　台形公式

よって

$$\int_a^b f(x)\,dx \fallingdotseq \frac{h}{2}\{y_0 + y_n + 2(y_1 + y_2 + \cdots + y_{n-1})\}, \quad h = \frac{b-a}{n}$$

が得られる．この公式を**台形公式**という．

11.2　シンプソンの公式

台形公式は $y = f(x)$ の2点を線分で近似して得られるが，シンプソンの公式は，$y = f(x)$ の3点を通る放物線で近似して得られる．

区間 $[a, b]$ を $2n$ 等分して，その両端と分点を順に

$$a = x_0,\ x_1,\ x_2, \ldots,\ x_{2n-1},\ x_{2n} = b, \qquad h = \frac{b-a}{2n}$$

とする．この小区間を2つあわせて，n 個の小区間 $[x_0, x_2]$, $[x_2, x_4], \ldots,$ $[x_{2n-2}, x_{2n}]$ を考える．すぐ後の定理11.1から，小区間 $[x_{2i-2}, x_{2i}]$ に対応する3点 P_{2i-2}, P_{2i-1}, P_{2i} を通る放物線 $y = px^2 + qx + r$ に対して，

$$\int_{x_{2i-2}}^{x_{2i}} (px^2 + qx + r)\,dx = \frac{h}{3}(y_{2i-2} + 4y_{2i-1} + y_{2i})$$

となる．

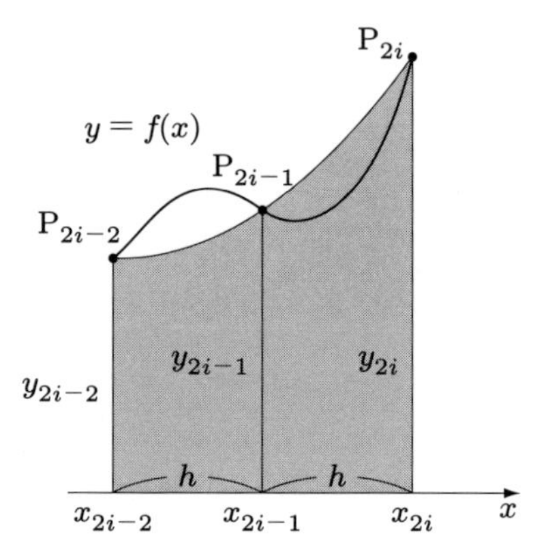

図 11.2　シンプソンの公式

よって，$\displaystyle\int_a^b f(x)\,dx$

$$\fallingdotseq \frac{h}{3}(y_0+4y_1+y_2)+\frac{h}{3}(y_2+4y_3+y_4)+\cdots+\frac{h}{3}(y_{2n-2}+4y_{2n-1}+y_{2n})$$

$$=\frac{h}{3}\left\{y_0+y_{2n}+4(y_1+y_3+\cdots+y_{2n-1})+2(y_2+y_4+\cdots+y_{2n-2})\right\},$$

$$h=\frac{b-a}{2n}$$

が得られる．これを**シンプソンの公式**という．

定理 11.1　$h>0$ とする．放物線 $y=px^2+qx+r$ が 3 点 $(x-h,y_0)$, (x,y_1), $(x+h,y_2)$ を通るとき，

$$\int_{x-h}^{x+h}(pt^2+qt+r)\,dt=\frac{h}{3}(y_0+4y_1+y_2).$$

［証明］　$\displaystyle\int_{x-h}^{x+h}(pt^2+qt+r)\,dt$

$$=\left[\frac{p}{3}t^3+\frac{q}{2}t^2+rt\right]_{x-h}^{x+h}$$

$$=\frac{p}{3}\big\{(x+h)^3-(x-h)^3\big\}+\frac{q}{2}\big\{(x+h)^2-(x-h)^2\big\}+r\{(x+h)-(x-h)\}$$

$$=\frac{ph}{3}(6x^2+2h^2)+2qhx+2hr$$

となる．

一方，$y_0=p(x-h)^2+q(x-h)+r$，$y_1=px^2+qx+r$，$y_2=p(x+h)^2+q(x+h)+r$ より

$$\frac{h}{3}(y_0+4y_1+y_2)$$

$$=\frac{h}{3}\Big\{\big(p(x^2-2hx+h^2)+q(x-h)+r\big)+(4px^2+4qx+4r)$$

$$+\big(p(x^2+2hx+h^2)+q(x+h)+r\big)\Big\}$$

$$= \frac{ph}{3}(6x^2 + 2h^2) + 2qhx + 2hr.$$

よって，等式が成り立つ．　（証明終）

［例題 68］ $\displaystyle\int_1^2 \frac{dx}{x}$ の近似値を，$n = 10$ の場合に台形公式で，また，$n = 5$ のときにシンプソンの公式を用いてそれぞれ求めよ．

（解答） $y = \dfrac{1}{x}$ として各点の値を計算する．表 11.1 のように書くと計算がしやすい．

表 11.1 $\displaystyle\int_1^2 \frac{dx}{x}$

x	y		
1.0	1.000000		
1.1		0.909091	
1.2			0.833333
1.3		0.769231	
1.4			0.714286
1.5		0.666667	
1.6			0.625000
1.7		0.588235	
1.8			0.555556
1.9		0.526316	
2.0	0.500000		
計	1.500000	3.459540	2.728175

台形公式

$$\int_1^2 \frac{dx}{x} \fallingdotseq \frac{0.1}{2}(1.500000 + 2 \times 6.187715) = 0.693772.$$

シンプソンの公式

$$\int_1^2 \frac{dx}{x} \fallingdotseq \frac{0.1}{3}(1.500000 + 4 \times 3.459540 + 2 \times 2.728175) = 0.693150.$$

実際に定積分を求めた結果は，

$$\int_1^2 \frac{dx}{x} = \Big[\, \log x \,\Big]_1^2 = \log 2 = 0.693147\ldots$$

である．　（解終）

練習問題 55　$\int_0^2 x^2\,dx$ の近似値を，$n = 10$ の場合に台形公式で，また，$n = 5$ のときにシンプソンの公式を用いてそれぞれ求めよ．

練習問題 56　幅 8m の川について，1m ごとの水深を測ったら次のようになった．この川の断面積を，台形公式とシンプソンの公式で求めよ．

距離 (m)	0	1	2	3	4	5	6	7	8
水深 (m)	0.0	1.3	1.7	1.5	1.8	2.0	2.3	1.5	0.0

章末問題 11

11.1　$\displaystyle\int_0^1 \sqrt{1+x^2}\,dx$ の近似値を，$n=10$ の場合に台形公式で，また，$n=5$ のときにシンプソンの公式を用いてそれぞれ求めよ．

注意

$$\begin{aligned}\int_0^1 \sqrt{1+x^2}\,dx &= \left[\frac{1}{2}\left(x\sqrt{x^2+1}+\log\left|x+\sqrt{x^2+1}\right|\right)\right]_0^1 \\ &= \frac{1}{2}\left\{\sqrt{2}+\log(1+\sqrt{2})\right\} \\ &= 1.147793\cdots\end{aligned}$$

である．

11.2　$\displaystyle\int_0^1 \frac{dx}{1+x^2}$ の近似値を，$n=10$ の場合に台形公式で，また，$n=5$ のときにシンプソンの公式を用いてそれぞれ求めよ．

第 12 章　広義積分

これまでは，有界閉区間 $[a,b]$ 上の連続関数の定積分を考えたが，区間 $(a,b]$ や無限区間などでの定積分を考えよう．これら拡張された定積分は**広義積分**とよばれる．広義積分は統計学などでもよく使われる．

12.1　有限区間での広義積分

$f(x)$ を区間 $(a,b]$ で連続（で有界でない）関数とする．極限 $\lim_{\varepsilon\to+0}\int_{a+\varepsilon}^{b} f(x)\,dx$ が存在するとき，この極限値を

$$\int_a^b f(x)\,dx$$

で表し，**広義積分** $\int_a^b f(x)\,dx$ は**収束する**という．極限が存在しないときは**発散する**という．

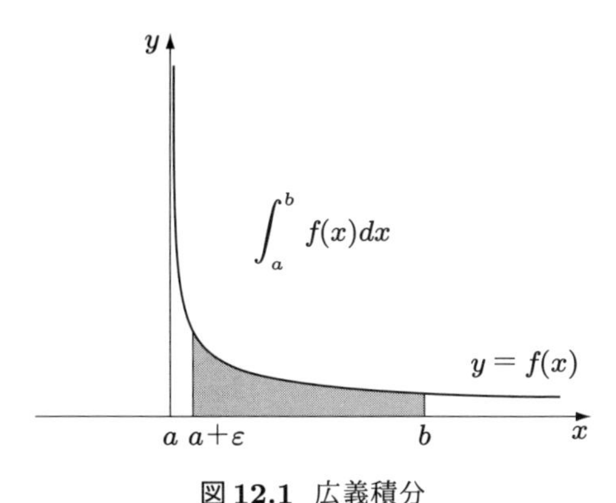

図 12.1　広義積分

$f(x)$ が区間 $[a,b)$ で連続（で有界でない）関数のとき，極限 $\lim_{\varepsilon\to+0}\int_{a}^{b-\varepsilon} f(x)\,dx$ が存在するとき，この極限を同様に

$$\int_a^b f(x)\,dx$$

で表し，広義積分 $\displaystyle\int_a^b f(x)\,dx$ は**収束する**という．極限が存在しないときは**発散する**という．

$f(x)$ が閉区間 $[a,b]$ 上の内部の点 $x=c$ 以外で定義されて連続（で有界でない）関数のとき，広義積分 $\displaystyle\int_a^b f(x)\,dx$ を

$$\int_a^c f(x)\,dx + \int_c^b f(x)\,dx$$

で定義する．この2つの広義積分が収束するとき，広義積分 $\displaystyle\int_a^b f(x)\,dx$ は**収束する**といい，そうでないときは**発散する**という．このような点が有限個ある場合には，このような点を1つしか含まない小さな区間に分けて同様に考える．

極限値 $\displaystyle\lim_{\varepsilon\to+0}\int_{a+\varepsilon}^b f(x)\,dx$ の代わりに $\displaystyle\lim_{\xi\to a+0}\int_\xi^b f(x)\,dx$ で計算することもある．

［例題69］ 次の広義積分を求めよ．

(1) $\displaystyle\int_0^1 \frac{1}{\sqrt{x}}\,dx$　(2) $\displaystyle\int_0^3 \frac{1}{x}\,dx$　(3) $\displaystyle\int_0^2 \frac{dx}{(x-1)^2}$　(4) $\displaystyle\int_0^1 x\log x\,dx$

（解答） (1) $f(x)$ は $(0,1]$ 上の連続関数より，

$$\int_0^1 \frac{1}{\sqrt{x}}\,dx = \lim_{\varepsilon\to+0}\int_\varepsilon^1 \frac{1}{\sqrt{x}}\,dx = \lim_{\varepsilon\to+0}\Big[2x^{\frac{1}{2}}\Big]_\varepsilon^1 = \lim_{\varepsilon\to+0}2(1-\varepsilon^{\frac{1}{2}}) = 2.$$

(2) $f(x)$ は $(0,3]$ 上の連続関数より，

$$\int_0^3 \frac{1}{x}\,dx = \lim_{\varepsilon\to+0}\int_\varepsilon^3 \frac{1}{x}\,dx = \lim_{\varepsilon\to+0}\Big[\log x\Big]_\varepsilon^3 = \lim_{\varepsilon\to+0}(\log 3 - \log\varepsilon) = \infty.$$

よって，発散する．

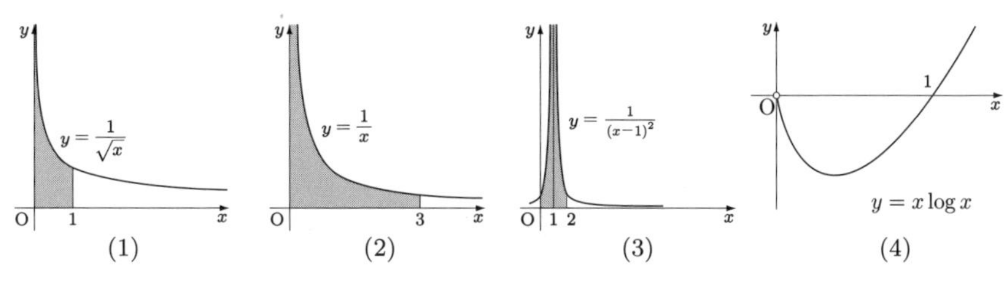

図 12.2 広義積分

(3) $x=1$ で不連続（定義されない）より 2 つの区間に分けて考える.

$$\int_0^2 \frac{dx}{(x-1)^2} = \int_0^1 \frac{dx}{(x-1)^2} + \int_1^2 \frac{dx}{(x-1)^2}.$$

ところで,

$$\begin{aligned}\int_0^1 \frac{dx}{(x-1)^2} &= \lim_{\varepsilon\to+0}\int_0^{1-\varepsilon} \frac{dx}{(x-1)^2} \\ &= \lim_{\varepsilon\to+0}\left[-\frac{1}{x-1}\right]_0^{1-\varepsilon} \\ &= \lim_{\varepsilon\to+0}\left(\frac{-1}{(1-\varepsilon)-1} - \frac{-1}{0-1}\right) \\ &= \infty\end{aligned}$$

となり発散する. また, $\displaystyle\int_1^2 \frac{dx}{(x-1)^2}$ も同様に発散する. したがって, この広義積分は発散する.

(4) $f(x)$ は $(0,\ 1]$ 上の連続関数より,

$$\begin{aligned}\int_0^1 x\log x\,dx &= \lim_{\varepsilon\to+0}\int_\varepsilon^1 x\log x\,dx \\ &= \lim_{\varepsilon\to+0}\left[\frac{1}{2}x^2\log x - \frac{1}{4}x^2\right]_\varepsilon^1 \ (\text{練習問題 44(2) より}) \\ &= \lim_{\varepsilon\to+0}\left\{\frac{1}{2}\log 1 - \frac{1}{4} - \left(\frac{1}{2}\varepsilon^2\log\varepsilon - \frac{1}{4}\varepsilon^2\right)\right\} \\ &= \frac{1}{4} \qquad (\text{ロピタルの定理より } \lim_{\varepsilon\to+0}\varepsilon^2\log\varepsilon = 0).\end{aligned}$$

（解終）

注意 $\displaystyle\int_0^2 \frac{dx}{(x-1)^2} = \left[\frac{-1}{x-1}\right]_0^2 = -2$ とはできない．また，(1) の場合，極限を省略して

$$\int_0^1 \frac{1}{\sqrt{x}}\,dx = \left[2x^{\frac{1}{2}}\right]_0^1 = 2(1-0^{\frac{1}{2}}) = 2$$

と書く場合がある．しかし，初心者の場合は極限を使ったほうがよい．

［例題 70］ 次の広義積分を示せ．

$$\int_0^1 \frac{1}{\sqrt{x(1-x)}}\,dx = \pi$$

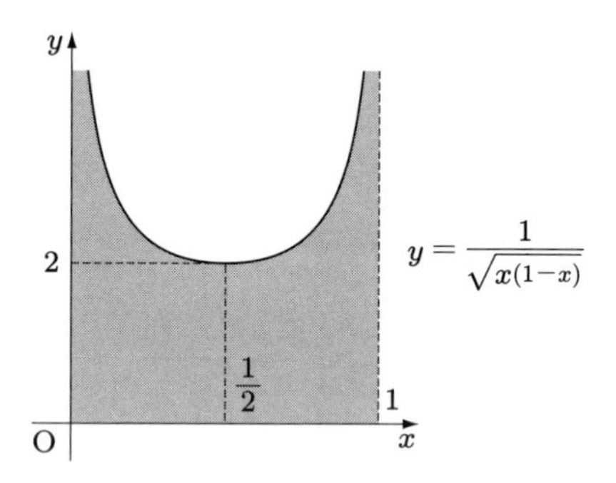

図 12.3 広義積分 2

（解答） $\sqrt{x(1-x)} = \dfrac{1}{2}\sqrt{1^2-(2x-1)^2}$ より，

$$\int \frac{dx}{\sqrt{x(1-x)}} = \mathrm{Sin}^{-1}(2x-1).$$

$x=0,\ 1$ で無限大に発散するので $\left[0, \dfrac{1}{2}\right]$ と $\left[\dfrac{1}{2}, 1\right]$ に分ける．すると，

$$\begin{aligned}
&\int_0^1 \frac{1}{\sqrt{x(1-x)}}\,dx \\
&= \lim_{\varepsilon\to+0}\int_\varepsilon^{\frac{1}{2}} \frac{1}{\sqrt{x(1-x)}}\,dx + \lim_{\xi\to+0}\int_{\frac{1}{2}}^{1-\xi} \frac{1}{\sqrt{x(1-x)}}\,dx \\
&= \lim_{\varepsilon\to+0}\Big[\mathrm{Sin}^{-1}(2x-1)\Big]_\varepsilon^{\frac{1}{2}} + \lim_{\xi\to+0}\Big[\mathrm{Sin}^{-1}(2x-1)\Big]_{\frac{1}{2}}^{1-\xi}
\end{aligned}$$

$$= \left\{ \mathrm{Sin}^{-1}0 - \mathrm{Sin}^{-1}(-1) \right\} + \left\{ \mathrm{Sin}^{-1}1 - \mathrm{Sin}^{-1}0 \right\}$$

$$= \frac{\pi}{2} + \frac{\pi}{2} = \pi$$

（解終）

練習問題 57　次の広義積分を求めよ．

(1) $\displaystyle\int_{-1}^{1} \frac{dx}{\sqrt{1-x}}$　　(2) $\displaystyle\int_{-1}^{1} \frac{dx}{\sqrt{1-x^2}}$　　(3) $\displaystyle\int_{0}^{1} \log x\, dx$

12.2　無限区間での広義積分

関数 $f(x)$ は区間 $[\,a, \infty\,)$ で連続とする．極限 $\displaystyle\lim_{b\to\infty}\int_a^b f(x)\,dx$ が存在するとき，この極限値を

$$\int_a^{\infty} f(x)\,dx$$

で表し，広義積分 $\displaystyle\int_a^{\infty} f(x)dx$ は**収束する**という．存在しないときは**発散する**という．

同様に

$$\int_{-\infty}^{b} f(x)\,dx = \lim_{a\to-\infty}\int_a^b f(x)\,dx$$

で定義する．

$\displaystyle\int_{-\infty}^{+\infty} f(x)\,dx$ は，定数 c をとって，

$$\int_{-\infty}^{+\infty} f(x)\,dx = \lim_{a\to-\infty}\int_a^c f(x)\,dx + \lim_{b\to+\infty}\int_c^b f(x)\,dx$$

で定義する．

［例題 71］　次の広義積分を求めよ．

(1) $\displaystyle\int_1^{\infty} \frac{dx}{x(x+1)}$　　(2) $\displaystyle\int_1^{\infty} \frac{dx}{x}$　　(3) $\displaystyle\int_1^{\infty} \frac{dx}{x^2}$

(解答) (1)

$$\int_1^{\infty} \frac{dx}{x(x+1)} = \lim_{b \to +\infty} \int_1^b \frac{dx}{x(x+1)}$$
$$= \lim_{b \to +\infty} \int_1^b \left(\frac{1}{x} - \frac{1}{x+1}\right) dx$$
$$= \lim_{b \to +\infty} \Big[\log x - \log(x+1)\Big]_1^b$$
$$= \lim_{b \to +\infty} \left[\log \frac{x}{x+1}\right]_1^b$$
$$= \lim_{b \to +\infty} \left(\log \frac{b}{b+1} - \log \frac{1}{2}\right)$$
$$= \log 1 - \log 2^{-1} = \log 2.$$

(2)
$$\int_1^{\infty} \frac{1}{x}\,dx = \lim_{b \to +\infty} \int_1^b \frac{1}{x}dx = \lim_{b \to +\infty} \Big[\log x\Big]_1^b$$
$$= \lim_{b \to +\infty} (\log b - \log 1) = +\infty$$

となり，発散する．

(3)
$$\int_1^{\infty} \frac{1}{x^2}\,dx = \lim_{b \to +\infty} \int_1^b \frac{1}{x^2}dx = \lim_{b \to +\infty} \left[-\frac{1}{x}\right]_1^b$$
$$= \lim_{b \to +\infty} \left(-\frac{1}{b} + 1\right) = 1.$$

(解終)

注意 (1) で $\displaystyle\int_1^{\infty} \left(\frac{1}{x} - \frac{1}{x+1}\right) dx = \int_1^{\infty} \frac{dx}{x} - \int_1^{\infty} \frac{dx}{x+1}$ としてはいけない．両方の式とも発散して収束しない．

[例題 72] 広義積分 $\displaystyle\int_{-\infty}^{+\infty} \frac{dx}{x^2+1}$ を求めよ．

(解答)

$\displaystyle\int \frac{dx}{x^2+1} = \mathrm{Tan}^{-1} x,\quad \int_{-\infty}^{+\infty} \frac{dx}{x^2+1} = \int_{-\infty}^{0} \frac{dx}{x^2+1} + \int_{0}^{+\infty} \frac{dx}{x^2+1}$ から

$$\int_{-\infty}^{\infty} \frac{dx}{x^2+1} = \lim_{a \to -\infty} \int_a^0 \frac{dx}{x^2+1} + \lim_{b \to +\infty} \int_0^b \frac{dx}{x^2+1}$$

$$= \lim_{a\to-\infty}\Big[\,\mathrm{Tan}^{-1}x\,\Big]_a^0 + \lim_{b\to+\infty}\Big[\,\mathrm{Tan}^{-1}x\,\Big]_0^b$$
$$= \lim_{a\to-\infty}\left(\mathrm{Tan}^{-1}0 - \mathrm{Tan}^{-1}a\right) + \lim_{b\to+\infty}\left(\mathrm{Tan}^{-1}b - \mathrm{Tan}^{-1}0\right)$$
$$= \left(\mathrm{Tan}^{-1}0 - \left(-\frac{\pi}{2}\right)\right) + \left(\frac{\pi}{2} - \mathrm{Tan}^{-1}0\right) = \pi. \qquad \text{(解終)}$$

注意 このように広義積分が収束するときには，

$$\int_{-\infty}^{+\infty} f(x)\,dx = \lim_{\substack{a\to-\infty\\ b\to+\infty}} \int_a^b f(x)\,dx$$

として計算することもあるが，初心者の場合は区間を分けて計算する方がよい．また，$+\infty$ を ∞ と省略するときもある．

練習問題 58 次の広義積分を求めよ．

(1) $\displaystyle\int_0^{\infty} \frac{dx}{(x+1)^3}$ (2) $\displaystyle\int_1^{\infty} \frac{dx}{x(1+x^2)}$

$f(x)$ が連続ならば定積分 $\displaystyle\int_a^b f(x)\,dx$ は必ず存在したが，広義積分の場合には存在しないときがある．広義積分が存在するためのいくつかの十分条件が知られている．

定理 12.1 (1) $f(x)$ は区間 $(a,b]$（または $[a,b)$）で連続とする．$0 < s < 1$ をみたすある s に対して

$$\lim_{x\to a}(x-a)^s f(x) \qquad \left(\text{または} \lim_{x\to b}(b-x)^s f(x)\right)$$

が存在すれば，広義積分 $\displaystyle\int_a^b f(x)\,dx$ は収束する．

(2) $f(x)$ は区間 $[a,\infty)$（または $(-\infty,b]$）で連続とする．$1 < s$ をみたすある s に対して

$$\lim_{x\to\infty} x^s f(x) \qquad \left(\text{または} \lim_{x\to\infty}(-x)^s f(x)\right)$$

が存在すれば，広義積分 $\displaystyle\int_a^{\infty} f(x)\,dx$ $\left(\text{または} \displaystyle\int_{-\infty}^b f(x)\,dx\right)$ は収束する．

12.3　ベータ関数とガンマ関数

定義 12.1　$p,\ q > 0$ に対して，次の（広義）積分 $B(p,q)$ は存在する．$B(p,q)$ をベータ **(beta)** 関数という．

$$B(p,q) = \int_0^1 x^{p-1}(1-x)^{q-1}\,dx.$$

（解説）　$p,\ q \geqq 1$ のときは通常の定積分になる．$0 < p < 1$ のとき $x = 0$ で不連続，$0 < q < 1$ のとき $x = 1$ で不連続となるので広義積分となる．このときベータ関数が収束することの証明は難しい．　（解説終）

定義 12.2　$s > 0$ に対して，次の広義積分 $\Gamma(s)$ は収束する．$\Gamma(s)$ を **ガンマ (gamma)** 関数という．

$$\Gamma(s) = \int_0^\infty e^{-x}x^{s-1}\,dx.$$

（解説）　$0 < s < 1$ のときは x^{s-1} より $x = 0$ のとき不連続となる．$s > 1$ のときは $[0,\infty)$ で連続となる．また，$\Gamma(1) = \displaystyle\int_0^\infty e^{-x}dx$ とする．ガンマ関数も収束することの証明は難しい．　（解説終）

ベータ関数とガンマ関数の間には次の関係が成り立つことがわかっている．初等的な証明を思いつかないので，証明は省略する．

$$B(p,q) = \frac{\Gamma(p)\Gamma(q)}{\Gamma(p+q)}.$$

定理 12.2（ガンマ関数の性質）

(1) $s > 1$ のとき，$\Gamma(s) = (s-1)\Gamma(s-1)$.

(2) $\Gamma(1)=1$，$\Gamma\left(\frac{1}{2}\right)=\sqrt{\pi}$，自然数 n に対して，$\Gamma(n)=(n-1)!$.

［証明］ (1) $s>1$ より，$e^{-x}x^{s-1}$ は $[0,\infty)$ の上で連続である．部分積分を行うことで，

$$
\begin{aligned}
\Gamma(s) &= \lim_{b\to\infty}\int_0^b e^{-x}x^{s-1}\,dx = \lim_{b\to\infty}\int_0^b (-e^{-x})'x^{s-1}\,dx \\
&= \lim_{b\to\infty}\left(\Big[-e^{-x}x^{s-1}\Big]_0^b + (s-1)\int_0^b e^{-x}x^{(s-1)-1}\,dx\right) \\
&= \lim_{b\to\infty}\Big[-e^{-x}x^{s-1}\Big]_0^b + \lim_{b\to\infty}(s-1)\int_0^b e^{-x}x^{(s-1)-1}\,dx
\end{aligned}
$$

となる．

$\displaystyle\lim_{b\to\infty}\Big[-e^{-x}x^{s-1}\Big]_0^b = -\lim_{b\to\infty}\frac{b^{s-1}}{e^b}$ はロピタルの定理を繰り返して使うことにより 0 となる．また，

$$
\lim_{b\to\infty}(s-1)\int_0^b e^{-x}x^{(s-1)-1}\,dx = (s-1)\Gamma(s-1)
$$

より，$\Gamma(s)=(s-1)\Gamma(s-1)$ が成立する．

(2) $\displaystyle\Gamma(1)=\lim_{b\to\infty}\int_0^b e^{-x}\,dx=\lim_{b\to\infty}\Big[-e^{-x}\Big]_0^b=1$ となる．

$B(p,q)=\dfrac{\Gamma(p)\Gamma(q)}{\Gamma(p+q)}$ に $p=q=\dfrac{1}{2}$ と $\Gamma(1)=1$ を代入すると，$\Gamma\left(\dfrac{1}{2}\right)^2=B\left(\dfrac{1}{2},\dfrac{1}{2}\right)$ となる．例題 70 より，

$$
\Gamma\left(\frac{1}{2}\right)^2 = B\left(\frac{1}{2},\frac{1}{2}\right) = \int_0^1 x^{-\frac{1}{2}}(1-x)^{-\frac{1}{2}}\,dx = \int_0^1 \frac{1}{\sqrt{x(1-x)}}\,dx = \pi
$$

から，$\Gamma\left(\dfrac{1}{2}\right)=\sqrt{\pi}$ となる．

任意の自然数 n に対して，

$$
\begin{aligned}
\Gamma(n) &= (n-1)\Gamma(n-1) \\
&= (n-1)(n-2)\Gamma(n-2) \\
&= \cdots
\end{aligned}
$$

$$= (n-1)(n-2)\cdots 2\cdot 1\cdot \Gamma(1)$$
$$= (n-1)!\cdot \Gamma(1) = (n-1)!$$

となる．　　　　　　　　　　　　　　　　　　　　　　　　　　　　　（証明終）

定理 12.2(2) よりガンマ関数は階乗を拡張したものになっている．

［例題 73］ $\displaystyle\int_0^1 x^3(1-x)^4\,dx$ を求めよ．

（解答） ベータ関数である．

$$\begin{aligned}\int_0^1 x^3(1-x)^4\,dx &= B(4,5) = \frac{\Gamma(4)\Gamma(5)}{\Gamma(9)}\\ &= \frac{(4-1)!\times(5-1)!}{(9-1)!}\\ &= \frac{3!\times 4!}{8!}\\ &= \frac{1}{280}.\end{aligned}$$

（解終）

［例題 74］ $\displaystyle\int_0^\infty \sqrt{x}e^{-x}\,dx$ を求めよ．

（解答） ガンマ関数である．

$$\begin{aligned}\int_0^\infty \sqrt{x}e^{-x}\,dx &= \Gamma\left(\frac{3}{2}\right)\\ &= \left(\frac{3}{2}-1\right)\Gamma\left(\frac{3}{2}-1\right)\\ &= \frac{1}{2}\Gamma\left(\frac{1}{2}\right) = \frac{\sqrt{\pi}}{2}.\end{aligned}$$

（解終）

［例題 75］ **（ガウス積分）** $\displaystyle\int_{-\infty}^\infty e^{-x^2}\,dx$ を求めよ．

（解答） $\displaystyle\int_{-\infty}^\infty e^{-x^2}\,dx = \int_{-\infty}^0 e^{-x^2}\,dx + \int_0^\infty e^{-x^2}\,dx$ とする．

$\displaystyle\int_0^\infty e^{-x^2}\,dx$ に対して $x^2 = t$ とおいて置換積分をする．$x \geqq 0$ より $x = \sqrt{t}$ である．

$$dx = \frac{1}{2}t^{-\frac{1}{2}}dt \qquad \begin{array}{c|ccc} x & 0 & \to & \infty \\ \hline t & 0 & \to & \infty \end{array} \quad \text{より}$$

$$\int_0^\infty e^{-x^2}\,dx = \int_0^\infty \frac{1}{2}t^{-\frac{1}{2}}e^{-t}\,dt = \frac{1}{2}\Gamma\left(\frac{1}{2}\right) = \frac{1}{2}\sqrt{\pi}.$$

同様にして $\displaystyle\int_{-\infty}^0 e^{-x^2}\,dx = \frac{1}{2}\sqrt{\pi}$．よって求める値は $\sqrt{\pi}$ となる．　（解終）

練習問題 59　p，q が自然数のとき，$B(p,q) = \dfrac{(p-1)!(q-1)!}{(p+q-1)!}$ を示せ．

練習問題 60　$\displaystyle\int_0^1 \frac{1}{\sqrt{1-x^n}}\,dx$ を，$t = x^n$ と置換積分することでベータ関数で表せ．

章末問題 12

12.1　次の広義積分は存在するか．存在する場合にはその値を求めよ．

(1) $\displaystyle\int_0^4 \frac{dx}{\sqrt{4-x}}$　(2) $\displaystyle\int_0^\infty x^2 e^{-x}\,dx$　(3) $\displaystyle\int_0^\infty \cos x\,dx$

(4) $\displaystyle\int_0^1 \frac{x^2}{\sqrt{1-x^2}}\,dx$　(5) $\displaystyle\int_{-\infty}^\infty \frac{dx}{x^2+4}$　(6) $\displaystyle\int_0^\infty \frac{dx}{e^x+1}$

12.2　ベータ関数 $B(p,q)$ について，次の式を証明せよ．

(1) $B(p,q) = B(q,p)$

(2) $pB(p,q+1) = qB(p+1,q)$

(3) $B(p,q) = 2\displaystyle\int_0^{\frac{\pi}{2}} \sin^{2p-1} t\cos^{2q-1} t\,dt$

第13章　微分方程式

ライフサイエンス (薬学・医学・歯学・農学など) で使われる物理化学に必要な微分方程式について勉強する．実験で得られた現象を理解するために単純なモデルを立てて，その現象を数式で表す．数式を理解するために，微分や積分を使う微分方程式を学習する．

化学薬品の反応速度，穴の開いた容器に水を入れたときの水の流入・流出，細菌の増殖，放射性物質の崩壊，人口増加，なども微分方程式の問題に帰着される．

13.1　微分方程式

導関数を含んだ方程式 $xy' = x^2 + y$ を考える．$y = x^2 + x$ は，$y' = 2x + 1$ より，この式をみたす．このように，独立変数 x と未知関数 y およびその導関数 (y'，y'',...) を含む方程式を**微分方程式**という．この方程式をみたす関数 $y = f(x)$ をその**微分方程式の解**といい，解を求めることを**微分方程式を解く**という．上の例では $y = x^2 + x$ が解の 1 つである．微分方程式に含まれる導関数の最高次数をその**微分方程式の階数**という．上の例は 1 階微分方程式である．

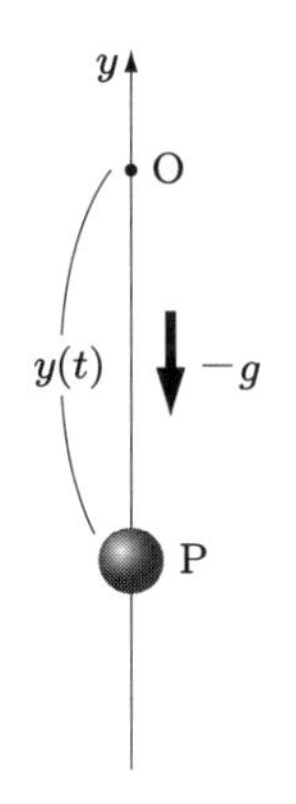

図 13.1　自由落下

微分方程式は，ある現象の法則を方程式で記述しようとしたときによく現れる．たとえば，図13.1のように物体Pを自由落下させた場合を考える．基準点Oを通る垂直な軸をy軸として，時刻tにおける物体の位置を$y(t)$とすれば，

$$\frac{d^2y}{dt^2} = -g$$

をみたす．ただし，gは重力加速度である．この式は2階微分方程式である．物体を自由落下させると，時間がたつにしたがって速度は速くなる．しかし，この微分方程式から加速度は，時刻にかかわらず一定$-g$であることがわかる．

x軸上を一定の速度vで移動する動点Pを考える．時刻$t=0$のときのx座標をx_0とすると，時刻tの座標xは$x = vt + x_0$である．この式を微分すると，$x' = v$となり，時刻$t=0$のときの座標x_0に依存しない性質が得られる．

［例題76］ 次の関数について，関数を微分することにより定数a，bを消去して，微分方程式を導け．

(1) $y = a\sin 3x + b\cos 3x$　　(2) $y^2 = 2ax$　$(a \neq 0)$

（解答） (1) $y' = 3a\cos 3x - 3b\sin 3x$より，

$$\begin{aligned} y'' &= -9a\sin 3x - 9b\cos 3x \\ &= -9(a\sin 3x + \cos 3x). \end{aligned}$$

したがって，$y'' = -9y$となる．

(2) $y^2 = 2ax$の両辺をxで微分すると，

$$2y\frac{dy}{dx} = 2a.$$

両辺にyを掛けて$2y^2y' = 2ay$となり，$y^2 = 2ax$を代入して$2\cdot 2axy' = 2ay$. $a \neq 0$より，$y = 2xy'$となる．　（解終）

練習問題61　次の関数について，定数a，bを消去して微分方程式を導け．

(1) $y = ax + b$　　(2) $y = ae^{2x}$　　(3) $x^2 + y^2 = a^2$

［例題 77］ g を定数とするとき，微分方程式 $\dfrac{d^2y}{dt^2} = -g$ を解け．

（解答） 微分方程式を t に関して積分する．

$$\frac{dy}{dt} = \int (-g)\,dt = -gt + C_1 \qquad (C_1\text{は任意定数}).$$

さらに積分すると

$$y = \int (-gt + C_1)\,dt = -\frac{1}{2}gt^2 + C_1 t + C_2 \qquad (C_1,\ C_2\text{は任意定数})$$

が得られる．また，任意の C_1 と C_2 に対して，この式が解になる．（解終）

一般解・特殊解・特異解・初期条件

例題 77 のように，n 階微分方程式を解くために n 回積分を行うと，解に n 個の任意定数が含まれる．

微分方程式の階数と同じ個数の任意定数を含む解を，その微分方程式の**一般解**という．一般解に含まれる任意定数に特別な値を代入して得られる解を**特殊解**という．

ところが，一般解の任意定数にどのような値を代入しても得られない**特異解**を持つ微分方程式がある．たとえば，$y' = \sqrt{y}$ とすると C を任意定数として一般解 $y = \dfrac{1}{4}(x+C)^2$ $(x + C \geqq 0)$ を持つ．しかし，$y = 0$ もこの微分方程式をみたし，任意定数 C にどのような値を入れても得られないので，特異解となっている．

13.2　変数分離形

定理 13.1（変数分離形）　$f(x)$ を x の連続関数，$g(y)$ を y の連続関数とする．微分方程式 $y' = f(x)g(y)$ を**変数分離形**とよび，$g(y) \neq 0$ のときの一般解は，

$$\int \frac{1}{g(y)}\,dy = \int f(x)\,dx + C \qquad (C\text{ は任意定数})$$

となる．もし，$g(a) = 0$ をみたす定数 a が存在すれば，定数関数 $y = a$

も解となる．

［証明］ $g(y) \neq 0$ のとき，$\dfrac{1}{g(y)}\dfrac{dy}{dx} = f(x)$ と変形して両辺を x で積分すれば，

$$\int \frac{1}{g(y)}\frac{dy}{dx}\,dx = \int f(x)\,dx$$

となる．左辺を置換積分法で変形して，

$$\int \frac{1}{g(y)}\,dy = \int f(x)\,dx + C$$

が得られる．

$g(y) = 0$ のとき，$g(a) = 0$ となる a に対して定数関数 $y = a$ は微分方程式 $y' = f(x)g(y)$ をみたすので，解となる．（証明終）

注意 $y' = f(x)g(y)$ を $\dfrac{dy}{dx} = f(x)g(y)$ と表し，形式的に

$$\frac{1}{g(y)}\,dy = f(x)\,dx$$

と変形し，両辺を

$$\int \frac{1}{g(y)}\,dy = \int f(x)\,dx$$

のように積分すれば定理 13.1 の式が得られる．

［例題 78］（変数分離形 1） 微分方程式 $y' + 2xy = 0$ を解け．また，条件「$x = 0$ のとき $y = 2$」をみたす特殊解を求めよ．

（解答） 式を変形すると $y' = -2xy$ となり変数分離形となる．$y \neq 0$ のとき，

$$\frac{1}{y}\,dy = -2x\,dx \quad よって \quad \int \frac{1}{y}\,dy = \int (-2x)\,dx.$$

したがって，

$$\log|\,y\,| = -x^2 + C' \quad (C' は任意定数).$$

対数の定義「$a = \log b$ のとき $b = e^a$」より，

$$|\,y\,| = e^{-x^2+C'} = e^{C'}e^{-x^2}$$

となる．絶対値をはずして

$$y = \pm e^{C'} e^{-x^2}$$

が得られる．$\pm e^{C'}$ は 0 以外の任意定数になるので $C = \pm e^{C'}$ として，

$$y = Ce^{-x^2} \quad (C \neq 0 \text{ は定数})$$

が得られる．

$y = 0$ のときもこの微分方程式をみたすので解となる．$C = 0$ とすると $y = 0$ より，$y = Ce^{-x^2}$（C は任意定数）と表すことができる．

この解に条件 $(x, y) = (0, 2)$ を代入して $C = 2$ より，特殊解は $y = 2e^{-x^2}$ となる．（解終）

［例題 79］（変数分離形 2） 微分方程式 $y' + Ay^2 = 0$ を解け（$A \neq 0$ は定数）．

（解答） 変数分離形より，$y^2 \neq 0$ のとき

$$-\frac{1}{y^2}\,dy = A\,dx \quad \text{ゆえに} \quad -\int \frac{1}{y^2}\,dy = \int A\,dx.$$

したがって，

$$\frac{1}{y} = Ax + C \qquad (C \text{ は任意定数}).$$

よって，一般解

$$y = \frac{1}{Ax + C} \qquad (C \text{ は任意定数})$$

を得る．

$y = 0$ のときもこの微分方程式をみたすので解となる．一般解から得られないので，$y = 0$ は特異解となる．（解終）

［例題 80］（変数分離形 3） 微分方程式 $(x-1)\dfrac{dy}{dx} + (y-1) = 0$ を解け．

（解答） $y - 1 \neq 0$ のとき，$x - 1 \neq 0$ であり，$\dfrac{1}{y-1}\dfrac{dy}{dx} = -\dfrac{1}{x-1}$ となる．変数分離形より，

$$\int \frac{dy}{y-1} = -\int \frac{dx}{x-1} \qquad \text{となる．}$$

$$\log|y-1| = -\log|x-1| + C' \qquad \left(C' = \log e^{C'} \text{より}\right)$$
$$= \log\left(|x-1|^{-1}\cdot e^{C'}\right).$$

$C = \pm e^{C'} \neq 0$ とおいて，$y-1=(x-1)^{-1}C$ となる．よって

$$(x-1)(y-1) = C \quad (C \neq 0)$$

を得る．

$y=1$ のとき，$y'=0$ より解になり，$(x-1)(y-1)=0$ となる．1つにまとめて，解 $(x-1)(y-1)=C$（C は任意定数）を得る．（解終）

練習問題 62　次の微分方程式を解け．

(1) $y' = xy$　　(2) $yy' = e^x$　　(3) $y' = \dfrac{xy}{1+x^2}$

練習問題 63　温度が 20 °C に保たれている部屋に 100 °C の湯を置いた．5 分後に 80 °C になったとする．t 分後の水の温度 $u = u(t)$ は，微分方程式

$$u' = -k(u-20) \quad (k \text{ は正の定数})$$

をみたす．

(1) 10 分後の湯の温度を求めよ．
(2) 湯が 30 °C になるのは何分後か．

13.3　反応速度

ある化合物が時間とともに分解していくとき，化学反応の速度は，時刻 t のときの化合物の量（または濃度）を $A = A(t)$ とおくと

$$\frac{dA}{dt} = -kA^n \qquad (k : \text{定数},\ n = 0, 1, 2, \ldots)$$

で表すことができる．マイナスがついているのは分解して量が減っていくからである．定数 k は速度定数とよばれる．$n = 0, 1, 2$ の場合，それぞれ 0 次，1 次，2 次反応とよばれる．

13.3.1　1次反応

1次反応では，量（または濃度）に比例して化合物は減少していく．1次反応

$$\frac{dA}{dt} = -kA^1$$

を解いてみよう．この微分方程式は変数分離形である．Aは量より，$A > 0$なので，

$$\frac{dA}{dt} = -kA \quad \text{より} \quad \frac{1}{A}\frac{dA}{dt} = -k.$$

したがって，

$$\int \frac{1}{A}\frac{dA}{dt}\,dt = -k\int dt.$$

よって，

$$\log A = -kt + C \quad (C\text{は定数}).$$

したがって，$A = e^C e^{-kt}$となる．$A_0 = e^C$とおくと$A = A_0 e^{-kt}$ (A_0は定数) が得られる．$t = 0$のとき$A = A_0$より，A_0は反応が始まったときの量となる．

［例題 81］ ラジウムは放射線を出しながら1次反応に従って崩壊してラドンになる．崩壊の速さは，そのときのラジウムの量に比例する．ラジウムが最初の量の半分になるためにかかる時間 (半減期) は1600年である．

(1) 3200年後には，初めの量のどれくらいになるか．

(2) 800年後には，初めの量のどれくらいになるか．

（解答） (1) 初めの1600年で半分になり，その後の1600年でそれのまた半分になるので$\frac{1}{2} \times \frac{1}{2} = \frac{1}{4}$倍になる．すなわち，4分の1の量になる．

(2) この反応は1次反応より，初めのラジウムの量をA_0とすると，t年後のラジウムの量Aは，$A = A_0 e^{-kt}$となる．1600年たつと半分になるので

$$\frac{1}{2}A_0 = A_0 e^{-1600k}$$

となり，$k = \dfrac{\log 2}{1600}$ となる．t 年後には，

$$A = A_0 e^{-\frac{t}{1600}\log 2} = A_0 e^{\log 2^{-\frac{t}{1600}}} = A_0\, 2^{-\frac{t}{1600}} \qquad (e^{\log x} = x \text{ より})$$

となる．したがって，800 年後のとき $t = 800$ より，

$$A = A_0\, 2^{-\frac{800}{1600}} = A_0\, 2^{-\frac{1}{2}} = \frac{1}{\sqrt{2}} A_0$$

である．$\dfrac{1}{\sqrt{2}} \fallingdotseq 0.707$ より，約 0.707 倍になる．　(解終)

［**例題 82**］ある化合物があって，その量は 1 次反応によって減少する．測定を行って，10 時間後にその量が 10% 減少した．量が半分になるためにかかる時間 (半減期) はいくらか．また初めの量の 10% になるのは何時間後か．

(解答) 初めの化合物の量を A_0 とすると，t 時間後の量は $A = A_0 e^{-kt}$ となる．10 時間後に 10% 減少するので，$t = 10$ のとき $A = 0.9A_0$ となる．よって，$0.9A_0 = e^{-10k} A_0$ から両辺の自然対数をとって，$k = -\dfrac{1}{10}\log 0.9$ となる．よって，t 時間後の量は

$$\begin{aligned} A &= A_0 e^{\frac{t}{10}\log 0.9} \\ &= 0.9^{\frac{t}{10}} A_0 \end{aligned}$$

となる．したがって，半減期 t' は，

$$\frac{1}{2} A_0 = 0.9^{\frac{t'}{10}} A_0$$

より，両辺の自然対数をとって，

$$t' = -\frac{10\log 2}{\log 0.9} \fallingdotseq -\frac{10 \times 0.693}{-0.105} = 66.0$$

となる．したがって，半減期は 66 時間である．

t'' 時間後に，初めの量の 10% になるとする．$A = 0.1A_0$ より，

$$0.1A_0 = 0.9^{\frac{t''}{10}} A_0 \quad \text{から} \quad t'' = \frac{10\log 0.1}{\log 0.9} \fallingdotseq \frac{10 \times (-2.303)}{-0.105} = 219.33\cdots$$

よって 219.3 時間後となる．($\log 0.1 \fallingdotseq -2.303$，$\log 0.9 \fallingdotseq -0.105$，$\log 2 \fallingdotseq 0.693$ を使った)　(解終)

13.3.2　2 次反応

量の 2 乗 A^2 に比例して減少していく化合物の反応を，**2 次反応**という．1 次反応と同じように，時間 t の関数として A は微分方程式

$$\frac{dA}{dt} = -\,kA^2 \quad (k\text{ は定数})$$

をみたす．k は反応速度定数とよばれる．

［例題 83］（**2 次反応**）ある化合物は 2 次反応で分解していく．初めに化合物が 5 g あった．化合物は 20 秒で 50% が分解した．このときの反応速度定数を求めよ．

（解答） 化合物の量を A で表し，反応速度定数を k とすると，2 次反応より

$$\frac{dA}{dt} = -kA^2$$

をみたす．量 $A > 0$ より，

$$\int \frac{1}{A^2}\,dx = \int (-k)\,dx$$

$$-\frac{1}{A} = -kt + C \qquad (C : \text{定数})$$

となる．よって，$A = \dfrac{1}{kt - C}$．$t = 0$ のとき $A = 5$ より，$C = -\dfrac{1}{5}$ となる．$t = 20$ のとき，$A = 2.5$ より，

$$2.5 = \frac{1}{20k + \dfrac{1}{5}}$$

となるので，$k = 0.01\ \mathrm{g}^{-1}s^{-1}$ が得られる．

13.4　線形微分方程式

定義 13.1（線形微分方程式）　$p_1(x),\ p_2(x), \ldots, p_n(x),\ q(x)$ を x の連続関数とするとき，微分方程式

$$y^{(n)} + p_1(x)y^{(n-1)} + p_2(x)y^{(n-2)} + \cdots + p_{n-1}(x)y^{(1)} + p_n(x)y = q(x)$$

を **n 階線形微分方程式**という．とくに，$q(x) = 0$ のとき**同次（斉次）線形微分方程式**という．

証明は与えないが，次の定理が知られている．

定理 13.2（**解の存在性と一意性**）上の n 階線形微分方程式において，$x = a$ における条件

$$y(a) = b_0,\ y'(a) = b_1,\ \ldots\ ,\ y^{(n-1)}(a) = b_{n-1}$$

が与えられたとき，解は存在してただ1つである．

この定理から，n 階線形微分方程式の解は常に存在して，$x = a$ における条件が与えられたとき，それをみたす解はただ1つであることがわかる．

13.4.1　1階線形微分方程式

定理 13.3（**1階線形微分方程式**）$p(x)$，$q(x)$ を x の連続関数とするとき，1階線形微分方程式

$$y' + p(x)y = q(x)$$

の一般解は，

$$y = e^{-\int p(x)\,dx}\left\{\int e^{\int p(x)\,dx} q(x)\,dx + C\right\} \quad (C\text{ は任意定数})$$

となる．

（解説） 1階線形微分方程式は特異解を持たないことが知られている．

この解の求め方を解説しよう．

はじめに，$y' + p(x)y = 0$ を考える．この微分方程式は，変数分離形より一般解

$$y = Ce^{-\int p(x)dx} \qquad (C \text{ は任意定数})$$

を持つ．

次に，$y' + p(x)y = q(x)$ の解を考える．$y = Ce^{-\int p(x)dx}$ が $y' + p(x)y = 0$ の解より，C を x の関数 $c(x)$ におきかえて（**定数変化法**という）

$$y = c(x)e^{-\int p(x)dx}$$

が微分方程式 $y' + p(x)y = q(x)$ の解になる条件を求める．

$$\begin{aligned} y' &= c'(x)e^{-\int p(x)\,dx} - c(x)p(x)e^{-\int p(x)\,dx} \\ &= c'(x)e^{-\int p(x)\,dx} - p(x)y \end{aligned}$$

より，$y' + p(x)y = c'(x)e^{-\int p(x)\,dx}$ となる．よって，$c'(x)e^{-\int p(x)\,dx} = q(x)$ が得られる．$c'(x) = q(x)e^{\int p(x)\,dx}$ より，両辺を x で積分して

$$c(x) = \int q(x)e^{\int p(x)\,dx}\,dx + C.$$

よって，$y = e^{-\int p(x)\,dx}\left\{\int e^{\int p(x)\,dx}q(x)\,dx + C\right\}$ が得られる．（解説終）

［例題 84］ 次の微分方程式を解け．

(1) $y' + xy = 3x$ (2) $xy' - y = \log x$

（解答） (1) 定理 13.3 で $p(x) = x$，$q(x) = 3x$ より，

$$\int p(x)\,dx = \frac{1}{2}x^2.$$

したがって，C を任意定数として，

$$y = e^{-\frac{1}{2}x^2}\left(\int e^{\frac{1}{2}x^2} \cdot 3x\,dx + C\right) = e^{-\frac{1}{2}x^2}\left(3e^{\frac{1}{2}x^2} + C\right) = 3 + Ce^{-\frac{1}{2}x^2}.$$

(2) $y' - \dfrac{y}{x} = \dfrac{\log x}{x}$ から，$p(x) = -\dfrac{1}{x}$，$q(x) = \dfrac{\log x}{x}$ より，

$$\int p(x)\,dx = \int -\frac{1}{x}\,dx = -\log x \quad (x > 0 \text{ より}).$$

したがって，

$$y = e^{\log x}\left(\int e^{-\log x}\cdot\frac{\log x}{x}\,dx + C\right)$$

$$= x\left(\int \frac{\log x}{x^2}\,dx + C\right)$$

$$= x\left(-x^{-1}(\log x + 1) + C\right)$$

$$= -\log x - 1 + Cx \qquad (C\text{ は任意定数}).$$

$$\left(\int \frac{\log x}{x^2}\,dx = \int (-x^{-1})'\log x\,dx = -x^{-1}(\log x + 1) + C\text{ より}\right)$$

（解終）

練習問題 64　次の微分方程式を解け．

(1) $y' = y + x$　　(2) $y' + 2xy = e^{-x^2}$

章末問題 13

13.1　次の関数から，定数 a，b，c を消去して微分方程式を作れ．

(1) $y = ax^2 + bx + c$　(2) $y = ae^x + be^{-x}$　(3) $y = a\sin x + b\cos x$

13.2　次の微分方程式を解け．

(1)　$y' = -3y$　(2)　$y' = -2xy^2$　(3)　$yy' - x = 0$

(4)　$y' = (2x+1)y$　(5)　$y' + y^2 = 1$　(6)　$y' = e^y$

13.3　次の 1 階線形微分方程式を解け．

(1)　$y' + 2y = e^x$　(2)　$y' - 2xy = x$　(3)　$y' + y = e^{-2x}$

(4)　$xy' - 2y = x^5$　(5)　$xy' + 2y = \cos x$　(6)　$y' - y = \sin x$

第14章　偏微分

グラフ $y = f(x)$ は曲線を表したが，曲面を表す2変数関数 $z = f(x, y)$ について勉強する．さらに2変数関数の微分について考察する．

14.1　2変数の関数と偏導関数

14.1.1　2変数の関数

x，y の値を与えると，z の値が決まるとき，z を x，y の関数といい，$z = f(x, y)$ で表す．このとき，x と y を**独立変数**，z を**従属変数**という．関数 $z = f(x, y)$ の定義域は xy 平面上で点 (x, y) が変化する範囲であり，このような範囲を**領域** D という．

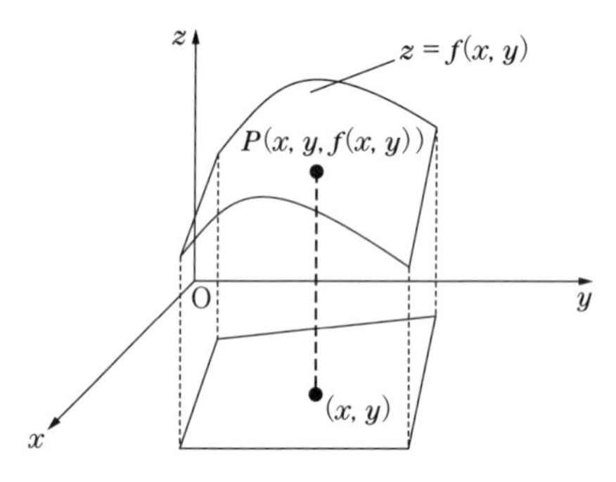

図 14.1　関数 $z = f(x, y)$ のグラフ

14.1.2　関数の極限

第4章において1変数の関数の極限を考えたように，ここでは2変数の関数についての極限を考えてみよう．

定義 14.1 関数 $f(x, y)$ において，点 (x, y) が $(x, y) \neq (a, b)$ をみたしながら (a, b) に限りなく近づくとき，どの方向から近づけても関数

$f(x,y)$ が一定の値 α に限りなく近づくならば，関数 $f(x,y)$ の点 (a,b) の**極限値**または**極限**は α，あるいは $(x,y) \to (a,b)$ のとき $f(x,y)$ は α に**収束する**といい，

$$\lim_{(x,y)\to(a,b)} f(x,y) = \alpha \quad \text{または，} f(x,y) \to \alpha \ ((x,y) \to (a,b))$$

で表す．

［例題 85］ 次の極限値を求めよ．

(1) $\displaystyle\lim_{(x,y)\to(3,2)} (2x+y)$　　(2) $\displaystyle\lim_{(x,y)\to(0,0)} \frac{x}{x+y}$

（解答） (1) $\displaystyle\lim_{(x,y)\to(3,2)} (2x+y) = 2 \times 3 + 2 = 8$

(2) (x,y) を極座標で表すと，$x = r\cos\theta$，$y = r\sin\theta$ である．$(x,y) \to (0,0)$ のとき，$r \to 0$ となるから，

$$\lim_{(x,y)\to(0,0)} \frac{x}{x+y} = \lim_{r\to 0} \frac{r\cos\theta}{r\cos\theta + r\sin\theta} = \frac{\cos\theta}{\cos\theta + \sin\theta}$$

この値は $r \to 0$ のとき一定の値に近づかないので，極限値は存在しない．

（解終）

14.1.3　関数の連続性

関数 $f(x,y)$ において極限値 $\displaystyle\lim_{(x,y)\to(a,b)} f(x,y)$ が存在し，かつ

$$\lim_{(x,y)\to(a,b)} f(x,y) = f(a,b)$$

であるとき，$z = f(x,y)$ は (a,b) で**連続**であるという．また，ある領域のすべての点で $f(x,y)$ が連続であるとき，$f(x,y)$ はその領域で連続であるという．

［例題 86］ 次の関数が点 (0,0) において連続であるかどうかを調べよ．

(1) $f(x,y) = \begin{cases} \dfrac{y^3}{x^2+y^2} & ((x,y) \neq (0,0)) \\ 0 & ((x,y) = (0,0)) \end{cases}$

(2) $f(x,y) = \begin{cases} \dfrac{x^2-y^2}{x^2+y^2} & ((x,y) \neq (0,0)) \\ 0 & ((x,y) = (0,0)) \end{cases}$

（解答） (1) $x = r\cos\theta$，$y = r\sin\theta$ とおくと，

$$\lim_{(x,y)\to(0,0)} \frac{y^3}{x^2+y^2} = \lim_{r\to 0} \frac{r^3\sin^3\theta}{r^2\cos^2\theta + r^2\sin^2\theta} = \lim_{r\to 0} r\sin^3\theta = 0 = f(0,0)$$

したがって，$f(x,y)$ は点 $(0,0)$ において連続である．

(2) $\displaystyle\lim_{(x,y)\to(0,0)} \frac{x^2-y^2}{x^2+y^2} = \lim_{r\to 0} \frac{r^2\cos^2\theta - r^2\sin^2\theta}{r^2\cos^2\theta + r^2\sin^2\theta} = \cos^2\theta - \sin^2\theta$

したがって，極限値 $\displaystyle\lim_{(x,y)\to(0,0)} f(x,y)$ が存在しないので，$f(x,y)$ は点 $(0,0)$ で連続ではない．　（解終）

14.1.4　微分係数と偏導関数

2変数の関数 $z = f(x,y)$ において $y = b$（一定）とすると，x の関数 $f(x,b)$ となる．この関数が $x = a$ で微分可能ならば，$f(x,y)$ は点 (a,b) で x について偏微分可能であるという．$x = a$ における微分係数を点 (a,b) における ***x*-偏微分係数**といい，$f_x(a,b)$ で表す．

$$f_x(a,b) = \lim_{h\to 0} \frac{f(a+h,b) - f(a,b)}{h}$$

同様に，$z = f(x,y)$ において，$x = a$（一定）として得られる y の関数 $f(a,y)$ が $y = b$ で微分可能ならば，$f(x,y)$ は点 (a,b) で y について偏微分可能であるという．$y = b$ における微分係数を点 (a,b) における ***y*-偏微分係数**といい，$f_y(a,b)$ で表す．

$$f_y(a,b) = \lim_{k\to 0} \frac{f(a,b+k) - f(a,b)}{k}$$

また，$f_x(a,b)$，$f_y(a,b)$ がともに存在するとき，$f(x,y)$ は点 (a,b) で**偏微分可能**という．

関数 $z=f(x,y)$ が xy 平面上の領域のすべての点で偏微分可能であるとき，その領域内の点 (x,y) で x-偏微分係数 $f_x(x,y)$ を考えると，x，y の関数になる．そこで，$f_x(x,y)$ を **x-偏導関数**という．同様に，**y-偏導関数** $f_y(x,y)$ を考えることができ，この 2 つを合わせて $f(x,y)$ の**偏導関数**という．$f_x(x,y)$，$f_y(x,y)$ を求めることを，それぞれ $f(x,y)$ を x，y について**偏微分する**という．

x-偏導関数　$$f_x(x,y)=\lim_{h\to 0}\frac{f(x+h,y)-f(x,y)}{h}$$

y-偏導関数　$$f_y(x,y)=\lim_{k\to 0}\frac{f(x,y+k)-f(x,y)}{k}$$

2 変数関数 $z=f(x,y)$ の偏導関数は，次のように表す．

x についての偏微分：　$f_x(x,y)$，$\dfrac{\partial f}{\partial x}$，$z_x$，$\dfrac{\partial z}{\partial x}$

y についての偏微分：　$f_y(x,y)$，$\dfrac{\partial f}{\partial y}$，$z_y$，$\dfrac{\partial z}{\partial y}$

$f_x(x,y)$ は y を定数とみなして $f(x,y)$ を x で微分することによって得られ，$f_y(x,y)$ は x を定数とみなして $f(x,y)$ を y で微分することによって得られる．

［**例題 87**］ 次の関数の偏導関数を求めよ．
(1) $f(x,y)=x^2y^3$　(2) $f(x,y)=\dfrac{xy}{x+y}$　(3) $z=e^{xy}$

（解答） (1) y を定数とみなして x で微分すると，$f_x(x,y)=2xy^3$．x を定数とみなして y で微分すると，$f_y(x,y)=3x^2y^2$．

(2) $f_x(x,y)=\dfrac{y^2}{(x+y)^2}$，$f_y(x,y)=\dfrac{x^2}{(x+y)^2}$．

(3) $z_x=ye^{xy}$，$z_y=xe^{xy}$．　（解終）

練習問題 65　次の関数 $z = f(x, y)$ の偏導関数を求めよ．

(1) $z = \log(x + y)$　　(2) $z = \sin xy$　　(3) $z = \mathrm{Tan}^{-1}\dfrac{y}{x}$

14.1.5　高次偏導関数

$z = f(x, y)$ の偏導関数 $f_x(x, y)$，$f_y(x, y)$ もまた x，y の関数であるから，これらをもう一度 x，y で偏微分すると，2次（あるいは2階）偏導関数が導かれる．それらについて，次のような記法を用いる．

$$\frac{\partial}{\partial x} f_x(x, y) = \frac{\partial}{\partial x}\left(\frac{\partial f}{\partial x}\right) = \frac{\partial^2 f}{\partial x^2} = f_{xx}(x, y).$$

$$\frac{\partial}{\partial y} f_x(x, y) = \frac{\partial}{\partial y}\left(\frac{\partial f}{\partial x}\right) = \frac{\partial^2 f}{\partial y \partial x} = f_{xy}(x, y).$$

$$\frac{\partial}{\partial x} f_y(x, y) = \frac{\partial}{\partial x}\left(\frac{\partial f}{\partial y}\right) = \frac{\partial^2 f}{\partial x \partial y} = f_{yx}(x, y).$$

$$\frac{\partial}{\partial y} f_y(x, y) = \frac{\partial}{\partial y}\left(\frac{\partial f}{\partial y}\right) = \frac{\partial^2 f}{\partial y^2} = f_{yy}(x, y).$$

一般に $f_{xy}(x, y)$ と $f_{yx}(x, y)$ は同じになるとは限らないが，次の定理が成り立つ．

定理 14.1 ある領域において $f(x, y)$ の偏導関数 $f_x(x, y)$，$f_y(x, y)$，$f_{xy}(x, y)$，$f_{yx}(x, y)$ が存在し，$f_{xy}(x, y)$ と $f_{yx}(x, y)$ がともに連続ならば，

$$f_{xy}(x, y) = f_{yx}(x, y)$$

が成り立つ．

すなわち，偏微分する変数の順序によらない．

［**例題 88**］ 次の関数の2次偏導関数を求めよ．

(1) $z = x^2 y^3$　　(2) $z = x^3 - 3xy + y^3$　　(3) $z = e^{-x} \sin y$

(解答) (1) $z_x = 2xy^3$. これを，もう一度 x で微分すると $z_{xx} = 2y^3$ となり，y で微分すると $z_{xy} = 6xy^2$. また，$z_y = 3x^2y^2$. これを，もう一度 y で微分すると $z_{yy} = 6x^2y$ となり，x で微分すると $z_{yx} = 6xy^2$. よって $z_{xy} = z_{yx}$ が成り立つ.

(2) $z_x = 3x^2 - 3y$. これを，もう一度 x で微分すると $z_{xx} = 6x$ となり，y で微分すると $z_{xy} = -3$. また，$z_y = -3x + 3y^2$. これをもう一度 y で微分すると $z_{yy} = 6y$ となり，x で微分すると $z_{yx} = -3$. よって $z_{xy} = z_{yx}$ が成り立つ.

(3) $z_x = -e^{-x}\sin y$. これを，もう一度 x で微分すると $z_{xx} = e^{-x}\sin y$ となり，y で微分すると $z_{xy} = -e^{-x}\cos y$. また，$f_y = e^{-x}\cos y$. これをもう一度 y で微分すると $z_{yy} = -e^{-x}\sin y$ となり，x で微分すると $z_{yx} = -e^{-x}\cos y$. よって，$z_{xy} = z_{yx}$ が成り立つ.　(解終)

練習問題 66　次の関数 $f(x, y)$ の2次偏導関数を求めよ.

(1) $z = \sin(x - y)$　(2) $z = \sqrt{x^2 + y^2}$　(3) $z = e^{xy}$

14.1.6　全微分

偏微分では x，y のどちらかを定数とみなして $f(x, y)$ を微分したが，ここでは x，y ともに変化する場合の微分について考えよう.

関数 $z = f(x, y)$ において x，y の増分を Δx，Δy とすると，z の増分は

$$\Delta z = f(x + \Delta x, y + \Delta y) - f(x, y)$$

と表せる. $f(x, y)$ が偏微分可能であり，$f_x(x, y)$，$f_y(x, y)$ がともに連続ならば，Δx，Δy が0に近い場合には

$$\Delta z \simeq f_x(x, y)\Delta x + f_y(x, y)\Delta y$$

と近似することができる. この近似式は $\Delta x \to 0$，$\Delta y \to 0$ のとき限りなく正確に成り立ち，Δx を dx，Δy を dy，Δz を dz で置き換えると，

$$dz = f_x(x, y)\,dx + f_y(x, y)\,dy$$

となる. この dz を $f(x, y)$ の**全微分**という.

［例題 89］ $z = f(x, y) = x^2 + y^2$ の全微分を求めよ．

（解答） $f_x(x, y) = 2x$，$f_y(x, y) = 2y$ より，$dz = f_x(x, y)\,dx + f_y(x, y)\,dy = 2x\,dx + 2y\,dy$.
（解終）

［例題 90］ 1モルの理想気体の状態方程式 $PV = RT$ の圧力 P と，体積 V の変化量に対する温度 T の全微分を求めよ．ただし，R は気体定数である．

（解答） $T = \dfrac{PV}{R}$ であり，T の全微分は

$$dT = \left(\frac{\partial T}{\partial P}\right)dP + \left(\frac{\partial T}{\partial V}\right)dV = \frac{1}{R}(VdP + PdV).$$
（解終）

練習問題 67　次の関数の全微分を求めよ．

(1) $z = xy^3$　(2) $z = \log(x^2 + y^2)$

14.1.7　合成関数の微分法

第5章において，2つの関数の合成関数 $y = g(f(x))$ は x の関数として微分可能であることを学んだ．同様に，2変数の関数についても次の定理が成り立つ．

定理 14.2（合成関数の微分法 1） $z = f(x, y)$ が全微分可能で，$x = \phi(t)$，$y = \psi(t)$ が t で微分可能ならば，合成関数 $z = f(\phi(t), \psi(t))$ は微分可能で，次の関係が成り立つ．

$$\frac{dz}{dt} = \frac{\partial z}{\partial x}\frac{dx}{dt} + \frac{\partial z}{\partial y}\frac{dy}{dt}.$$

［証明］ $f(x, y)$ は全微分可能であるから，$dz = \dfrac{\partial z}{\partial x}\,dx + \dfrac{\partial z}{\partial y}\,dy$.

よって，$\dfrac{dz}{dt} = \dfrac{\partial z}{\partial x}\dfrac{dx}{dt} + \dfrac{\partial z}{\partial y}\dfrac{dy}{dt}$ が成り立つ．
（証明終）

［例題 91］ $z = x^2 + y^2$，$x = e^t$，$y = e^{-t}$ のとき，$\dfrac{dz}{dt}$ を求めよ．

（解答） $\dfrac{dz}{dt} = \dfrac{\partial z}{\partial x}\dfrac{dx}{dt} + \dfrac{\partial z}{\partial y}\dfrac{dy}{dt} = 2xe^t - 2ye^{-t} = 2(e^{2t} - e^{-2t})$.　　（解終）

練習問題 68　合成関数の微分法 1 を用いて，z を t で微分せよ．
(1) $z = e^{x+y}$　$(x = \cos t,\ y = \sin t)$　(2) $z = x\sin y$　$(x = t^2,\ y = e^t)$

次に, $z = f(x,y)$ において x, y がそれぞれ u, v の関数であり, $x = \phi(u,v)$, $y = \psi(u,v)$ で表されるとき，合成関数 $f(\phi(u,v), \psi(u,v))$ は偏微分可能であり，次の定理が成り立つ．

定理 14.3（**合成関数の微分法 2**）$z = f(x,y)$ が全微分可能で，$x = \phi(u,v)$，$y = \psi(u,v)$ が偏微分可能ならば，合成関数 $z = f(\phi(u,v), \psi(u,v))$ は偏微分可能で，次の関係が成り立つ．

$$\frac{\partial z}{\partial u} = \frac{\partial z}{\partial x}\frac{\partial x}{\partial u} + \frac{\partial z}{\partial y}\frac{\partial y}{\partial u}.$$

$$\frac{\partial z}{\partial v} = \frac{\partial z}{\partial x}\frac{\partial x}{\partial v} + \frac{\partial z}{\partial y}\frac{\partial y}{\partial v}.$$

［例題 92］ $z = x^2 + 3y^2$，$x = u + v$，$y = uv$ のとき，$\dfrac{\partial z}{\partial u}, \dfrac{\partial z}{\partial v}$ を求めよ．

（解答） $\dfrac{\partial z}{\partial u} = \dfrac{\partial z}{\partial x}\dfrac{\partial x}{\partial u} + \dfrac{\partial z}{\partial y}\dfrac{\partial y}{\partial u} = 2(u+v) + 6uv^2$.

$\dfrac{\partial z}{\partial v} = \dfrac{\partial z}{\partial x}\dfrac{\partial x}{\partial v} + \dfrac{\partial z}{\partial y}\dfrac{\partial y}{\partial v} = 2(u+v) + 6u^2v$.　　（解終）

［例題 93］ $z = f(x,y)$，$x = r\cos\theta$，$y = r\sin\theta$ のとき，

$\left(\dfrac{\partial z}{\partial x}\right)^2 + \left(\dfrac{\partial z}{\partial y}\right)^2 = \left(\dfrac{\partial z}{\partial r}\right)^2 + \dfrac{1}{r^2}\left(\dfrac{\partial z}{\partial \theta}\right)^2$ を示せ．

（解答）$\dfrac{\partial z}{\partial x}=f_x$，$\dfrac{\partial z}{\partial y}=f_y$，$\dfrac{\partial z}{\partial r}=\dfrac{\partial z}{\partial x}\dfrac{\partial x}{\partial r}+\dfrac{\partial z}{\partial y}\dfrac{\partial y}{\partial r}=f_x\cos\theta+f_y\sin\theta$，
$\dfrac{\partial z}{\partial \theta}=\dfrac{\partial z}{\partial x}\dfrac{\partial x}{\partial \theta}+\dfrac{\partial z}{\partial y}\dfrac{\partial y}{\partial \theta}=f_x r(-\sin\theta)+f_y r\cos\theta$ より，
右辺$=(f_x\cos\theta+f_y\sin\theta)^2+\dfrac{1}{r^2}(f_x r(-\sin\theta)+f_y r\cos\theta)^2=f_x^2+f_y^2=$左辺.

（解終）

練習問題 69　合成関数の微分法2を用いて，z_u，z_v を求めよ.

(1) $z=xy$，$x=u\cos v$，$y=u\sin v$　(2) $z=e^{x+2y}$，$x=uv$，$y=\dfrac{u}{v}$

14.2　2変数の関数の展開と極大・極小

14.2.1　2変数の平均値の定理

第6章で学んだ1変数の平均値の定理（定理6.1）において，$c=a+\theta(b-a)$ とおくと，

$$f(a+h)=f(a)+hf'(a+\theta h)\quad (0<\theta<1;\ h=b-a)$$

と書き表すこともできる．ここでは，2変数の平均値の定理を考えよう．

関数 $z=f(x,y)$ において，点 $(x,y)=(a,b)$ の近くで，$x=a+ht$，$y=b+kt$（h, k は定数）と表されるとき，

$$z=g(t)=f(a+ht,b+kt)$$

とおくと，合成関数の微分法より

$$\frac{dz}{dt}=g'(t)=\frac{\partial g}{\partial x}\frac{dx}{dt}+\frac{\partial g}{\partial y}\frac{dy}{dt}=f_x(a+ht,b+kt)h+f_y(a+ht,b+kt)k$$

が成り立つ．ここで，区間 $[0,1]$ において，1変数の平均値の定理を変数 t について適用すると，

$$g(1)=g(0)+g'(\theta)$$

となるような $\theta(0<\theta<1)$ が存在する．また，

$$g(1)=f(a+h,b+k),\qquad g(0)=f(a,b),$$
$$g'(\theta)=f_x(a+\theta h,b+\theta k)h+f_y(a+\theta h,b+\theta k)k$$

より，次の式が得られる．

定理 14.4　関数 $f(x,y)$ が点 (a,b) と点 $(a+h,b+k)$ を結ぶ線分を含む領域で全微分可能ならば,

$$f(a+h,b+k) = f(a,b) + f_x(a+\theta h, b+\theta k)h + f_y(a+\theta h, b+\theta k)k$$

をみたす $\theta (0 < \theta < 1)$ が存在する.

これを, **2変数の平均値の定理**という.

14.2.2　2変数の関数の展開

2変数の関数についても, 1変数の関数と同じようにテイラーの定理が成り立つ.

準備のために**偏微分作用素**を定義する.

定義 14.2（偏微分作用素）関数 $f(x,y)$ に対する**偏微分作用素**を次で定義する.

$$\left(h\frac{\partial}{\partial x} + k\frac{\partial}{\partial y}\right)^n f(x,y) = \sum_{r=0}^{n} {}_n\mathrm{C}_r h^{n-r} k^r \frac{\partial^n}{\partial x^{n-r}\partial y^r} f(x,y)$$

(解説) 具体的に計算をすると, 以下のようになる.

$$\left(h\frac{\partial}{\partial x} + k\frac{\partial}{\partial y}\right)^1 f(x,y) = h\frac{\partial}{\partial x}f(x,y) + k\frac{\partial}{\partial y}f(x,y).$$

$$\left(h\frac{\partial}{\partial x} + k\frac{\partial}{\partial y}\right)^2 f(x,y) = h^2\frac{\partial^2}{\partial x^2}f(x,y) + 2hk\frac{\partial^2}{\partial x\partial y}f(x,y) + k^2\frac{\partial^2}{\partial y^2}f(x,y).$$

定理 14.5（**2変数のテイラーの定理**）関数 $f(x,y)$ が, 点 (a,b) と点 $(a+h,b+k)$ を結ぶ線分を含む領域で連続な n 次偏導関数を持つとき,

$$f(a+h,b+k) = f(a,b) + \frac{1}{1!}\left(h\frac{\partial}{\partial x} + k\frac{\partial}{\partial y}\right)^1 f(a,b) + \frac{1}{2!}\left(h\frac{\partial}{\partial x} +\right.$$

$$k\frac{\partial}{\partial y}\Big)^2 f(a,b)+\cdots+\frac{1}{(n-1)!}\Big(h\frac{\partial}{\partial x}+k\frac{\partial}{\partial y}\Big)^{n-1} f(a,b)+R_n.$$

ただし，$R_n=\dfrac{1}{n!}\Big(h\dfrac{\partial}{\partial x}+k\dfrac{\partial}{\partial y}\Big)^n f(a+\theta h, b+\theta k)\quad(0<\theta<1)$ をみたす θ が存在する．

上の定理において，$a=b=0$，$h=x$，$k=y$ とすると，次の定理が得られる．

定理 14.6（2 変数のマクローリン定理）

$$f(x,y)=f(0,0)+\frac{1}{1!}\Big(x\frac{\partial}{\partial x}+y\frac{\partial}{\partial y}\Big)^1 f(0,0)+\frac{1}{2!}\Big(x\frac{\partial}{\partial x}+y\frac{\partial}{\partial y}\Big)^2 f(0,0)$$
$$+\cdots+\frac{1}{(n-1)!}\Big(x\frac{\partial}{\partial x}+y\frac{\partial}{\partial y}\Big)^{n-1} f(0,0)+R_n.$$

ただし，$R_n=\dfrac{1}{n!}\Big(x\dfrac{\partial}{\partial x}+y\dfrac{\partial}{\partial y}\Big)^n f(\theta x,\theta y)\quad(0<\theta<1)$ をみたす θ が存在する．

2 変数のマクローリン定理において $\lim_{n\to\infty} R_n=0$ となるなら，関数 $f(x,y)$ は次のような無限級数に展開される．

定理 14.7（マクローリン展開）

$$f(x,y)=f(0,0)+\frac{1}{1!}\Big(x\frac{\partial}{\partial x}+y\frac{\partial}{\partial y}\Big)^1 f(0,0)+\frac{1}{2!}\Big(x\frac{\partial}{\partial x}+y\frac{\partial}{\partial y}\Big)^2 f(0,0)$$
$$+\cdots+\frac{1}{n!}\Big(x\frac{\partial}{\partial x}+y\frac{\partial}{\partial y}\Big)^n f(0,0)+\cdots.$$

［例題 94］ $f(x,y)=e^x\cos y$ のマクローリン展開を x，y の 2 次の項まで求めよ．

（解答）$f_x(x,y) = e^x \cos y$，$f_y(x,y) = -e^x \sin y$，$f_{xx}(x,y) = e^x \cos y$，$f_{xy} = -e^x \sin y = f_{yx}$，$f_{yy} = -e^x \cos y$ より，$f(0,0) = 1$，$f_x(0,0) = 1$，$f_y(0,0) = 0$，$f_{xx}(0,0) = 1$，$f_{xy}(0,0) = f_{yx}(0,0) = 0$，$f_{yy} = -1$. よって，
$f(x,y) = f(0,0) + \{xf_x(0,0) + yf_y(0,0)\} + \dfrac{1}{2!}\{x^2 f_{xx}(0,0) + 2xyf_{xy}(0,0) + y^2 f_{yy}(0,0)\} + \cdots = 1 + x + \dfrac{1}{2}(x^2 - y^2) + \cdots$.　（解終）

14.2.3　極大・極小

2 変数の関数 $z = f(x,y)$ が点 (a,b) に十分近い範囲で $f(x,y) > f(a,b)$ となっているとき，$f(x,y)$ は (a,b) で**極小**になるといい，そのときの値 $f(a,b)$ を**極小値**という．また点 (a,b) に十分近い範囲で $f(x,y) < f(a,b)$ となっているとき，$f(x,y)$ は (a,b) で**極大**になるといい，そのときの値 $f(a,b)$ を**極大値**という．極小値と極大値を合わせて**極値**という．

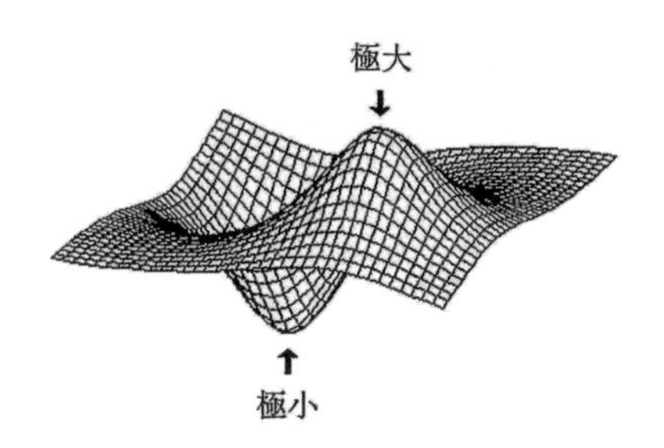

図 **14.2**　極大・極小

定理 14.8　$f(x,y)$ が (a,b) で偏微分可能で，かつ，その点で極値をとるならば，

$$f_x(a,b)=0,\qquad f_y(a,b)=0.$$

定理 14.9　$f(x,y)$ について，(a,b) の近くで2回偏微分可能，1次および2次偏導関数が連続で，$f_x(a,b)=f_y(a,b)=0$ とする．このとき，

(1) $f_{xy}(a,b)^2-f_{xx}(a,b)f_{yy}(a,b)<0$ のとき，$f(x,y)$ は (a,b) で極値をとる．$f_{xx}(a,b)>0$ ならば極小，$f_{xx}(a,b)<0$ ならば極大である．

(2) $f_{xy}(a,b)^2-f_{xx}(a,b)f_{yy}(a,b)>0$ のとき，$f(x,y)$ は (a,b) で極値をとらない．

［例題 95］　次の関数の極値を求めよ．

(1) $f(x,y)=x^3-3xy+y^3$　　(2) $f(x,y)=x^2-y^2$

（解答）(1) $f_x=3x^2-3y=3(x^2-y)$，$f_y=-3x+3y^2=-3(x-y^2)$ より，$f_x=0$，$f_y=0$ をみたす (x,y) は (0,0)，(1,1)．また $f_{xx}=6x$，$f_{xy}=f_{yx}=-3$，$f_{yy}=6y$．

$(x,y)=(0,0)$ のとき，$f_{xy}(0,0)^2-f_{xx}(0,0)f_{yy}(0,0)=9>0$ より，極値をとらない．

$(x,y)=(1,1)$ のとき，$f_{xy}(1,1)^2-f_{xx}(1,1)f_{yy}(1,1)=-27<0$，$f_{xx}(1,1)=9>0$ より極小となり，極小値は $f(1,1)=-1$．

(2) $f_x=2x$，$f_y=-2y$ より，$f_x=0$，$f_y=0$ をみたす (x,y) は (0,0)．また $f_{xx}=2$，$f_{xy}=f_{yx}=0$，$f_{yy}=-2$．$(x,y)=(0,0)$ のとき，$f_{xy}(0,0)^2-f_{xx}(0,0)f_{yy}(0,0)=4>0$ より，極値をとらない．　　（解終）

章末問題 14

14.1　次の極限値を求めよ．

(1) $\displaystyle\lim_{(x,y)\to(2,1)}(x^2+3y^2)$　　(2) $\displaystyle\lim_{(x,y)\to(0,0)}\frac{xy}{x^2+y^2}$

14.2　次の関数の偏導関数を求めよ．

(1) $z=\log\sqrt{x^2+y^2}$　　(2) $z=x^3-3x^2y+y^2$

(3) $z=\sin x\cos 3y$　　(4) $z=e^{xy^2}$

(5) $z=\dfrac{2x-y}{x+3y}$

14.3　次の関数の 2 次偏導関数を求めよ．

(1) $z=\sqrt{x}+\sqrt{y}$　　(2) $z=\log(x+2y)$

(3) $z=\mathrm{Sin}^{-1}\dfrac{x}{y}$　　(4) $z=\dfrac{ax+by}{cx+dy}$　(a，b，c，d は定数)

(5) $z=e^{ax}(\sin by+\cos by)$　(a，b は定数)

14.4　次の関数の全微分を求めよ．

(1) $z=x^3-3xy^2+2y^3$　(2) $z=\dfrac{y}{x}-\dfrac{x}{y}$

14.5　合成関数の微分法を用いて，z を t で微分せよ．

(1)　$z=x^2y-xy^2$，$x=\sin t$，$y=t^2$

(2)　$z=\cos^2(x-y)$，$x=t^2$，$y=e^t$

14.6　合成関数の微分法を用いて，z_u，z_v を求めよ．

(1)　$z=\sin 2xy$，$x=u^2+2v$，$y=uv$

(2)　$z=x^y$，$x=e^u\cos v$，$y=e^u\sin v$

14.7　次の関数を x, y の2次の項までマクローリン展開せよ.

(1) $f(x,y) = \log(1+xy)$　(2) $f(x,y) = e^{x+y}$

14.8　次の関数の極値を求めよ.

(1)　$f(x,y) = xy(1-x-y)$

(2)　$f(x,y) = \sin x + \cos y \quad (0 < x < 2\pi,\ 0 < y < 2\pi)$

(3)　$f(x,y) = e^{x}(x^2+y^2)$

第 15 章　重積分

2 変数関数 $z = f(x,y)$ の積分を定義して，体積や質量などの求め方を学習する．

15.1　2 重積分の定義

第 9 章の定積分では，1 変数の関数の積分を図形を小さな長方形に分割して面積を求め（リーマン和），その極限値として 1 変数の積分を求めた．ここでも同様の考え方を用いて，2 変数の関数の積分を考えてみよう．

xy 平面の領域 D で定義された関数 $f(x,y)$ を考える．図 15.1 のように領域 D を細かい長方形に分割し，そのうちの 1 つ D_{ij} 内の点を (p_i, q_j) とすると，$f(p_i, q_j)\Delta x\Delta y$ は底面積が $\Delta x\Delta y$，高さが $f(p_i, q_j)$ の柱状の直方体の体積になる．この直方体の体積の和は，

$$\sum_{i=1}^{n}\sum_{j=1}^{m} f(p_i, q_j)\Delta x\Delta y$$

となる．このとき，分割を無限に細かく，すなわち $\Delta x \to 0$，$\Delta y \to 0$ において，この極限値が存在するならば

$$\lim_{\Delta x\to 0, \Delta y\to 0}\sum_{i=1}^{n}\sum_{j=1}^{n} f(p_i, q_j)\Delta x\Delta y = \iint_D f(x,y)\,dxdy$$

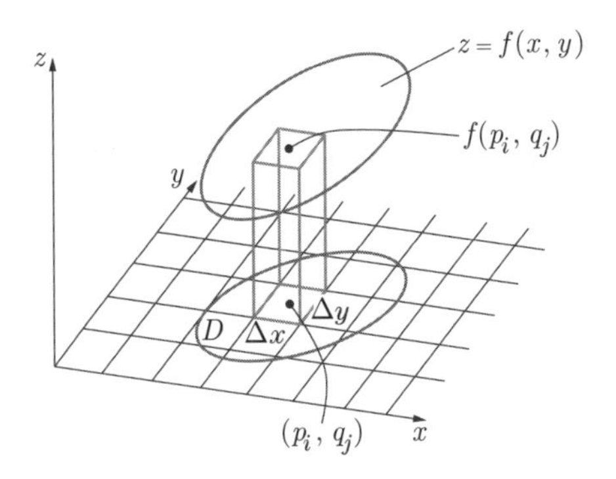

図 15.1　2 重積分と体積

と表す．これを**2重積分**という．

$f(x,y) \geqq 0$のとき，この積分の値は領域Dで曲面$z = f(x,y)$とxy平面との間にできる部分の体積である．$f(x,y) < 0$のとき，負の値を持つ体積と考える．

［**例題96**］ $\displaystyle\iint_D f(x,y)\,dxdy$の値を求めよ．

(1) $z = f(x,y) = 5, \qquad D = \{(x,y) : x^2 + y^2 \leqq 2\}$

(2) $z = f(x,y) = 1 - x, \qquad D = \{(x,y) : 0 \leqq x \leqq 1,\ 0 \leqq y \leqq 1\}$

(解答) (1) 半径が$\sqrt{2}$で高さが5の円柱の体積を求めればよいので，

$\pi \times (\sqrt{2})^2 \times 5 = 10\pi$.

(2) 1辺の長さが1の立方体の体積の半分であるから，$\dfrac{1}{2} \times 1 \times 1 \times 1 = \dfrac{1}{2}$.

(解終)

15.2　累次積分

2直線$x = a_1$と$x = b_1$，2曲線$y = \phi_1(x)$と$y = \phi_2(x)$で囲まれた領域D（図15.2）における関数$z = f(x,y)$の2重積分$\displaystyle\iint_D f(x,y)\,dxdy$を考える．求める積分の値は，領域$D$で曲面$z = f(x,y)$と$xy$平面との間にできる部分の体積である（図15.3)．

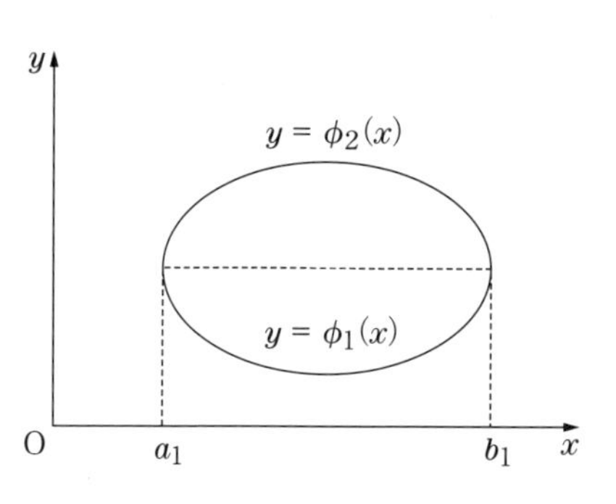

図15.2　積分領域D

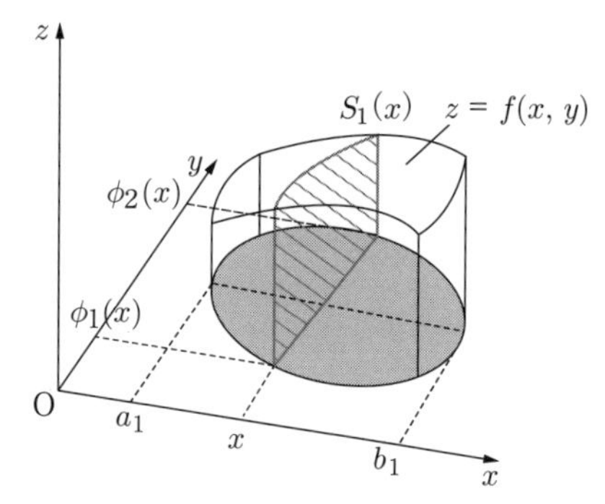

図15.3　xを固定してからの2重積分

まず，x を固定して y 方向の積分を考えると，底辺が Δy で高さが $z = f(x,y)$ の長方形を y 方向に足し合わせることになり，図の斜線部の面積 $S_1(x)$ が求まる．

$$S_1(x) = \lim_{\Delta y \to 0} \sum_{\phi_1(x)}^{\phi_2(x)} z\Delta y = \int_{\phi_1(x)}^{\phi_2(x)} f(x,y)\,dy.$$

これを x 方向に足し合わせると，体積が求まる．

$$\int_{a_1}^{b_1} S_1(x)\,dx = \int_{a_1}^{b_1} \left\{ \int_{\phi_1(x)}^{\phi_2(x)} f(x,y)\,dy \right\} dx. \qquad \text{（式 1）}$$

同様に，同じ領域において 2 直線 $y = a_2$ と $y = b_2$，2 曲線 $x = \psi_1(y)$ と $x = \psi_2(y)$ で囲まれた領域 D（図 15.4）における関数 $z = f(x,y)$ の 2 重積分 $\iint_D f(x,y)\,dxdy$ を考える．求める積分の値は，領域 D で曲面 $z = f(x,y)$ と xy 平面との間にできる部分の体積である（図 15.5）．

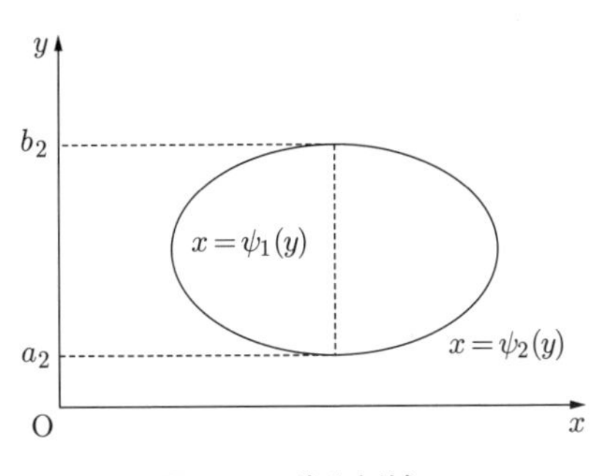

図 15.4 積分領域 D

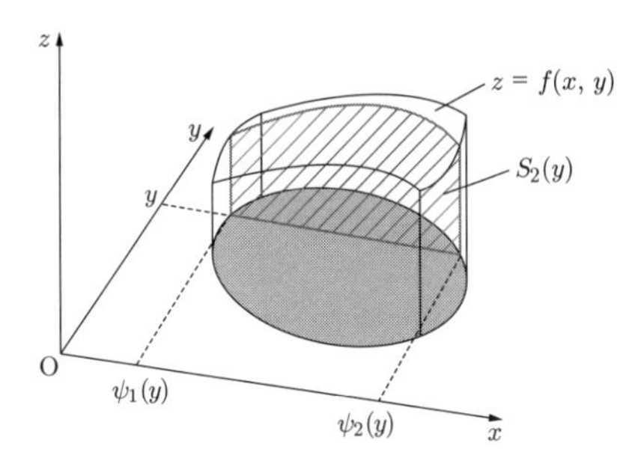

図 15.5 y を固定してからの 2 重積分

まず，y を固定して x 方向の積分を考えると，底辺が Δx で高さが $z = f(x,y)$ の長方形を x 方向に足し合わせることになり，図の斜線部の面積 $S_2(y)$ が求まる．

$$S_2(y) = \lim_{\Delta x \to 0} \sum_{\psi_1(y)}^{\psi_2(y)} z\Delta x = \int_{\psi_1(y)}^{\psi_2(y)} f(x,y)\,dx.$$

これを y 方向に足し合わせると，体積が求まる．

$$\int_{a_2}^{b_2} S_2(y)\,dy = \int_{a_2}^{b_2} \left\{ \int_{\psi_1(y)}^{\psi_2(y)} f(x,y)\,dx \right\} dy. \qquad \text{（式 2）}$$

（式 1）と（式 2）のように，x，y に順序をつけて積分することを**累次積分**という．

［例題 97］ 前述の例題 96(2) を累次積分の（式 1）と（式 2）を用いてそれぞれ解け．

（解答） 1.（式 1）を用いた場合

$$\iint_D f(x,y)\,dxdy = \int_0^1 S_1(x)\,dx = \int_0^1 \left\{ \int_0^1 (1-x)dy \right\} dx.$$

x を固定して y で積分すると，

$$S_1(x) = \int_0^1 (1-x)\,dy = (1-x)\Big[y\Big]_0^1 = 1-x.$$

次に x について積分すると，

$$\iint_D f(x,y)\,dxdy = \int_0^1 S_1(x)\,dx = \int_0^1 (1-x)\,dx = \left[x - \frac{1}{2}x^2\right]_0^1$$
$$= 1 - \frac{1}{2} = \frac{1}{2}.$$

2.（式 2）を用いた場合

$$\iint_D f(x,y)\,dxdy = \int_0^1 S_2(y)\,dy = \int_0^1 \left\{ \int_0^1 (1-x)\,dx \right\} dy.$$

y を固定して x で積分すると，

$$S_2(y) = \int_0^1 (1-x)\,dx = \left[x - \frac{1}{2}x^2\right]_0^1 = 1 - \frac{1}{2} = \frac{1}{2}.$$

次に y について積分すると，

$$\iint_D f(x,y)\,dxdy = \int_0^1 S_2(y)\,dy = \int_0^1 \frac{1}{2}\,dy = \frac{1}{2}\Big[y\Big]_0^1 = \frac{1}{2}. \qquad \text{（解終）}$$

練習問題 70　次の 2 重積分の値を求めよ．

(1) $\iint_D (x+y)\,dxdy, \quad D = \{(x,y) : 0 \leqq x \leqq 1,\ 0 \leqq y \leqq 2\}$

(2) $\displaystyle\iint_D \cos(x+y)\,dxdy, \quad D = \{(x,y) : 0 \leqq x \leqq \frac{\pi}{2}, 0 \leqq y \leqq \frac{\pi}{2}\}$

累次積分では，（式1）は先に y で積分，ついで x について積分しているのに対し，（式2）では先に x で積分し，ついで y について積分している．しかしながら（式1）と（式2）は同じ部分について体積を求めているので，（式1）＝（式2）が成り立つはずである．このように，累次積分においては積分する変数の順序を入れ替えて計算することができる．このことを**積分順序を交換する**という．

［例題 98］ 領域 D を曲線 $y = \dfrac{1}{2}x^2$ と直線 $y = x$ で囲まれた部分とするとき，次の積分の値を求めよ．

$$\iint_D xy\,dxdy$$

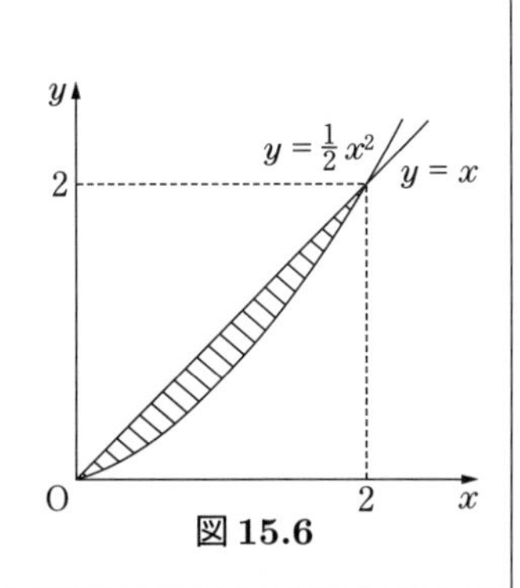

図 15.6

（解答） 1. （式1）を用いて計算する

領域 D は $D = \{(x,y) : 0 \leqq x \leqq 2, \frac{1}{2}x^2 \leqq y \leqq x\}$ と表されるので，

$$\iint_D f(x,y)\,dxdy = \int_0^2 \int_{\frac{1}{2}x^2}^{x} xy\,dydx = \int_0^2 \left[\frac{1}{2}xy^2\right]_{\frac{1}{2}x^2}^{x} dx$$
$$= \int_0^2 \left(\frac{1}{2}x^3 - \frac{1}{8}x^5\right) dx = \frac{2}{3}.$$

2. （式2）を用いて計算する

領域 D は $D = \{(x,y) : y \leqq x \leqq \sqrt{2y}, 0 \leqq y \leqq 2\}$ と表されるので，

$$\iint_D f(x,y)\,dxdy = \int_0^2 \int_y^{\sqrt{2y}} xy\,dxdy = \int_0^2 y\left[\frac{1}{2}x^2\right]_y^{\sqrt{2y}} dy$$
$$= \int_0^2 \left(y^2 - \frac{1}{2}y^3\right) dy = \frac{2}{3}.$$

（解終）

このように，

$$\iint_D f(x,y)\,dydx = \int_0^2 \int_{\frac{1}{2}x^2}^{x} xy\,dxdy = \int_0^2 \int_y^{\sqrt{2y}} xy\,dxdy$$

であり，積分順序を交換するときには積分区間が変更になることに注意をする．

章末問題 15

15.1　次の 2 重積分の値を求めよ.

(1) $\displaystyle\iint_D (2x+2y)\,dxdy, \quad D=\{(x,y): 0 \leqq x \leqq 1,\ 1 \leqq y \leqq 2\}$ (図 15.7)

(2) $\displaystyle\iint_D \sin(x+y)\,dxdy, \quad D=\{(x,y): 0 \leqq x \leqq \tfrac{\pi}{2},\ 0 \leqq y \leqq \tfrac{\pi}{2}\}$

(3) $\displaystyle\iint_D (x^2+y^2)\,dydx, \quad D=\{(x,y): 0 \leqq x \leqq 1,\ 0 \leqq y \leqq x\}$ (図 15.8)

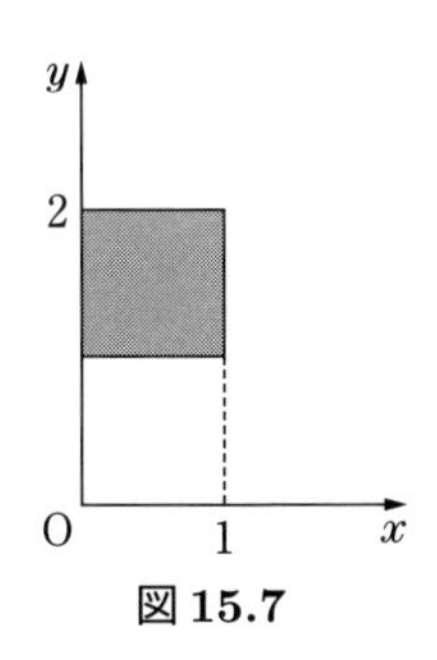

図 15.7

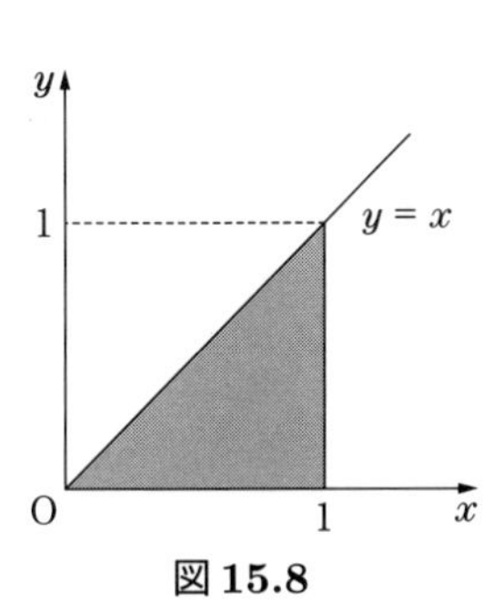

図 15.8

15.2　初めに y を固定して次の 2 重積分の値を求めよ.

(1) $\displaystyle\iint_D (2x+2y)\,dxdy, \quad D=\{(x,y): 0 \leqq x \leqq 1,\ 1 \leqq y \leqq 2\}$

(2) $\displaystyle\iint_D (x^2+y^2)\,dydx, \quad D=\{(x,y): 0 \leqq x \leqq 1,\ 0 \leqq y \leqq x\}$

付　録

■ 速度と加速度

速度は位置を時刻で微分すると得られたが，速度を時刻で微分すると加速度が得られる．

薬学では医薬品の化学反応速度が重要である．薬品の変化速度は時間の変化とともに反応物質がどれほど減少するか，または生成物がどれほど増加するかであり，瞬間の化学反応速度を考えることができる．

直線上の点の運動

P
O　$f(t)$　$f(t+h)$　x

図　速度と加速度

数直線上を運動する点Pの座標 x を時刻 t の関数として $x = f(t)$ で表すとき，x の時刻 t における変化率 $\dfrac{dx}{dt}$ を時刻 t におけるPの**速度**という．Pの速度を v とすると，

$$v = \frac{dx}{dt} = \lim_{h \to 0} \frac{f(t+h) - f(t)}{h} = f'(t).$$

さらに，速度 v の時刻 t における変化率 $\dfrac{dv}{dt} = \dfrac{d^2x}{dt^2}$ を**加速度**という．Pの加速度を α とすると，

$$\alpha = \frac{dv}{dt} = \frac{d^2x}{dt^2} = f''(t).$$

［**例題 99**］物体を，初速度 v_0 m/s で真上に投げたとき，t 秒後の高さ x m は，$x = v_0 t - \dfrac{1}{2}gt^2$ となることがわかっている．t 秒後の物体の速度 v m/s と加速度 α m/s^2 を求めよ．ただし，g は重力加速度である．

（解答） 高さ x を時間 t で微分すると速度 v が得られる．また，速度 v を時間 t で微分すると加速度 α が得られる．したがって，速度 $v = v_0 - gt$ m/s，加速度 $\alpha = -g$ m/s^2 となる．（解終）

練習問題 71 数直線上を運動する点 P の座標 x が時刻 t によって，$x = \sin(at)$（a は定数）で表されている．時刻 t における点 P の速度と加速度を求めよ．

解　答

（1章）

練習問題 1

(1)　根号 $(\sqrt{\quad})$ の中は正または零より定義域は $\{x| -1 \leqq x \leqq 1\}$，値域は $\{y|0 \leqq y \leqq 1\}$.

(2)　任意の x に対して $x^2 \geqq 0$ より，定義域は $\{x \mid x \in \mathbb{R}\}$，値域は $\{y \mid y \geqq 0\}$.

練習問題 2

(1)　$(g \circ f)(x) = g(f(x)) = g(3x+2) = \sqrt{3x+2}$,
$(f \circ g)(x) = f(g(x)) = f(\sqrt{x}) = 3\sqrt{x} + 2$.

(2)　$(g \circ f)(x) = g(f(x)) = g\left(\frac{x+2}{2x+3}\right) = \frac{3 \cdot \frac{x+2}{2x+3} - 2}{1 - 2 \cdot \frac{x+2}{2x+3}} = x$,

$(f \circ g)(x) = f(g(x)) = f\left(\frac{3x-2}{1-2x}\right) = \frac{\frac{3x-2}{1-2x} + 2}{2 \cdot \frac{3x-2}{1-2x} + 3} = x$.

$f(x)$ と $g(x)$ は互いに逆関数になっている.

練習問題 3　x と y を入れ替えて y について解けばよい．ただし，もとの関数の値域に注意する必要がある.

(1) $x = 3y$ より $y = \frac{1}{3}x$.　　　(2) $x = \frac{1}{y+1}$ より $y = \frac{1}{x} - 1$ $(x \neq 0)$.

(3) $x = \sqrt{y+1}$ より $y = x^2 - 1$ $(x \geqq 0)$.

練習問題 4

(1)　$y = \sqrt{3x-1}$　$(y \geqq 0)$ より，$x = \frac{1}{3}(y^2+1)$.
よって，$y = \sqrt{3x-1}$ は $y = \frac{1}{3}(x^2+1)$　$(x \geqq 0)$ の逆関数である.

(2)　$y = \sqrt{2-x}$　$(y \geqq 0)$ より，$x = 2 - y^2$.
よって，$y = \sqrt{2-x}$ は $y = -x^2 + 2$　$(x \geqq 0)$ の逆関数である.

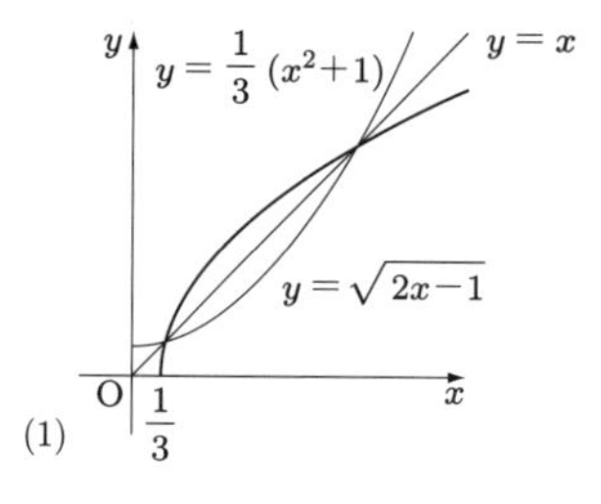

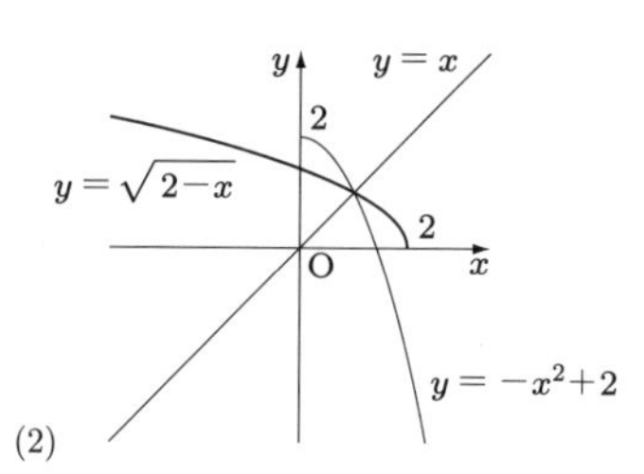

練習問題 5

(1)　$y = \frac{1}{x}$ のグラフを x 軸方向に 5，y 軸方向に 3 だけ移動したグラフである.

(2) $y=\frac{x+1}{x-2}=\frac{3}{x-2}+1$ より $y=\frac{3}{x}$ のグラフを x 軸方向に 2，y 軸方向に 1 だけ移動したグラフである．

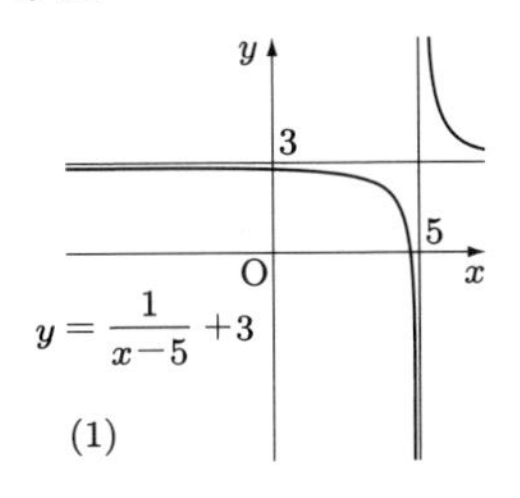

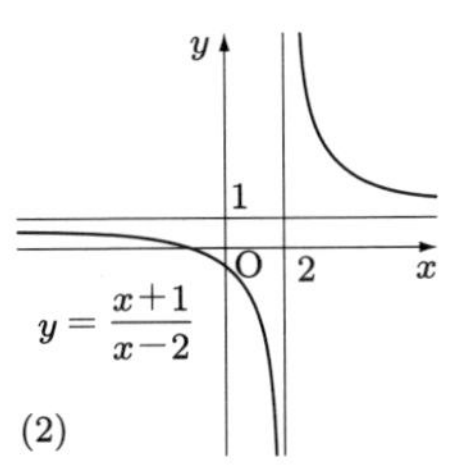

練習問題 6

(1) $\frac{x^2}{(\sqrt{3})^2}+\frac{y^2}{(\sqrt{2})^2}=1.$　　(2) $\frac{x^2}{2^2}+\frac{y^2}{(\sqrt{2})^2}=1.$

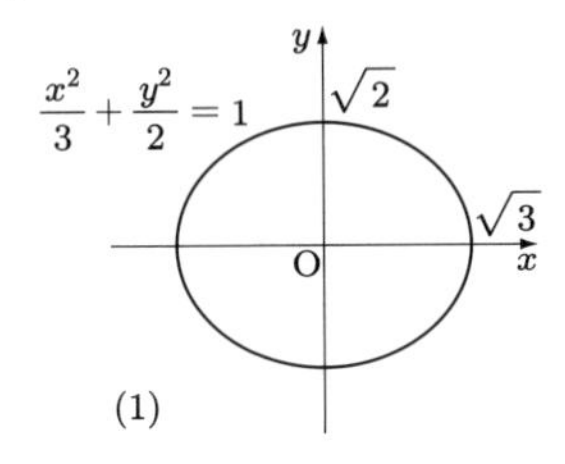

章末問題 1

1.1

(1) 1 枚のカルテに記載される患者は 1 人である．したがって f は単射でないといけない．退院したり転居した患者のカルテも保管する必要があるので全射でないと考えることができる．

(2) 現在の日本ではどの月にも生まれた人がいるので，f は全射になる．また，1 つの月に 2 人以上生まれた人がいるので単射ではない．

(3) 全単射になる．B の要素は $2x$ と書ける．このとき A の要素 x は，f によって $2x$ に移るので f は全射である．また，$2x=2y$ のとき $x=y$ となるので単射である．

1.2

(1) 根号の中は正または 0 より定義域は $\{x \mid x\in\mathbb{R},\ x\leqq 3\}$ となる．
値域は $\{y \mid y\geqq 0\}$ となる．

(2) 分母は 0 でないので定義域は $\{x \mid x\in\mathbb{R},\ x\neq 5\}$ となる．
$y=\frac{x}{5-x}=\frac{-(5-x)+5}{5-x}=-1+\frac{5}{5-x}$ であり，$\frac{5}{5-x}\neq 0$ より値域は $\{y \mid y\in\mathbb{R},\ y\neq -1\}$ となる．

1.3

(1) { 香川県，徳島県，愛媛県，高知県 }

(2) { 赤，青 (緑)，黄 }

(3) { 月曜日，火曜日，水曜日，木曜日，金曜日，土曜日，日曜日 }

(4)　$\{2,3,4,5\}$

(2 章)

練習問題 7

(1) $\sqrt[3]{27}=(3^3)^{\frac{1}{3}}=3.$　(2) $8^0=1.$　(3) $(\sqrt[3]{11})^6=11^{\frac{6}{3}}=11^2=121.$

(4) $\sqrt[4]{4}\times\sqrt[6]{8}=2^{\frac{2}{4}}\times 2^{\frac{3}{6}}=2^{\frac{1}{2}}\times 2^{\frac{1}{2}}=2.$

(5) $216^{\frac{1}{3}}=(2^3\times 3^3)^{\frac{1}{3}}=2\times 3=6.$　(6) $27^{\frac{5}{3}}=(3^3)^{\frac{5}{3}}=3^5=243.$

練習問題 8

(1)　2 の冪乗の形に直して比較すればよい．
$\sqrt[3]{2^2}=2^{\frac{2}{3}}$，$\sqrt[4]{2^3}=2^{\frac{3}{4}}$，$\sqrt[5]{2^4}=2^{\frac{4}{5}}$．$\frac{2}{3}<\frac{3}{4}<\frac{4}{5}$ より $\sqrt[3]{2^2}<\sqrt[4]{2^3}<\sqrt[5]{2^4}$.

(2)　冪乗の形に直すが少し技術が必要である．$\sqrt[3]{2}=2^{\frac{1}{3}}$，$\sqrt[4]{3}=3^{\frac{1}{4}}$，$\sqrt[6]{5}=5^{\frac{1}{6}}$ となりこのままでは大小の比較ができない．底が 1 よりも大きい 2，3，5 に注意して，各値を 12 乗しても大小関係は変わらないことに注意すれば $2^4=16$，$3^3=27$，$5^2=25$ より $\sqrt[3]{2}<\sqrt[6]{5}<\sqrt[4]{3}$ となる．

練習問題 9

(1) $a^{\frac{1}{2}}\times a^{\frac{3}{4}}\div a^{\frac{1}{4}}=a^{\frac{1}{2}+\frac{3}{4}-\frac{1}{4}}=a.$　(2) $\left(\sqrt{a}-\frac{1}{\sqrt{a}}\right)\left(\sqrt{a}+\frac{1}{\sqrt{a}}\right)=a-\frac{1}{a}.$

(3) $(a^{\frac{1}{3}}+b^{\frac{1}{3}})(a^{\frac{2}{3}}-a^{\frac{1}{3}}b^{\frac{1}{3}}+b^{\frac{2}{3}})=a+b.$

(4) $(a^{\frac{1}{2}}+a^{\frac{1}{4}}b^{\frac{1}{4}}+b^{\frac{1}{2}})(a^{\frac{1}{2}}-a^{\frac{1}{4}}b^{\frac{1}{4}}+b^{\frac{1}{2}})(a+b-a^{\frac{1}{2}}b^{\frac{1}{2}})$

$=\{(a^{\frac{1}{2}}+b^{\frac{1}{2}})^2-(a^{\frac{1}{4}}b^{\frac{1}{4}})^2\}(a+b-a^{\frac{1}{2}}b^{\frac{1}{2}})$

$=(a+2a^{\frac{1}{2}}b^{\frac{1}{2}}+b-a^{\frac{1}{2}}b^{\frac{1}{2}})(a+b-a^{\frac{1}{2}}b^{\frac{1}{2}})$

$=(a+a^{\frac{1}{2}}b^{\frac{1}{2}}+b)(a+b-a^{\frac{1}{2}}b^{\frac{1}{2}})=(a+b)^2-ab=a^2+ab+b^2.$

練習問題 10

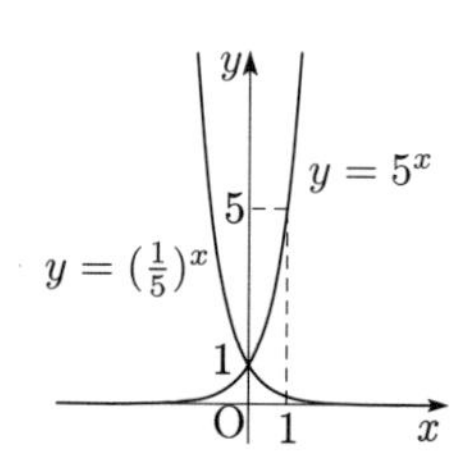

練習問題 11　$y=a^x \iff x=\log_a y$ を使う．

(1)　$q+2=a^{p+3}$ より $p+3=\log_a(q+2)$．したがって $p=\log_a(q+2)-3$.

(2)　$5q-3=a^{\frac{1}{p}}$ より $\frac{1}{p}=\log_a(5q-3)$．よって $p=\frac{1}{\log_a(5q-3)}$.

練習問題 12　対数の底をうまく変換して計算ができるようにする．

(1)　$\log_3\frac{1}{27}=\log_3 3^{-3}=-3.$　(2) $\log_4 2=\frac{\log_2 2}{\log_2 4}=\frac{1}{2}.$

(3)　$\log_{0.2}5=\log_{\frac{1}{5}}5=\frac{\log_5 5}{\log_5\frac{1}{5}}=\frac{1}{-1}=-1.$

(4)　$\log_{\sqrt{5}}5=\frac{\log_5 5}{\log_5\sqrt{5}}=\frac{1}{\frac{1}{2}}=2.$

練習問題 13

(1)　$\log_2 36 - 2\log_2 3 = 2\log_2 2 + 2\log_2 3 - 2\log_2 3 = 2\log_2 2 = 2.$

(2)　$\log_5 2^{\frac{1}{2}} + \frac{1}{2}\log_5 3^{-1} - \frac{5}{2}\log_5 \sqrt[5]{6} = \frac{1}{2}\log_5 2 - \frac{1}{2}\log_5 3 - \frac{5}{2}\frac{1}{5}\log_5(2\times 3)$

$= \frac{1}{2}\log_5 2 - \frac{1}{2}\log_5 3 - \frac{1}{2}\log_5 2 - \frac{1}{2}\log_5 3 = -\log_5 3.$

(3)　$(\log_2 3 + \log_2 9 + \log_2 27 + \log_2 81)(\log_3 2 + \log_3 4 + \log_3 8 + \log_3 16)$

$= \log_2 3 \times (1+2+3+4) \times \log_3 2 \times (1+2+3+4)$

$= 10 \times 10 \times \log_2 3 \times \frac{\log_2 2}{\log_2 3} = 100.$

章末問題 2

2.1

(1)　$\sqrt{7} \div \sqrt[3]{7} \times \sqrt[3]{56} = 7^{\frac{1}{2}-\frac{1}{3}+\frac{1}{3}} \times 2 = 2\sqrt{7}.$

(2)　$\sqrt[3]{\sqrt{8}} \times \sqrt[8]{16} = (8^{\frac{1}{2}})^{\frac{1}{3}} \times 16^{\frac{1}{8}} = 2^{3\times\frac{1}{2}\times\frac{1}{3}} \times 2^{\frac{4}{8}} = 2.$

(3)　$(2^{\frac{1}{2}})^3 \times 2^{\frac{5}{6}} \div 2^{\frac{1}{3}} = 2^{\frac{3}{2}+\frac{5}{6}-\frac{1}{3}} = 2^2 = 4.$

(4)　$(5^{\frac{2}{3}} \times 5^4)^{\frac{3}{7}} = (5^{\frac{14}{3}})^{\frac{3}{7}} = 5^2 = 25.$

(5)　$((256^{\frac{1}{2}})^{\frac{1}{2}})^{\frac{1}{2}} = 256^{\frac{1}{2}\times\frac{1}{2}\times\frac{1}{2}} = 2^{8\times\frac{1}{8}} = 2.$

(6)　$(\sqrt{2})^{\frac{1}{3}} \div 2^{\frac{1}{6}} = 2^{\frac{1}{2}\times\frac{1}{3}} \times 2^{-\frac{1}{6}} = 2^{\frac{1}{6}-\frac{1}{6}} = 1.$

2.2

(1)　$(\log_3 4 + \log_9 8)(\log_2 3 + \log_4 9) = \left(2\log_3 2 + \frac{3}{2}\log_3 2\right)\left(\frac{1}{\log_3 2} + \frac{\log_3 3}{\log_3 2}\right)$

$= \left(2 + \frac{3}{2}\right)(1+1) = 4 + 3 = 7.$

(2)　$(\log_{12} 4)^2 + 2\log_{12} 4 \cdot \log_{12} 3 + (\log_{12} 3)^2 = (\log_{12} 4 + \log_{12} 3)^2$

$= (\log_{12} 12)^2 = 1.$

(3)　$(\log_{ab} a)^3 + \log_{ab} a \cdot \log_{ab} b^3 + (\log_{ab} b)^3 = (\log_{ab} a)^3 + 3\log_{ab} a \cdot \log_{ab} b \times 1 + (\log_{ab} b)^3$

$(\log_{ab} a + \log_{ab} b = 1$ より)

$= (\log_{ab} a)^3 + 3(\log_{ab} a)^2 \cdot \log_{ab} b + 3\log_{ab} a \cdot (\log_{ab} b)^2 + (\log_{ab} b)^3$

$= (\log_{ab} a + \log_{ab} b)^3$

$= 1.$

（別解）$\log_{ab} a = \dfrac{\log_a a}{\log_a ab} = \dfrac{1}{\log_a b + 1}$, $\log_{ab} b = \dfrac{\log_a b}{\log_a ab} = \dfrac{\log_a b}{\log_a b + 1}$ より

$(\log_{ab} a)^3 + \log_{ab} a \log_{ab} b^3 + (\log_{ab} b)^3$

$$= \left(\frac{1}{\log_a b + 1}\right)^3 + \frac{3\log_a b}{(\log_a b + 1)^2} + \left(\frac{\log_a b}{\log_a b + 1}\right)^3 = \frac{1 + 3\log_a b(\log_a b + 1) + (\log_a b)^3}{(\log_a b + 1)^3}$$

$$= \frac{1 + 3\log_a b + 3(\log_a b)^2 + (\log_a b)^3}{(\log_a b + 1)^3} = \frac{(\log_a b + 1)^3}{(\log_a b + 1)^3} = 1$$

2.3　1 日で 1.5 倍に増えるので，2 日目には $1.5 \times 1.5 = 1.5^2 = 2.25$ 倍，3 日目には $1.5 \times 1.5 \times 1.5 = 1.5^3 = 3.375$ 倍になる．したがって，n 日目には 1.5^n 倍になる．

(1)　$n = 0.5$ の場合より $1.5^{0.5} = \sqrt{1.5}$ 倍になる．関数電卓を使うと $\sqrt{1.5} \fallingdotseq 1.22$ である．

(2)　n 日目に 10 倍に増えるとすると，$1.5^n = 10$．よって $n = \log_{1.5} 10$
$= \frac{\log_{10} 10}{\log_{10} 1.5} \fallingdotseq \frac{1}{0.176} = 5.681\ldots$ したがって，5.68 日目．

2.4

(1)　1 年で元金が利息と合わせて a 倍になるとする．10 年で 2 倍になるので $a^{10} = 2$．よって，$a = 2^{\frac{1}{10}} \fallingdotseq 1.07$ である．したがって，金利は約 7%．

(2)　n 年後には $2^{\frac{n}{10}}$ 倍になる．5 年後には $2^{\frac{1}{2}} = \sqrt{2} \fallingdotseq 1.41$ 倍になる．

(3 章)

練習問題 14

	$\frac{1}{6}\pi$	$\frac{1}{2}\pi$	π	$\frac{5}{3}\pi$	$\frac{11}{6}\pi$	2π
$\sin\theta$	$\frac{1}{2}$	1	0	$-\frac{\sqrt{3}}{2}$	$-\frac{1}{2}$	0
$\cos\theta$	$\frac{\sqrt{3}}{2}$	0	-1	$\frac{1}{2}$	$\frac{\sqrt{3}}{2}$	1
$\tan\theta$	$\frac{1}{\sqrt{3}}$	/	0	$-\sqrt{3}$	$-\frac{1}{\sqrt{3}}$	0

練習問題 15　sin と tan はマイナスを吐き出し，cos はマイナスを食べると覚えておけばよい．また π を加えた場合は，図 3.6 から考えればよい．

(1) $-\sin\theta$　(2) $-\sin\theta$　(3) $\cos\theta$　(4) $-\cos\theta$　(5) $-\tan\theta$　(6) $\tan\theta$

練習問題 16

(1) $\frac{\pi}{2}$　(2) 0　(3) $-\frac{\pi}{6}$　(4) 0　(5) $\frac{\pi}{2}$　(6) $\frac{2}{3}\pi$　(7) $\frac{\pi}{4}$　(8) 0　(9) $\frac{\pi}{3}$

練習問題 17

(1)　$y = \mathrm{Sin}^{-1}(-x)$ $(-\frac{\pi}{2} \leqq y \leqq \frac{\pi}{2})$ とおくと，$-x = \sin y$．$x = \sin(-y)$
より，$-y = \mathrm{Sin}^{-1}x$ よって $y = -\mathrm{Sin}^{-1}x$．

(2)　$y = \mathrm{Cos}^{-1}(-x)$ $(0 \leqq y \leqq \pi)$ とおくと，$-x = \cos y$．$x = \cos(\pi - y)$，
$(0 \leqq \pi - y \leqq \pi)$．$\pi - y = \mathrm{Cos}^{-1}x$ より $y = \pi - \mathrm{Cos}^{-1}x$．

(3)　$y = \mathrm{Sin}^{-1}x$ $(-\frac{\pi}{2} \leqq y \leqq \frac{\pi}{2})$ とおくと，$x = \sin y$．$\sin^2 y + \cos^2 y = 1$
より $\cos^2 y = 1 - \sin^2 y$，($-\frac{\pi}{2} \leqq y \leqq \frac{\pi}{2}$ より $\cos y \geqq 0$)．したがって，

(4)　$\cos y = \sqrt{1 - \sin^2 y}$．よって，$\cos(\mathrm{Sin}^{-1}x) = \sqrt{1 - x^2}$．

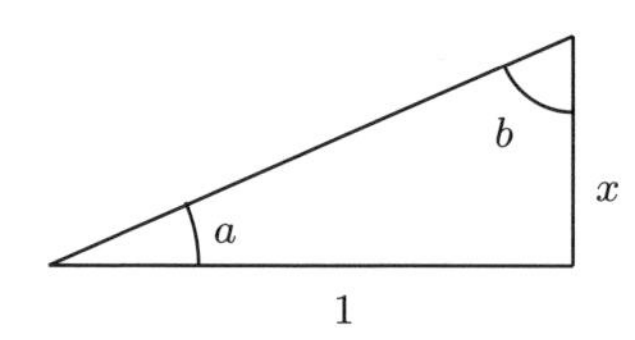

$x > 0$ より図の三角形において $\tan a = x$，$\tan b = \frac{1}{x}$，$0 < a, b < \frac{\pi}{2}$．
よって，$a = \mathrm{Tan}^{-1}x$，$b = \mathrm{Tan}^{-1}\frac{1}{x}$．$a + b = \frac{\pi}{2}$ より $\mathrm{Tan}^{-1}x + \mathrm{Tan}^{-1}\frac{1}{x} = \frac{\pi}{2}$．

（別解） $\tan(\frac{\pi}{2}\pm\theta)=\frac{\mp 1}{\tan\theta}$ より，$y=\mathrm{Tan}^{-1}x$ とおくと， $x=\tan y$
$(-\frac{\pi}{2}<y<\frac{\pi}{2})$．$\frac{1}{x}=\frac{1}{\tan y}=\tan(\frac{\pi}{2}-y)$．よって $\mathrm{Tan}^{-1}\frac{1}{x}=\frac{\pi}{2}-\mathrm{Tan}^{-1}x$．
したがって，$\mathrm{Tan}^{-1}x+\mathrm{Tan}^{-1}\frac{1}{x}=\frac{\pi}{2}$．

章末問題 3

3.1

(1) 単位円をかいて，角を求めればよい．$2\sin x=1$ より $\sin x=\frac{1}{2}$．
したがって $0\leqq x\leqq\pi$ から $x=\frac{\pi}{6}$，$\frac{5}{6}\pi$．

(2) $\cos 2x+\cos x=0$ より $(\cos^2 x-\sin^2 x)+\cos x=0$．$\sin^2 x+\cos^2 x=1$
より $2\cos^2 x+\cos x-1=(2\cos x-1)(\cos x+1)=0$．よって，
$\cos x=-1$，$\frac{1}{2}$．$0\leqq x\leqq\pi$ より $x=\frac{1}{3}\pi$，π．

3.2 $\sin^2 x+\cos^2=1$ より $\frac{1}{\cos^2 x}=\frac{\sin^2 x+\cos^2 x}{\cos^2 x}=\frac{\sin^2 x}{\cos^2 x}+1=\tan^2 x+1$．
$\frac{1}{1+\sin x}+\frac{1}{1-\sin x}=\frac{2}{1-\sin^2 x}=\frac{2}{\cos^2 x}=2(\tan^2 x+1)=52$．

3.3 逆三角関数の定義域と値域に注意する．

(1) $y=\mathrm{Sin}^{-1}\left(\sin\frac{2}{5}\pi\right)$ とおくと，$\sin\frac{2}{5}\pi=\sin y$．$-\frac{1}{2}\pi\leqq y\leqq\frac{1}{2}\pi$ より $y=\frac{2}{5}\pi$．

(2) $y=\mathrm{Sin}^{-1}\left(\sin\frac{8}{7}\pi\right)$ とおくと，$\sin\frac{8}{7}\pi=\sin y$．$-\frac{1}{2}\pi\leqq y\leqq\frac{1}{2}\pi$ より
$y=-\frac{1}{7}\pi$．

(3) $y=\mathrm{Cos}^{-1}\left(\cos\frac{8}{7}\pi\right)$ とおくと，$\cos\frac{8}{7}\pi=\cos y$．$0\leqq y\leqq\pi$ より $y=\frac{6}{7}\pi$．

(4) $\sin$ と $\cos$ が混在しているので $\sin y=\cos(\frac{\pi}{2}-y)$ を使って $\cos$ に統一する．
$y=\mathrm{Sin}^{-1}\left(\cos\frac{8}{7}\pi\right)$ とおくと $\cos\frac{8}{7}\pi=\sin y=\cos(\frac{\pi}{2}-y)$．$-\frac{\pi}{2}\leqq y\leqq\frac{\pi}{2}$ より
$0\leqq\frac{\pi}{2}-y\leqq\pi$．$\cos\frac{8}{7}\pi=\cos\frac{6}{7}\pi=\cos(\frac{\pi}{2}-y)$．したがって，$\frac{\pi}{2}-y=\frac{6}{7}\pi$．
よって $y=-\frac{5}{14}\pi$．

(5) $\mathrm{Sin}^{-1}\frac{5}{13}=y$ とおくと $\sin y=\frac{5}{13}$．$-\frac{1}{2}\pi\leqq y\leqq\frac{1}{2}\pi$ より，y は次の直角三角形の y に対応する．ピタゴラスの定理より底辺の長さは 12 である．

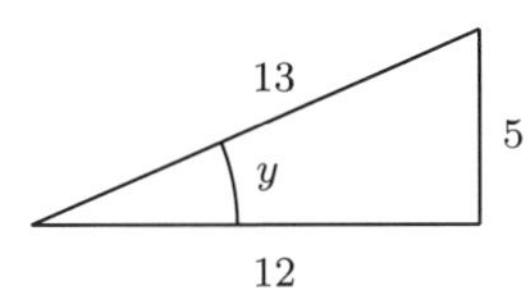

したがって $\tan y=\frac{5}{12}$ となる．よって，$\tan(\mathrm{Sin}^{-1}\frac{5}{13})=\frac{5}{12}$．

3.4 (1) と (2) の左辺は Tan^{-1} の和より 2 つの角の和である．この角の tan をとって加法定理で値を求める．$\tan(\mathrm{Tan}^{-1}x)=x$ を使う．(3) は $0\leqq x\leqq\pi$ のとき，$\mathrm{Cos}^{-1}(\cos x)=x$ を使う．

(1) $\tan(\mathrm{Tan}^{-1}2+\mathrm{Tan}^{-1}3)=\frac{\tan(\mathrm{Tan}^{-1}2)+\tan(\mathrm{Tan}^{-1}3)}{1-\tan(\mathrm{Tan}^{-1}2)\tan(\mathrm{Tan}^{-1}3)}=\frac{2+3}{1-2\cdot 3}=-1$．
$y=\mathrm{Tan}^{-1}x$ は単調増加関数で，$\mathrm{Tan}^{-1}1=\frac{\pi}{4}$．
よって $\frac{\pi}{4}<\mathrm{Tan}^{-1}2,\ \mathrm{Tan}^{-1}3<\frac{\pi}{2}$ より $\mathrm{Tan}^{-1}2+\mathrm{Tan}^{-1}3=\frac{3}{4}\pi$．

(2)　$\tan(\mathrm{Tan}^{-1}\frac{1}{2}+\mathrm{Tan}^{-1}\frac{1}{3})=\frac{\tan(\mathrm{Tan}^{-1}\frac{1}{2})+\tan(\mathrm{Tan}^{-1}\frac{1}{3})}{1-\tan(\mathrm{Tan}^{-1}\frac{1}{2})\tan(\mathrm{Tan}^{-1}\frac{1}{3})}=\frac{\frac{1}{2}+\frac{1}{3}}{1-\frac{1}{2}\cdot\frac{1}{3}}=1.$

$y=\mathrm{Tan}^{-1}x$ は単調増加関数で，$\mathrm{Tan}^{-1}1=\frac{\pi}{4}$.

よって，$\frac{\pi}{4}>\mathrm{Tan}^{-1}\frac{1}{2}$, $\mathrm{Tan}^{-1}\frac{1}{3}>0$ より $\mathrm{Tan}^{-1}\frac{1}{2}+\mathrm{Tan}^{-1}\frac{1}{3}=\frac{\pi}{4}$.

(3)　$y=\mathrm{Sin}^{-1}x\ (-\frac{\pi}{2}\leqq y\leqq\frac{\pi}{2})$ とおくと $x=\sin y=\cos(y-\frac{\pi}{2})=\cos(\frac{\pi}{2}-y)$.

$0\leqq\frac{\pi}{2}-y\leqq\pi$ より $\mathrm{Cos}^{-1}x=\mathrm{Cos}^{-1}(\cos(\frac{\pi}{2}-y))=\frac{\pi}{2}-y$.

したがって，$\mathrm{Sin}^{-1}x+\mathrm{Cos}^{-1}x=y+(\frac{\pi}{2}-y)=\frac{\pi}{2}$.

(別解) 対角線の長さが1の長方形を考える．θ_1，θ_2 を図のようにとる．

$cos\theta_1=\sin\theta_2$ となりこの値を x とおくと，$\mathrm{Cos}^{-1}x=\theta_1$，$\mathrm{Sin}^{-1}x=\theta_2$ となるので $\mathrm{Sin}^{-1}x+\mathrm{Cos}^{-1}x=\frac{\pi}{2}$.

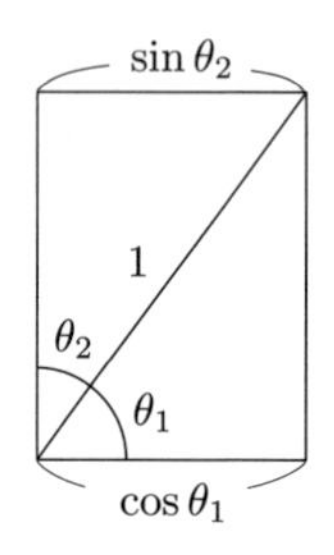

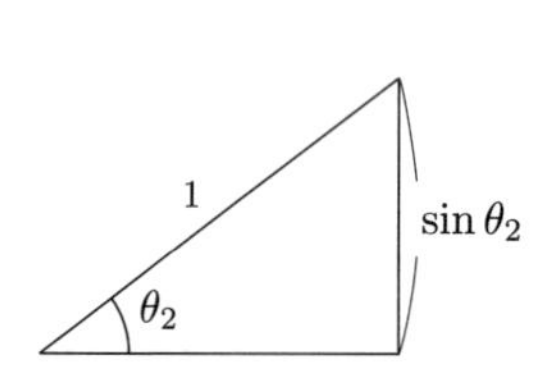

(4章)

練習問題 18

(1)　$\displaystyle\lim_{x\to0}\frac{(x+2)^2-4}{x}=\lim_{x\to0}\frac{x^2+4x}{x}=\lim_{x\to0}(x+4)=4.$

(2)　$\displaystyle\lim_{x\to1}\frac{x-1}{x^3-1}=\lim_{x\to1}\frac{x-1}{(x-1)(x^2+x+1)}=\lim_{x\to1}\frac{1}{x^2+x+1}=\frac{1}{3}.$

(3)　$\displaystyle\lim_{x\to\infty}\frac{3x^2-4x+5}{x^2+6x+7}=\lim_{x\to\infty}\frac{3-\frac{4}{x}+\frac{5}{x^2}}{1+\frac{6}{x}+\frac{7}{x^2}}=3.$

(4)
$$\lim_{x\to0}\frac{\sqrt{1+x}-\sqrt{1-x}}{x}=\lim_{x\to0}\frac{(\sqrt{1+x}-\sqrt{1-x})(\sqrt{1+x}+\sqrt{1-x})}{x(\sqrt{1+x}+\sqrt{1-x})}$$
$$=\lim_{x\to0}\frac{2x}{x(\sqrt{1+x}+\sqrt{1-x})}=1.$$

練習問題 19 $f(x)=x^3-2x^2-5$ とおくと $[2,3]$ で連続である．

$f(2)=0-5<0$，$f(3)=4>0$ より中間値の定理から $f(x)=0$ となる x が $[2,3]$ に少なくとも1つ存在する．

練習問題 20

(1)　$y=(x-1)^2-1$ より，最大値 3 $(x=3)$，最小値 -1 $(x=1)$.

(2)　最大値 1 $(x=\frac{\pi}{2})$，最小値 -1 $(x=\frac{3}{2}\pi)$.

章末問題 4

4.1

(1) $\lim_{x\to 2}(5x^2+1) = 5\cdot 2^2+1 = 21.$　(2) $\lim_{x\to 0}\frac{3x^2+7x}{x} = \lim_{x\to 0}\frac{x(3x+7)}{x} = 7.$

(3) $\lim_{x\to\infty}\frac{2x^2+2x}{x^2+5x} = \lim_{x\to\infty}\frac{2+\frac{2}{x}}{1+\frac{5}{x}} = 2.$

(4) $\lim_{x\to\infty}\left(1+\frac{1}{x}\right)\left(1-\frac{1}{x}\right) = 1\cdot 1 = 1.$

(5) $-\frac{\pi}{2} \leqq \mathrm{Tan}^{-1}x \leqq \frac{\pi}{2}$ より $0 = \lim_{x\to+\infty}\left(-\frac{\pi}{2x}\right) \leqq \lim_{x\to+\infty}\frac{\mathrm{Tan}^{-1}x}{x} \leqq \lim_{x\to+\infty}\frac{\pi}{2x}$

$=0$. したがって，$\lim_{x\to+\infty}\frac{\mathrm{Tan}^{-1}x}{x} = 0.$

(6)
$$\lim_{x\to 0}\frac{x}{\sqrt{x+9}-3} = \lim_{x\to 0}\frac{x(\sqrt{x+9}+3)}{(\sqrt{x+9}-3)(\sqrt{x+9}+3)}$$
$$= \lim_{x\to 0}\frac{x(\sqrt{x+9}+3)}{x} = 6.$$

4.2

(1) $\lim_{x\to a}\frac{x^3-a^3}{x-a} = \lim_{x\to a}\frac{(x-a)(x^2+ax+a^2)}{x-a} = 3a^2.$

(2)
$$\lim_{x\to 1}\frac{x-\sqrt{x}}{\sqrt{3x-2}-1} = \lim_{x\to 1}\frac{(x-\sqrt{x})(x+\sqrt{x})(\sqrt{3x-2}+1)}{(\sqrt{3x-2}-1)(\sqrt{3x-2}+1)(x+\sqrt{x})}$$
$$= \lim_{x\to 1}\frac{x(x-1)(\sqrt{3x-2}+1)}{3(x-1)(x+\sqrt{x})} = \frac{1}{3}.$$

(3) $\lim_{x\to+\infty}\frac{2^x-2^{-x}}{2^x+2^{-x}} = \lim_{x\to+\infty}\frac{1-2^{-2x}}{1+2^{-2x}} = 1.$

(4)
$$\lim_{x\to 1}\frac{\sqrt{2x-1}-\sqrt{x}}{x-1} = \lim_{x\to 1}\frac{2x-1-x}{(x-1)(\sqrt{2x-1}+\sqrt{x})}$$
$$= \lim_{x\to 1}\frac{1}{\sqrt{2x-1}+\sqrt{x}} = \frac{1}{2}.$$

(5)
$$\lim_{x\to+\infty}(\sqrt{x^2+x+1}-x) = \lim_{x\to+\infty}\frac{x^2+x+1-x^2}{\sqrt{x^2+x+1}+x}$$
$$= \lim_{x\to+\infty}\frac{x+1}{\sqrt{x^2+x+1}+x} = \lim_{x\to+\infty}\frac{1+\frac{1}{x}}{\sqrt{1+\frac{1}{x}+\frac{1}{x^2}}+1} = \frac{1}{2}.$$

(6) $\lim_{x\to-\infty}(\sqrt{x^2-x}+x+1)$　（$y=-x$　とおくと　$y\to+\infty$）

$$= \lim_{y\to+\infty}(\sqrt{y^2+y}-y+1) = \lim_{y\to+\infty}\frac{y^2+y-(y-1)^2}{\sqrt{y^2+y}+(y-1)}$$

$$= \lim_{y\to+\infty} \frac{3y-1}{\sqrt{y^2+y}+(y-1)} = \lim_{y\to+\infty} \frac{3}{\sqrt{1+\frac{1}{y}}+1-\frac{1}{y}} = \frac{3}{2}.$$

（別解）$\displaystyle \lim_{x\to-\infty}(\sqrt{x^2-x}+x+1) = \lim_{x\to-\infty} \frac{x^2-x-(x+1)^2}{\sqrt{x^2-x}-(x+1)}$

$$= \lim_{x\to-\infty} \frac{-3x-1}{\sqrt{x^2-x}-(x+1)} \qquad (x<0 \text{のとき} x=-\sqrt{x^2} \text{に注意})$$

$$= \lim_{x\to-\infty} \frac{-3-\frac{1}{x}}{-\sqrt{1-\frac{1}{x}}-\left(1+\frac{1}{x}\right)} = \frac{-3}{-2} = \frac{3}{2}.$$

(7) $\displaystyle \lim_{x\to0} \frac{\tan^2 x}{1-\cos x} = \lim_{x\to0} \frac{\sin^2 x}{(1-\cos x)\cos^2 x}$

$$= \lim_{x\to0} \frac{(1-\cos x)(1+\cos x)}{(1-\cos x)\cos^2 x} = \lim_{x\to0} \frac{1+\cos x}{\cos^2 x} = 2.$$

(8) $\displaystyle \lim_{x\to0} \frac{\sqrt[3]{1+x}-\sqrt[3]{1-x}}{x} = \lim_{x\to0} \frac{(1+x)-(1-x)}{x(\sqrt[3]{(1+x)^2}+\sqrt[3]{1+x}\sqrt[3]{1-x}+\sqrt[3]{(1-x)^2})}$

$$= \lim_{x\to0} \frac{2x}{x(\sqrt[3]{(1+x)^2}+\sqrt[3]{1+x}\sqrt[3]{1-x}+\sqrt[3]{(1-x)^2})} = \frac{2}{3}.$$

4.3　$x\to1$ のとき $x-1\to0$ より $x^2+ax+b\to0$ でないならば発散してしまう．よって，$1+a+b=0$ より，$b=-a-1$．

$$\lim_{x\to1} \frac{x^2+ax+b}{x-1} = \lim_{x\to1} \frac{x^2+ax-(a+1)}{x-1} = \lim_{x\to1} \frac{(x-1)(x+(a+1))}{x-1}$$

$=a+2=2$．よって，$a=0$，$b=-1$．

4.4　$f(x)=x-\cos x$ とおくと，$f(\frac{\pi}{6})=\frac{\pi}{6}-\frac{\sqrt{3}}{2}=-0.342\ldots<0$，$f(\frac{\pi}{4})=\frac{\pi}{4}-\frac{1}{\sqrt{2}}$ $=0.078\ldots>0$ となる．中間値の定理より $f(x)=0$ は閉区間 $[\frac{\pi}{6},\frac{\pi}{4}]$ 内に解を持つ．

（5章）

練習問題 21

(1)　$y'=(x^3+5x)'(2x^4+1)+(x^3+5x)(2x^4+1)'=(3x^2+5)(2x^4+1)+(x^3+5x)8x^3$
　$=14x^6+50x^4+3x^2+5$.

(2)　$y'=\frac{(5x-2)'(x^3+1)-(5x-2)(x^3+1)'}{(x^3+1)^2}=\frac{5(x^3+1)-(5x-2)3x^2}{(x^3+1)^2}=\frac{-10x^3+6x^2+5}{(x^3+1)^2}$.

練習問題 22

(1)　$u=2x^4+5$ とおくと，$y=u^7$ より $\frac{dy}{du}=7u^6$，$\frac{du}{dx}=8x^3$.
　$y'=\frac{dy}{dx}=\frac{dy}{du}\frac{du}{dx}=7u^6\cdot8x^3=56x^3(2x^4+5)^6$.

(2)　$u=5x^3+x^2$ とおくと，$y=u^9$ より $\frac{dy}{du}=9u^8$，$\frac{du}{dx}=15x^2+2x$.
　$y'=\frac{dy}{dx}=\frac{dy}{du}\frac{du}{dx}=9u^8\cdot(15x^2+2x)=9(15x^2+2x)(5x^3+x^2)^8$.

(3)　$u = x^3 + 5$ とおくと，$y = u^{-2}$ より $\frac{dy}{du} = -2u^{-3}$，$\frac{du}{dx} = 3x^2$.
$y' = \frac{dy}{dx} = \frac{dy}{du}\frac{du}{dx} = -2u^{-3} \cdot 3x^2 = -6x^2(x^3+5)^{-3} = \frac{-6x^2}{(x^3+5)^3}$.
定理 5.3(4) を使ってもよい.

練習問題 23　通常は合成関数の微分法（定理 5.4）と定理 5.11 を使う．ここでは，逆関数の微分の練習として計算した.

(1)　$y = \sqrt[7]{x}$ より x を y の関数とみると，$x = y^7$．したがって $\frac{dx}{dy} = 7y^6 = 7x^{\frac{6}{7}} = \frac{1}{7\sqrt[7]{x^6}}$.
よって $\frac{dy}{dx} = 1/\frac{dx}{dy} = \frac{1}{7x^{\frac{6}{7}}}$.

(2)　$y = (3x+2)^{\frac{1}{5}}$ より $3x + 2 = y^5$．$x = \frac{1}{3}(y^5 - 2)$．したがって，
$\frac{dx}{dy} = \frac{5}{3}y^4 = \frac{5}{3}(3x+2)^{\frac{4}{5}}$．よって，$\frac{dy}{dx} = \frac{3}{5(3x+2)^{\frac{4}{5}}}$.

練習問題 24

(1)　合成関数の微分法より，$u = 2x + 3$ とおくと，
$y' = \frac{dy}{du}\frac{du}{dx} = \cos u \cdot 2 = 2\cos(2x+3)$.

(2)　積の微分法より，$y' = 1 \cdot \cos 3x + x(\cos 3x)' = \cos 3x - 3x \sin 3x$.

(3)　商の微分法より，$y' = \frac{-(\tan x)'}{\tan^2 x} = -\frac{\frac{1}{\cos^2 x}}{\frac{\sin^2 x}{\cos^2 x}} = -\frac{1}{\sin^2 x}$．または，$y = \frac{\cos x}{\sin x}$ より，
$y' = \frac{(\cos x)' \sin x - \cos x (\sin x)'}{\sin^2 x} = -\frac{1}{\sin^2 x}$ となる．$\tan x$ は $\frac{\sin x}{\cos x}$ に変形すれば式が簡単になることがある.

練習問題 25　合成関数の微分法を使って計算すればよい.

(1) $y' = \frac{(5x)'}{\sqrt{1-(5x)^2}} = \frac{5}{\sqrt{1-(5x)^2}}$.　　(2) $y' = \frac{-(3x+2)'}{\sqrt{1-(3x+2)^2}} = \frac{-3}{\sqrt{1-(3x+2)^2}}$.

(3) $y' = \left(\frac{1-x}{1+x}\right)' \cdot \frac{1}{1+\left(\frac{1-x}{1+x}\right)^2} = \frac{-2}{(1+x)^2} \cdot \frac{1}{1+\left(\frac{1-x}{1+x}\right)^2} = -\frac{1}{1+x^2}$.

練習問題 26

(1) $y' = x' \cdot (\log x)' = \log x + 1$.　　(2) $y' = (\sin x)' \frac{1}{\sin x} = \frac{\cos x}{\sin x}$.

(3) $y' = \left(\frac{x-1}{x+1}\right)' \cdot \frac{1}{\frac{x-1}{x+1}} = \frac{x+1-(x-1)}{(x+1)^2} \cdot \frac{x+1}{x-1} = \frac{2}{(x+1)(x-1)}$.

練習問題 27

(1)　$y' = \frac{2}{5}(x+2)^{\frac{2}{5}-1} = \frac{2}{5}(x+2)^{-\frac{3}{5}}$.

(2)　$y = (x^2+4)^{\frac{1}{3}}$ より $y' = 2x \cdot \frac{1}{3}(x^2+4)^{\frac{1}{3}-1} = \frac{2}{3}x(x^2+4)^{-\frac{2}{3}}$.

(3)　$y = (x^3+1)^{-\frac{1}{5}}$ より $y' = 3x^2 \cdot (-\frac{1}{5})(x^3+1)^{-\frac{1}{5}-1} = -\frac{3}{5}x^2(x^3+1)^{-\frac{6}{5}}$.

練習問題 28　対数微分法を使う.

(1)　両辺の対数をとって，$\log y = \log x^{3x} = 3x \log x$．よって，$\frac{y'}{y} = 3\log x + 3$.
ゆえに $y = x^{3x}(3\log x + 3)$.

(2)　両辺の対数をとって $\log y = \log x^{\cos x} = \cos x \log x$.
よって，$\frac{y'}{y} = -\sin x \log x + \frac{\cos x}{x}$．ゆえに $y' = x^{\cos x}(-\sin x \log x + \frac{\cos x}{x})$.

(3)　両辺の対数をとって $\log y = \log x^{\log x} = (\log x)^2$．よって $\frac{y'}{y} = \frac{1}{x}2\log x$.

ゆえに $y' = \frac{2}{x}\log x \cdot x^{\log x} = 2x^{\log x - 1}\log x$.

練習問題 29

(1)　$y = x^4 + x^3 + x^2$，$y' = 4x^3 + 3x^2 + 2x$，$y'' = 12x^2 + 6x + 2$,
$y''' = 24x + 6$.

(2)　$y = e^{2x}$，$y' = 2e^{2x}$，$y'' = 2^2 e^{2x}$，$y''' = 2^3 e^{2x}$.

(3)　$y = \frac{1}{x} = x^{-1}$ より，$y' = (-1)x^{-2} = -x^{-2}$，$y'' = (-1)(-2)x^{-3} = 2x^{-3}$,
$y''' = (-1)(-2)(-3)x^{-4} = -6x^{-4}$.

(4)　$y = e^x \sin x$，$y' = e^x \sin x + e^x \cos x = e^x(\sin x + \cos x)$,
$y'' = e^x(\sin x + \cos x) + e^x(\cos x - \sin x) = 2e^x \cos x$,
$y''' = 2e^x \cos x - 2e^x \sin x = 2e^x(\cos x - \sin x)$.

章末問題 5

5.1

(1)　$y' = (3x^5 + 2)'(x^2 + 1) + (3x^5 + 2)(x^2 + 1)'$
$= 15x^4 \cdot (x^2 + 1) + (3x^5 + 2) \cdot 2x = 21x^6 + 15x^4 + 4x$.

(2)　$y' = 7(3x + 5)'(3x + 5)^6 = 21(3x + 5)^6$.

(3)　$y' = (4x + 5)' \cos(4x + 5) = 4\cos(4x + 5)$.

(4)　$y' = (x^3 + 2x)' \frac{1}{\cos^2(x^3+2x)} = \frac{3x^2+2}{\cos^2(x^3+2x)}$.

(5)　$y' = \frac{x'(x^2+1) - x(x^2+1)'}{(x^2+1)^2} = \frac{-x^2+1}{(x^2+1)^2}$.

(6)　$y' = -\frac{(\sin x)'}{\sin^2 x} = -\frac{\cos x}{\sin^2 x}$.

(7)　$y' = \frac{1}{2}\frac{1}{\sqrt{1-(\frac{1}{2}x)^2}} = \frac{1}{\sqrt{2^2-x^2}}$.

(8)　$y' = (\sqrt{x})' \frac{1}{1+\sqrt{x}^2} = \frac{1}{2\sqrt{x}}\frac{1}{1+x} = \frac{1}{2(1+x)\sqrt{x}}$.

5.2

(1)　$y = x^{\frac{7}{3}}$ より $y' = \frac{7}{3}x^{\frac{4}{3}}$.

(2)　$y' = 3(\tan x)' \tan^2 x = \frac{3\tan^2 x}{\cos^2 x}$.

(3)　$y = \sqrt{(x + a)(x + b)} = (x^2 + (a + b)x + ab)^{\frac{1}{2}}$ より,
$y' = \frac{1}{2}(x^2 + (a + b)x + ab)' \cdot (x^2 + (a + b)x + ab)^{\frac{1}{2}-1}$
$= \frac{1}{2}(2x + a + b)(x^2 + (a + b)x + ab)^{-\frac{1}{2}} = \frac{2x+a+b}{2\sqrt{(x+a)(x+b)}}$.

(4)　$y' = (x^2 - 1)' \frac{1}{\sqrt{1-(x^2-1)^2}} = \frac{2x}{\sqrt{2x^2-x^4}}$.

(5)　$y' = (e^x)' \log x + e^x(\log x)' = e^x \log x + e^x \frac{1}{x} = e^x \log x + \frac{e^x}{x}$.

(6)　$y' = \frac{(1-e^x)'(1+e^x)-(1-e^x)(1+e^x)'}{(1+e^x)^2} = \frac{-e^x(1+e^x)-(1-e^x)e^x}{(1+e^x)^2} = \frac{-2e^x}{(1+e^x)^2}$.

(7)　$y = \frac{\log x}{\log 2}$ より $y' = \frac{1}{x\log 2}$.

(8)　$y = (a^3)^x$ より $y' = \log a^3 \cdot (a^3)^x = 3a^{3x}\log a$.

(9)　$y' = (\log 3x)' \frac{1}{\log 3x} = \frac{1}{x\log 3x}$.

(10)　$y' = (\cos x)' \frac{1}{\sqrt{1-\cos^2 x}} = \frac{-\sin x}{\sqrt{\sin^2 x}} = \frac{-\sin x}{\sin x} = -1$, $(0 < x < \pi$ より $0 < \sin x)$.

(11)　$y' = (e^x)' \frac{1}{(e^x)^2+1} = \frac{e^x}{e^{2x}+1}$.

(12)　$y' = (x + \sqrt{x^2+7})' \frac{1}{x+\sqrt{x^2+7}} = (1 + \frac{x}{\sqrt{x^2+7}}) \frac{1}{x+\sqrt{x^2+7}} = \frac{1}{\sqrt{x^2+7}}$.

5.3

(1)　$y = x^{\sqrt{x}}$ の両辺の対数をとると，$\log y = \log x^{\sqrt{x}} = x^{\frac{1}{2}} \log x$．よって，$\frac{y'}{y} = (x^{\frac{1}{2}})' \cdot \log x + x^{\frac{1}{2}} (\log x)' = \frac{1}{2\sqrt{x}} \log x + \frac{\sqrt{x}}{x} = \frac{\log x + 2}{2\sqrt{x}}$.

したがって，$y' = x^{\sqrt{x}} \frac{\log x+2}{2\sqrt{x}} (= \frac{1}{2}(\log x + 2) x^{\sqrt{x}-\frac{1}{2}})$.

(2)　$\sin x > 0$ より，両辺の対数をとると $\log y = \log(\sin x)^x$.

したがって，$\frac{y'}{y} = x' \cdot \log(\sin x) + x \cdot (\log(\sin x))' = \log(\sin x) + x \frac{\cos x}{\sin x}$.

よって，$y' = (\sin x)^x \left(\log(\sin x) + \frac{x \cos x}{\sin x}\right)$.

5.4　$y' = e^x$ より $y = e^x$ 上の点 (a, e^a) の接線の方程式は $y - e^a = e^a(x - a)$ である．原点を通るので $-e^a = -ae^a$ となり，$e^a \neq 0$ より $a = 1$．接線の方程式は $y = ex$ となる．

5.5

(1)　$3x = k$ とおくと，$x = \frac{k}{3}$ であり，$x \to 0$ のとき $k \to 0$.

$\lim_{x \to 0} (3x+1)^{\frac{1}{x}} = \lim_{k \to 0} (k+1)^{\frac{3}{k}} = \lim_{k \to 0} ((k+1)^{\frac{1}{k}})^3 = e^3$.

(2)　$\frac{1}{2x} = k$ とおくと，$x = \frac{1}{2k}$ であり $x \to \infty$ のとき $k \to 0$.

$\lim_{x \to \infty} (1 + \frac{1}{2x})^x = \lim_{k \to 0} (1+k)^{\frac{1}{2k}} = \lim_{k \to 0} ((k+1)^{\frac{1}{k}})^{\frac{1}{2}} = e^{\frac{1}{2}}$.

（6章）

練習問題 30

(1)　$[1, a+1]$ 上で平均値の定理を $f(x) = \log x$ に適用する．$(\log x)' = \frac{1}{x}$ より，$\frac{\log(a+1) - \log 1}{(a+1) - 1} = \frac{1}{c}$ となる $c(1 < c < a+1)$ が存在する．したがって $\log(a+1) = \frac{a}{c}$．$\frac{a}{a+1} < \frac{a}{c} < a$ に代入して $\frac{a}{a+1} < \log(a+1) < a$.

(2)　$[a, b]$ 上で平均値の定理を $f(x) = e^x$ に適用する．$f'(x) = e^x$ より，$\frac{e^b - e^a}{b - a} = e^c$ となる $c(a < c < b)$ が存在する．$e^a < e^c < e^b$ より，$e^a < \frac{e^b - e^a}{b-a} < e^b$.

練習問題 31

(1)　$x \to 0$ のとき，$\frac{0}{0}$ となる．$\displaystyle\lim_{x \to 0} \frac{(1 - \cos x)'}{(\sin x)'} = \lim_{x \to 0} \frac{\sin x}{\cos x} = 0$ となり収束する．

よってロピタルの定理より $\displaystyle\lim_{x \to 0} \frac{1 - \cos x}{\sin x} = 0$.

(2)　$x \to \infty$ のとき，$\frac{\infty}{\infty}$ となる．$\displaystyle\lim_{x \to \infty} \frac{(\log x)'}{x'} = \lim_{x \to \infty} \frac{\frac{1}{x}}{1} = 0$ となり収束する．

よってロピタルの定理より $\displaystyle\lim_{x \to \infty} \frac{\log x}{x} = 0$.

(3)　$x \to 2$ のとき $\frac{0}{0}$ となる．$\displaystyle\lim_{x \to 2} \frac{(\sin \pi x)'}{(x-2)'} = \lim_{x \to 2} \frac{\pi \cos \pi x}{1} = \pi$.

よってロピタルの定理より $\displaystyle\lim_{x\to 2}\frac{\sin \pi x}{x-2}=\pi$.

(4)　$x\to 0$ のとき $\frac{0}{0}$ となる．しかし，1 回微分しただけでは極限がわからないので 2 回微分する必要がある．$\displaystyle\lim_{x\to 0}\frac{(1-\cos x)''}{(x^2)''}=\lim_{x\to 0}\frac{\cos x}{2}=\frac{1}{2}$ となり収束する．

したがって，ロピタルの定理を 2 回使うことで

$$\lim_{x\to 0}\frac{1-\cos x}{x^2}=\lim_{x\to 0}\frac{(1-\cos x)'}{(x^2)'}=\lim_{x\to 0}\frac{(1-\cos x)''}{(x^2)''}=\frac{1}{2}.$$

練習問題 32

(1)　$x=0$ でグラフが切れていることに注意する．$y'=1-4x^{-2}$ より $y'=0$ のとき $x=\pm 2$.

x	$\cdots$	-2	$\cdots$	0	$\cdots$	2	$\cdots$
y'	$+$	0	$-$	/	$-$	0	$+$
y	↗	-4	↘	/	↘	4	↗

(2)　$y=x^3-3x^2$ のグラフをかいて，$f(x)<0$ の部分を x 軸で上に折り返せばよい．$y'=3x^2-6x=3x(x-2)$ より，$y'=0$ のとき $x=0$，2.

x	$\cdots$	0	$\cdots$	2	$\cdots$
y'	$+$	0	$-$	0	$+$
y	↗	0	↘	-4	↗

(3)　根号の中は正または 0 より，定義域は $\{x\mid -1\leqq x\leqq 1\}$．$y'=\frac{1-2x^2}{\sqrt{1-x^2}}$ より，$y'=0$ のとき $x=\pm\frac{1}{\sqrt{2}}$.

x	-1	$\cdots$	$-\frac{1}{\sqrt{2}}$	$\cdots$	$\frac{1}{\sqrt{2}}$	$\cdots$	1
y'	/	$-$	0	$+$	0	$-$	/
y	0	↘	$-\frac{1}{2}$	↗	$\frac{1}{2}$	↘	0

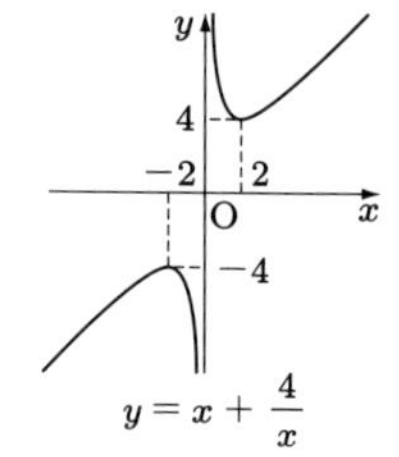

$y=x+\dfrac{4}{x}$

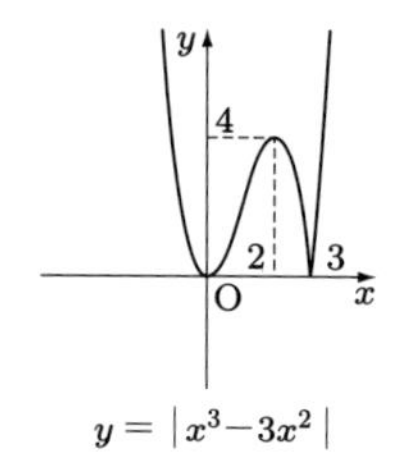

$y=|x^3-3x^2|$

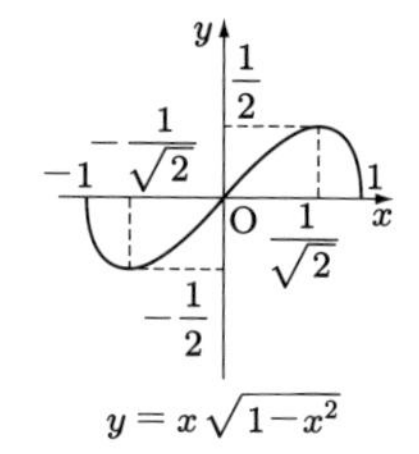

$y=x\sqrt{1-x^2}$

練習問題 33

(1)　$f(x)=x-\sin x\ (x>0)$ とおく．$f'(x)=1-\cos x$ より $f'(x)=0$ のとき $x=2n\pi$ $(n=1,2,3,\cdots)$．それ以外の点で $f'(x)>0$.

x	0	$\cdots$	2π	$\cdots$	4π	$\cdots$
$f'(x)$	0	$+$	0	$+$	0	$+$
$f(x)$	0	↗	2π	↗	4π	↗

したがって，$x>0$ で $f(x)>0$．よって $x>\sin x$ $(x>0)$．

(2)　$f(x)=x-\log(x+1)$ とおく．$f'(x)=\frac{x}{x+1}>0$ $(x>0)$．したがって，$f(x)$ は $x>0$ のとき単調増加で $f(0)=0$ である．よって $x>0$ のとき $x>\log(x+1)$．

章末問題 6

6.1

(1)　$\frac{0}{0}$ の場合で，$\displaystyle\lim_{x\to 0}\frac{(e^{4x}-e^x)'}{x'}=\lim_{x\to 0}\frac{4e^{4x}-e^x}{1}=\frac{4-1}{1}=3$．

ロピタルの定理より $\displaystyle\lim_{x\to 0}\frac{e^{4x}-e^x}{x}=3$．

(2)　$\frac{0}{0}$ の場合で，$\displaystyle\lim_{x\to 0}\frac{(\mathrm{Tan}^{-1}x)'}{x'}=\lim_{x\to 0}\frac{1}{1+x^2}=1$．

ロピタルの定理より $\displaystyle\lim_{x\to 0}\frac{\mathrm{Tan}^{-1}x}{x}=1$．

(3)　$\frac{\infty}{\infty}$ の場合で，3 回微分しなければならない．$\displaystyle\lim_{x\to\infty}\frac{(x^3)'''}{(e^x)'''}=\lim_{x\to\infty}\frac{6}{e^x}=0$．

ロピタルの定理を 3 回使って $\displaystyle\lim_{x\to\infty}\frac{x^3}{e^x}=0$．

(4)　$\frac{0}{0}$ の場合で，$\displaystyle\lim_{x\to 0}\frac{(\log(1+x))'}{(\log(1-x))'}=\lim_{x\to 0}\frac{\frac{1}{1+x}}{\frac{-1}{1-x}}=-1$．

ロピタルの定理より $\displaystyle\lim_{x\to 0}\frac{\log(1+x)}{\log(1-x)}=-1$．

(5)　ロピタルの定理は使えない．極限をとればよい．

$$\lim_{x\to 0}\frac{\sin x-\cos x}{\sin x+\cos x}=\frac{0-1}{0+1}=-1.$$

(6)　このままではロピタルの定理を使えないが，対数をとれば適用できる．

$y=x^{\frac{1}{x}}$ とおく．$\log y=\frac{\log x}{x}$ と練習問題 31(2) より，

$$\lim_{x\to\infty}\log y=\lim_{x\to\infty}\frac{\log x}{x}=0.\ \text{対数関数の連続性より}\ \log\left(\lim_{x\to\infty}y\right)=0.$$

したがって，$\displaystyle\lim_{x\to\infty}x^{\frac{1}{x}}=\lim_{x\to\infty}y=1$．

6.2　平均値の定理を適応する．$f(x)=\mathrm{Tan}^{-1}x$ とおくと，$f'(x)=\frac{1}{1+x^2}$．$[0,x]$ で平均値の定理を適用して，$\frac{f(x)-f(0)}{x-0}=f'(c)$ となる $c\,(0<c<x)$ が存在する．

よって，$\mathrm{Tan}^{-1}x=\frac{x}{1+c^2}$．$0<c<x$ より，$1+0<1+c^2<1+x^2$ から $\frac{1}{1+x^2}<\frac{1}{1+c^2}<1$．

$x>0$ より $\frac{x}{1+x^2}<\frac{x}{1+c^2}=\mathrm{Tan}^{-1}x<x$．

6.3 $y = x^3 + ax^2 + bx + c$ が極値を持つためには y' が正と負の値をとる必要がある．したがって，$y' = 3x^2 + 2ax + b = 0$ が異なる 2 つの実数解を持たなければならない．よって判別式 $D/4 = a^2 - 3b > 0$．答え $a^2 - 3b > 0$．逆に $a^2 - 3b > 0$ のとき，y' の値は正・負・正と符号が変わるので極値を持つ．

（7 章）

練習問題 34

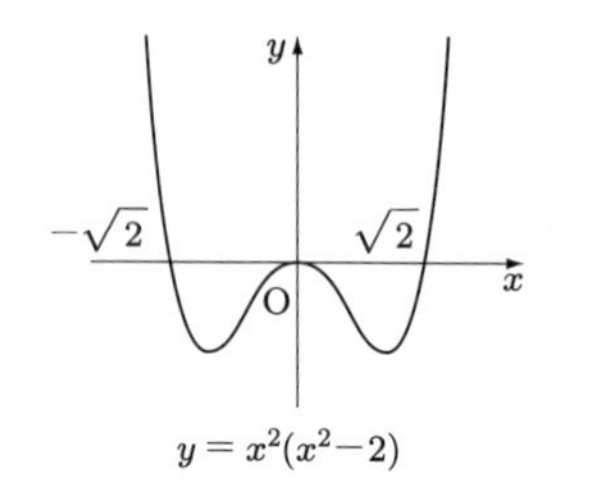

$y = x^2(x^2-2)$

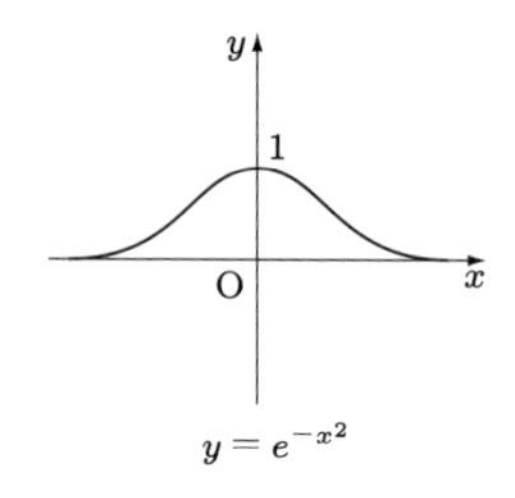

$y = e^{-x^2}$

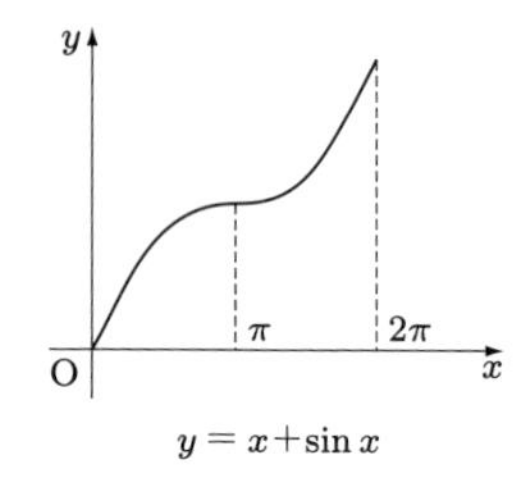

$y = x + \sin x$

(1)　$y = x^2(x^2 - 2) = x^4 - 2x^2$ より $y' = 4x^3 - 4x$，$y'' = 12x^2 - 4$．
$y' = 0$ のとき，$x = 0$，± 1．$y'' = 0$ のとき，$x = \pm\frac{1}{\sqrt{3}}$．

x	$\cdots$	-1	$\cdots$	$-\frac{1}{\sqrt{3}}$	$\cdots$	0	$\cdots$	$\frac{1}{\sqrt{3}}$	$\cdots$	1	$\cdots$
y'	$-$	0	$+$	$+$	$+$	0	$-$	$-$	$-$	0	$+$
y''	$+$	$+$	$+$	0	$-$	$-$	$-$	0	$+$	$+$	$+$
y	↘	-1	↗	$-\frac{5}{9}$	↗	0	↘	$-\frac{5}{9}$	↘	-1	↗

(2)　$y' = -2xe^{-x^2}$，$y'' = -2e^{-x^2} + 4x^2e^{-x^2}$ より $y' = 0$ のとき $x = 0$．
$y'' = 0$ のとき $(-2 + 4x^2)e^{-x^2} = 0$ から $x = \pm\frac{1}{\sqrt{2}}$．

x	$\cdots$	$-\frac{1}{\sqrt{2}}$	$\cdots$	0	$\cdots$	$\frac{1}{\sqrt{2}}$	$\cdots$
y'	$+$	$+$	$+$	0	$-$	$-$	$-$
y''	$+$	0	$-$	$-$	$-$	0	$+$
y	↗	$\frac{1}{\sqrt{e}}$	↗	1	↘	$\frac{1}{\sqrt{e}}$	↘

(3)　$y' = 1 + \cos x$，$y'' = -\sin x$ より $(0 \leqq x \leqq 2\pi)$ から $y' = 0$ のとき $x = \pi$，
$y'' = 0$ のとき $x = 0$，π，2π．

x	0	$\cdots$	π	$\cdots$	2π
y'	$+$	$+$	0	$+$	$+$
y''	0	$-$	0	$+$	0
y	0	↗	π	↗	2π

練習問題 35

(1) $(\cos x)' = -\sin x$, $(\cos x)'' = -\cos x$, $(\cos x)^{(3)} = \sin x$, $(\cos x)^{(4)} = \cos x$ より

$$(\cos x)^{(n)} = \begin{cases} \cos x & (n = 4m) \\ -\sin x & (n = 4m+1) \\ -\cos x & (n = 4m+2) \\ \sin x & (n = 4m+3) \end{cases} \qquad (m = 0, 1, 2, \ldots).$$

したがって，$(\cos x)^{(n)} = \cos\left(x + \frac{n\pi}{2}\right)$.

(2) $(\sin 2x)' = 2\cos 2x$, $(\sin 2x)'' = -2^2 \sin 2x$, $(\sin 2x)^{(3)} = -2^3 \cos 2x$, $(\sin 2x)^{(4)} = 2^4 \sin 2x$ より，

$$(\sin 2x)^{(n)} = \begin{cases} 2^n \sin 2x & (n = 4m) \\ 2^n \cos 2x & (n = 4m+1) \\ -2^n \sin 2x & (n = 4m+2) \\ -2^n \cos 2x & (n = 4m+3) \end{cases} \qquad (m = 0, 1, 2, \ldots).$$

例題 38(2) より $(\sin 2x)^{(n)} = 2^n \sin\left(2x + \frac{n\pi}{2}\right)$.

(3) $(e^{3x})' = 3e^{3x}$, $(e^{3x})'' = 3^2 e^{3x}$, $(e^{3x})^{(3)} = 3^3 e^{3x}, \ldots$ より，$(e^{3x})^{(n)} = 3^n e^{3x}$.

練習問題 36

(1) $(x^2)' = 2x$, $(x^2)'' = 2$, $(x^2)^{(n)} = 0$ $(n \geqq 3)$. $(e^x)^{(n)} = e^x$ より $(x^2 e^x)^{(n)}$
$= {}_n\mathrm{C}_0 x^2 (e^x) + {}_n\mathrm{C}_1 (x^2)' e^x + {}_n\mathrm{C}_2 (x^2)'' e^x = x^2 e^x + 2nxe^x + n(n-1)e^x$
$= (x^2 + 2nx + n(n-1))e^x$.

(2) 例題 38(2) より $(\sin x)^{(n)} = \sin\left(x + \frac{n\pi}{2}\right)$. ライプニッツの定理より
$(x^2 \sin x)^{(n)} = x^2 \sin\left(x + \frac{nx}{2}\right) + {}_n\mathrm{C}_1 \cdot 2x \sin\left(x + \frac{n-1}{2}\pi\right) + {}_n\mathrm{C}_2 \cdot 2\sin\left(x + \frac{n-2}{2}\pi\right)$
$= x^2 \sin\left(x + \frac{n\pi}{2}\right) + 2nx \sin\left(x + \frac{n-1}{2}\pi\right) + n(n-1)\sin\left(x + \frac{n-2}{2}\pi\right)$.

練習問題 37

(1) マクローリンの定理を忘れた場合は $e^x = a_0 + a_1 x^1 + a_2 x^2 + a_3 x^3 + \cdots$ とおいて a_0, $a_1, \ldots$ を求めればよい．$f^{(k)}(x) = e^x$ より $f^{(k)}(0) = 1$ となる．
したがって，$e^x = 1 + \frac{1}{1!}x^1 + \frac{1}{2!}x^2 + \frac{1}{3!}x^3 + R_4(x)$. また，一般形は
$e^x = 1 + \frac{1}{1!}x^1 + \frac{1}{2!}x^2 + \cdots + \frac{1}{(n-1)!}x^{n-1} + \frac{e^{\theta x}}{n!}x^n \quad (0 < \theta < 1)$ となる．

(2) 例題 38(4) より，$f(x) = (x+1)^{-1}$ より $f^{(k)}(x) = (-1)^k k!(x+1)^{-(k+1)}$.
したがって，$f^{(k)}(0) = (-1)^k k!$. よって，$\frac{1}{x+1} = 1 - x^1 + x^2 - x^3 + R_4(x)$.
また，一般形は $R_n(x) = \frac{1}{n!} f^{(n)}(\theta x) x^n = \frac{1}{n!} \cdot \frac{(-1)^n n!}{(\theta x+1)^{n+1}} x^n = \frac{(-1)^n x^n}{(\theta x+1)^{n+1}}$.
よって，$\frac{1}{x+1} = 1 - x^1 + x^2 - x^3 + \cdots + (-1)^{n-1} x^{n-1} + \frac{(-1)^n x^n}{(\theta x+1)^{n+1}} \quad (0 < \theta < 1)$
となる．

(3) $f'(x) = \dfrac{1}{x+1}$ と (2) から $f^{(k)}(x) = \dfrac{(-1)^{k-1}(k-1)!}{(x+1)^k}$ より $f^{(k)}(0) = (-1)^{k-1}(k-1)!$.
また $f(0) = \log 1 = 0$. したがって，$\log(x+1) = x^1 - \frac{1}{2}x^2 + \frac{1}{3}x^3 + R_4(x)$.

また，$R_n(x)=\frac{1}{n!}\frac{(-1)^{n-1}(n-1)!}{(\theta x+1)^n}x^n=\frac{(-1)^{n-1}x^n}{n(\theta x+1)^n}$ より，一般形は，

$\log(x+1)=x^1-\frac{1}{2}x^2+\cdots+\frac{(-1)^{n-2}}{n-1}x^{n-1}+\frac{(-1)^{n-1}x^n}{n(\theta x+1)^n}$ $(0<\theta<1)$ となる．

練習問題 38　テイラーの定理を忘れたら $\sqrt{x}=a_0+a_1(x-1)+a_2(x-1)^2+a_3(x-1)^3+\cdots$ とおいて a_0，a_1，a_2，$a_3,\ldots$ を求めればよい．

$f(x)=\sqrt{x}$ とおくと，$f'(x)=\frac{1}{2}x^{-\frac{1}{2}}$，$f''(x)=-\frac{1}{4}x^{-\frac{3}{2}}$，$f'''(x)=\frac{3}{8}x^{-\frac{5}{2}}$．

したがって，$f'(1)=\frac{1}{2}$，$f''(1)=-\frac{1}{4}$，$f'''(1)=\frac{3}{8}$．

よって，$\sqrt{x}=1+\frac{1}{1!}\frac{1}{2}(x-1)^1+\frac{1}{2!}\left(-\frac{1}{4}\right)(x-1)^2+\frac{1}{3!}\frac{3}{8}(x-1)^3+R_4(x)$

$\quad=1+\frac{1}{2}(x-1)^1-\frac{1}{8}(x-1)^2+\frac{1}{16}(x-1)^3+R_4(x)$.

章末問題 7

7.1

(1)　$y=e^{-x}$ とおく．$y'=-e^{-x}$，$y''=e^{-x}$ より，帰納的に $y^{(n)}=(-1)^ne^{-x}$.

(2)　$y=\log(1-x)$ とおく．$y'=-\frac{1}{1-x}=(x-1)^{-1}$．$y''=(-1)(x-1)^{-2}$,
$y'''=(-1)^2\cdot 2\cdot 1\cdot(x-1)^{-3}$，$y^{(4)}=(-1)^3\cdot 3\cdot 2\cdot 1\cdot(x-1)^{-4}$ より
$y^{(n)}=(-1)^{n-1}\cdot(n-1)!\cdot(x-1)^{-n}$.

(3)　$y=e^x\sin x$ とおく．$y'=e^x\sin x+e^x\cos x$，$y''=2e^x\cos x$,
$y'''=2e^x\cos x-2e^x\sin x$，$y^{(4)}=-4e^x\sin x$ となる．したがって，

$$\begin{cases} y^{(4m)} &=(-4)^me^x\sin x \\ y^{(4m+1)} &=(-4)^me^x(\sin x+\cos x) \\ y^{(4m+2)} &=(-4)^m2e^x\cos x \\ y^{(4m+3)} &=(-4)^m2e^x(\cos x-\sin x)\end{cases}\qquad (m=0,1,2,\ldots).$$

7.2

(1)　$(e^x)^{(k)}=e^x$ より

$$f^{(k)}(x)=\begin{cases}\dfrac{e^x+e^{-x}}{2} & k:\text{奇数}\\ \dfrac{e^x-e^{-x}}{2} & k:\text{偶数}\end{cases}.\quad したがって，f^{(k)}(0)=\begin{cases}1 & k:\text{奇数}\\ 0 & k:\text{偶数}\end{cases}.$$

よって，$\frac{e^x+e^{-x}}{2}=\frac{1}{1!}x^1+\frac{1}{3!}x^3+\frac{1}{5!}x^5+\cdots+\frac{1}{(2n-1)!}x^{2n-1}+\cdots$.

また証明はしないが，この式は任意の x に対して成り立つ．

(2)　同様にして，$\frac{e^x-e^x}{2}=1+\frac{1}{2!}x^2+\frac{1}{4!}x^4+\frac{1}{6!}x^6+\cdots+\frac{1}{(2n)!}x^{2n}+\cdots$.

また証明はしないが，この式は任意の x に対して成り立つ．

(8 章)

練習問題 39（以下必要がない限り積分定数 C は省略する）

(1)　$\displaystyle\int(4x^3-2x^2+5x+3)\,dx=x^4-\frac{2}{3}x^3+\frac{5}{2}x^2+3x.$

(2)　$\displaystyle\int(x+1)^3\,dx=\int(x^3+3x^2+3x+1)\,dt=\frac{1}{4}x^4+x^3+\frac{3}{2}x^2+x.$

(3)　$\displaystyle\int\frac{\sqrt[5]{x^2}-\sqrt{x}}{\sqrt[3]{x^2}}\,dx=\int(x^{-\frac{4}{15}}-x^{-\frac{1}{6}})\,dx=\frac{15}{11}x^{\frac{11}{15}}-\frac{6}{5}x^{\frac{5}{6}}.$

(4) $\displaystyle\int (3\sin x + 2\cos x)\,dx = -3\cos x + 2\sin x.$

(5) $\displaystyle\int \left(\cos\theta + \frac{2}{\cos^2\theta}\right) d\theta = \sin\theta + 2\tan\theta.$

(6) $\displaystyle\int \frac{\tan^2 x}{\sin^2 x}\,dx = \int \frac{\sin^2 x}{\cos^2 x}\cdot\frac{1}{\sin^2 x}\,dx = \int \frac{dx}{\cos^2 x} = \tan x.$

練習問題 40

(1) $\displaystyle\int \frac{1}{\sqrt{1+x}}\frac{1}{\sqrt{1-x}}\,dx = \int \frac{1}{\sqrt{1-x^2}}\,dx = \mathrm{Sin}^{-1}x.$

(2) $\displaystyle\int \left(1 + \frac{1}{x^2} + \frac{1}{x^2+1}\right) dx = x - x^{-1} + \mathrm{Tan}^{-1}x.$

練習問題 41

(1) $\displaystyle\int e^{3x}\,dx = \int (e^3)^x\,dx = \frac{(e^3)^x}{\log e^3} = \frac{1}{3}e^{3x}.$

（次の節で解説する置換積分を使ってもよい）

(2) $\displaystyle\int 17^x\,dx = \frac{17^x}{\log 17}.$

(3) $\displaystyle\int 7^{x+2}\,dx = \int 7^2\cdot 7^x\,dx = 7^2\cdot\frac{7^x}{\log 7}.$

(4) $\displaystyle\int \frac{1}{9^x}\,dx = \int \left(\frac{1}{9}\right)^x dx = \frac{\left(\frac{1}{9}\right)^x}{\log\left(\frac{1}{9}\right)} = -\frac{1}{9^x\cdot\log 9}.$

(5) $\displaystyle\int \left(2^x + 2^{2x} + 2^{3x}\right) dx = \int (2^x + 4^x + 8^x)\,dx$

$\displaystyle= \frac{1}{\log 2}2^x + \frac{1}{\log 4}4^x + \frac{1}{\log 8}8^x.$

練習問題 42

(1) $5x+1=t$ とおくと $5dx = dt$ より $\displaystyle\frac{1}{5}\int (5x+1)^7\,dx = \frac{1}{5}\int t^7\,dt = \frac{t^8}{5\cdot 8}$

$\displaystyle= \frac{(5x+1)^8}{40}.$

(2) $5x-8=t$ とおくと $5dx = dt$ より $\displaystyle\int \cos(5x-8)\,dx = \frac{1}{5}\int \cos t\,dt$

$\displaystyle= \frac{1}{5}\sin t = \frac{1}{5}\sin(5x-8).$

(3) $7x+\pi=t$ とおくと $7dx = dt$ より $\displaystyle\int \sin(7x+\pi)\,dx = \int \sin t\frac{dt}{7}$

$\displaystyle= -\frac{1}{7}\cos t = -\frac{1}{7}\cos(7x+\pi).$

(4)　$5x-1=t$ とおくと $5dx=dt$ より $\displaystyle\int \sqrt{5x-1}\,dx = \frac{1}{5}\int t^{\frac{1}{2}}\,dt$

$\displaystyle = \frac{1}{5}\,\frac{2}{3}t^{\frac{3}{2}} = \frac{2}{15}(5x-1)^{\frac{3}{2}}.$

(5)　$7x-3=t$ とおくと $7dx=dt$ より $\displaystyle\int \sqrt[5]{7x-3}\,dx = \frac{1}{7}\int t^{\frac{1}{5}}\,dt$

$\displaystyle = \frac{1}{7}\,\frac{5}{6}t^{\frac{6}{5}} = \frac{5}{42}(7x-3)^{\frac{6}{5}}.$

(6)　$3x-5=t$ とおくと $3dx=dt$ より $\displaystyle\int \frac{1}{(3x-5)^7}\,dx = \frac{1}{3}\int t^{-7}\,dt$

$\displaystyle = -\frac{1}{3}\,\frac{1}{6}t^{-6} = -\frac{1}{18}(3x-5)^{-6}.$

練習問題 43

(1)　$\displaystyle\int \frac{e^x}{e^x+2}\,dx = \int \frac{(e^x+2)'}{e^x+2}\,dx = \log|e^x+2| = \log(e^x+2).$

(2)　$\displaystyle\int \frac{\cos x}{\sin x+2}\,dx = \int \frac{(\sin x+2)'}{\sin x+2}\,dx = \log|\sin x+2| = \log(\sin x+2).$

(3)　$\displaystyle\int \cos x\sin^4 x\,dx = \int \sin^4 x(\sin x)'\,dx = \frac{1}{5}\sin^5 x.$

($t=\sin x$ として置換積分してもよい)

練習問題 44

(1)　$\displaystyle\int x\sin x\,dx = \int x\,(-\cos x)'\,dx = -x\cos x + \sin x.$

(2)　$\displaystyle\int x\log x\,dx = \int \left(\frac{x^2}{2}\right)'\log x\,dx = \frac{1}{2}x^2\log x - \frac{1}{4}x^2.$

(3)　$\displaystyle\int x^2\log x\,dx = \int \left(\frac{1}{3}x^3\right)'\log x\,dx = \frac{1}{3}x^3\log x - \frac{1}{9}x^3.$

練習問題 45

(1)　$\displaystyle\int \mathrm{Tan}^{-1}x\,dx = \int x'\mathrm{Tan}^{-1}x\,dx = x\mathrm{Tan}^{-1}x - \int \frac{x}{x^2+1}\,dx$

$\displaystyle = x\mathrm{Tan}^{-1}x - \frac{1}{2}\log(x^2+1).$

(2)　$\displaystyle\int \log(2x-1)\,dx = \int x'\log(2x-1)\,dx$

$\displaystyle = x\log(2x-1) - x - \frac{1}{2}\log|2x-1| \left(= \frac{2x-1}{2}\log(2x-1) - x\right).$

定義域より $2x-1>0$ に注意.

練習問題 46

(1) $\dfrac{5}{x(x+5)} = \dfrac{1}{x} - \dfrac{1}{x+5}$ より $\displaystyle\int \frac{5}{x(x+5)}\,dx = \int \frac{1}{x}\,dx - \int \frac{1}{x+5}\,dx$

$= \log|x| - \log|x+5| = \log\left|\dfrac{x}{x+5}\right|.$

(2) $\dfrac{1}{(5x+2)(3x+1)} = \dfrac{3}{3x+1} - \dfrac{5}{5x+2}$ より $\displaystyle\int \frac{1}{(5x+2)(3x+2)}\,dx$

$= \displaystyle\int \frac{3}{3x+1}\,dx - \int \frac{5}{5x+2}\,dx = \log|3x+1| - \log|5x+2| = \log\left|\frac{3x+1}{5x+2}\right|.$

(3) $\dfrac{5x+12}{(x+2)(x+3)} = \dfrac{2}{x+2} + \dfrac{3}{x+3}$ より $\displaystyle\int \frac{5x+12}{(x+2)(x+3)}\,dx$

$= \displaystyle\int \frac{2}{x+2}\,dx + \int \frac{3}{x+3}\,dx = 2\log|x+2| + 3\log|x+3|.$

練習問題 47

(1) $\displaystyle\int \frac{dx}{\sqrt{x+1} - \sqrt{x+3}} = \int \frac{\sqrt{x+1} + \sqrt{x+3}}{(x+1)-(x+3)}\,dx$

$= -\dfrac{1}{2}\displaystyle\int (\sqrt{x+1} + \sqrt{x+3})\,dx = -\frac{1}{3}(x+1)^{\frac{3}{2}} - \frac{1}{3}(x+3)^{\frac{3}{2}}.$

(2) $t = \sqrt{1-x}$ とおくと $x = 1-t^2$. したがって $\dfrac{dx}{dt} = -2t$ より

$dx = -2tdt.$ $\displaystyle\int x\sqrt{1-x}\,dx = \int (1-t^2)t(-2t)dt = 2\int (t^4 - t^2)\,dt$

$= 2\left(\dfrac{1}{5}t^5 - \dfrac{1}{3}t^3\right) = \dfrac{2}{5}(\sqrt{1-x})^5 - \dfrac{2}{3}(\sqrt{1-x})^3.$

練習問題 48

(1) $\sin x = t$ とおくと $\cos x dx = dt$

$$\int \frac{dx}{\cos x} = \int \frac{dt}{1-t^2} = \frac{1}{2}\int \left(\frac{1}{t+1} - \frac{1}{t-1}\right) dt$$

$$= \frac{1}{2}\left(\log|t+1| - \log|t-1|\right) = \frac{1}{2}\log\left|\frac{t+1}{t-1}\right| = \frac{1}{2}\log\left|\frac{\sin x+1}{\sin x-1}\right|.$$

（別解） $t = \tan\dfrac{x}{2}$ とおいて置換積分

$$\int \frac{dx}{\cos x} = \int \frac{1+t^2}{1-t^2}\,\frac{2}{1+t^2}\,dt = \int \frac{2}{1-t^2}\,dt$$

$$= \int \left(\frac{1}{1+t} + \frac{1}{1-t}\right) dt = \log\left|\frac{1+t}{1-t}\right| = \log\left|\frac{1+\tan\frac{x}{2}}{1-\tan\frac{x}{2}}\right| = \log\left|\frac{1+\sin x}{\cos x}\right|.$$

(2) $\sin x\cos 2x = \dfrac{1}{2}(\sin 3x + \sin(-x)) = \dfrac{1}{2}(\sin 3x - \sin x)$ より

$$\int \sin x \cos 2x\,dx = \frac{1}{2}\int (\sin 3x - \sin x)\,dx = \frac{1}{2}\left(-\frac{1}{3}\cos 3x + \cos x\right).$$

（別解）　$\displaystyle\int \sin x \cos 2x\,dx = \int \sin x(2\cos^2 x - 1)\,dx$ として $t = \cos x$ の置換を行うと，

$\cos x - \dfrac{2}{3}\cos^3 x.$

(3)　$\sin 2\theta \sin 3\theta = \dfrac{1}{2}\{\cos(-\theta) - \cos 5\theta\}$ より

$$\int \sin 2\theta \sin 3\theta\,d\theta = \frac{1}{2}\int \{\cos(-\theta) - \cos 5\theta\}\,d\theta = \frac{1}{2}\left(\sin\theta - \frac{1}{5}\sin 5\theta\right).$$

章末問題 8

8.1

(1)　$\displaystyle\int (x-2)(x+3)\,dx = \int (x^2 + x - 6)\,dx = \frac{1}{3}x^3 + \frac{1}{2}x^2 - 6x.$

(2)　$\displaystyle\int \frac{x^3 + 4x^2 - 4}{x}\,dx = \int \left(x^2 + 4x - \frac{4}{x}\right)dx = \frac{1}{3}x^3 + 2x^2 - 4\log|x|.$

(3)　$\displaystyle\int (x^{\frac{2}{3}} - 5)^2\,dx = \int (x^{\frac{4}{3}} - 10x^{\frac{2}{3}} + 25)\,dx$

$$= \frac{3}{7}x^{\frac{7}{3}} - 10\cdot\frac{3}{5}x^{\frac{5}{3}} + 25x = \frac{3}{7}x^{\frac{7}{3}} - 6x^{\frac{5}{3}} + 25x.$$

(4)　$\displaystyle\int 3\,dx = 3x.$

(5)　$\displaystyle\int (\sqrt{x}+3)(\sqrt{x}-3)\,dx = \int (x-9)\,dx = \frac{1}{2}x^2 - 9x.$

(6)　$\displaystyle\int \frac{1}{1-\sin x}\cdot\frac{1}{1+\sin x}\,dx = \int \frac{dx}{1-\sin^2 x} = \int \frac{dx}{\cos^2 x} = \tan x.$

(7)　$\displaystyle\int (\tan^2 x + 1)\,dx = \int \frac{\sin^2 x + \cos^2 x}{\cos^2 x}\,dx = \int \frac{dx}{\cos^2 x} = \tan x.$

(8)　$\displaystyle\int \frac{x^2 - x + 2 - x^{-3}}{x}\,dx = \int \left(x - 1 + \frac{2}{x} - x^{-4}\right)dx$

$\displaystyle= \frac{1}{2}x^2 - x + 2\log|x| + \frac{1}{3}x^{-3}.$

8.2

(1)　$2x+3 = t$ とおくと $2dx = dt$ より $\displaystyle\int (2x+3)^{\frac{5}{7}}\,dx = \frac{1}{2}\int t^{\frac{5}{7}}\,dt = \frac{1}{2}\,\frac{7}{12}t^{\frac{12}{7}}$

$\displaystyle= \frac{7}{24}(2x+3)^{\frac{12}{7}}.$

(2)　$9x+1 = t$ とおくと $9dx = dt$ より $\displaystyle\int \sqrt[5]{(9x+1)^3}\,dx = \frac{1}{9}\int t^{\frac{3}{5}}\,dt = \frac{1}{9}\,\frac{5}{8}t^{\frac{8}{5}}$

$\displaystyle= \frac{5}{72}(9x+1)^{\frac{8}{5}}.$

(3)　$3\theta-7=t$ とおくと $3d\theta=dt$ より $\displaystyle\int\cos(3\theta-7)\,d\theta=\frac{1}{3}\int\cos t\,dt=\frac{1}{3}\sin t$
$\displaystyle=\frac{1}{3}\sin(3\theta-7).$

(4)　$3x=t$ とおくと $3dx=dt$ より $\displaystyle\int\frac{dx}{\sqrt{1-(3x)^2}}=\frac{1}{3}\int\frac{dt}{\sqrt{1-t^2}}=\frac{1}{3}\mathrm{Sin}^{-1}t$
$\displaystyle=\frac{1}{3}\mathrm{Sin}^{-1}3x.$

(5)　$3t=x$ とおくと $3dt=dx$ より $\displaystyle\int\frac{dx}{\sqrt{3^2-x^2}}=\int\frac{3dt}{\sqrt{3^2-3^2t^2}}=\int\frac{dt}{\sqrt{1-t^2}}$
$\displaystyle=\mathrm{Sin}^{-1}t=\mathrm{Sin}^{-1}\frac{x}{3}.$

(6)　$x=5t$ とおくと $dx=5dt$ より $\displaystyle\int\frac{dx}{x^2+5^2}=\int\frac{5dt}{5^2t^2+5^2}=\frac{1}{5}\int\frac{dt}{t^2+1}$
$\displaystyle=\frac{1}{5}\mathrm{Tan}^{-1}t=\frac{1}{5}\mathrm{Tan}^{-1}\frac{x}{5}.$

8.3

(1)　$\displaystyle\frac{-x+2}{(x+1)(x+4)}=\frac{1}{x+1}-\frac{2}{x+4}$ より $\displaystyle\int\frac{-x+2}{(x+1)(x+4)}\,dx=\int\frac{1}{x+1}\,dx$
$\displaystyle-\int\frac{2}{x+4}\,dx=\log|x+1|-2\log|x+4|.$

(2)　$\displaystyle\frac{x^2+x+2}{(x^2+1)(x+1)}=\frac{1}{x^2+1}+\frac{1}{x+1}$ より $\displaystyle\int\frac{x^2+x+2}{(x^2+1)(x+1)}\,dx=\int\frac{1}{x^2+1}\,dx$
$\displaystyle+\int\frac{1}{x+1}\,dx=\mathrm{Tan}^{-1}x+\log|x+1|.$

(3)　$\displaystyle\frac{1}{(x^2+1)(x^2+9)}=\frac{1}{8}\left(\frac{1}{x^2+1}-\frac{1}{x^2+9}\right)$ より $\displaystyle\int\frac{1}{(x^2+1)(x^2+9)}\,dx$
$\displaystyle=\frac{1}{8}\int\left(\frac{1}{x^2+1}-\frac{1}{x^2+9}\right)dx=\frac{1}{8}\left(\mathrm{Tan}^{-1}x-\frac{1}{3}\mathrm{Tan}^{-1}\frac{x}{3}\right).$

(4)　分母に $(x+1)^2$ の項があるので部分分数に分解する．

$$\frac{3x+1}{x(x+1)^2}=\frac{a}{x}+\frac{b}{x+1}+\frac{c}{(x+1)^2}$$

両辺に $x(x+1)^2$ を掛けて整理すれば $(a+b)x^2+(2a+b+c)x+a=3x+1.$
よって，$a=1,\ b=-1,\ c=2$ を得る．

したがって $\displaystyle\int\frac{3x+1}{x(x+1)^2}\,dx=\int\frac{1}{x}\,dx-\int\frac{1}{x+1}\,dx+\int\frac{2}{(x+1)^2}\,dx$

$$=\log|x|-\log|x+1|-\frac{2}{x+1}.$$

8.4

(1)　$\displaystyle\frac{x}{\sqrt{x+1}-1}=\frac{x(\sqrt{x+1}+1)}{(\sqrt{x+1}-1)(\sqrt{x+1}-1)}=\frac{x(\sqrt{x+1}+1)}{(x+1)-1}=\sqrt{x+1}+1$ より

$$\int \frac{x}{\sqrt{x+1}-1}\,dx = \frac{2}{3}(x+1)^{\frac{3}{2}} + x.$$

(2)　$(x-1)(x^2+x+1) = x^3-1$ を使って有理化を行う．

$$\frac{x}{\sqrt[3]{x+1}-1} = \frac{x((\sqrt[3]{x+1})^2+\sqrt[3]{x+1}+1)}{(\sqrt[3]{x+1}-1)((\sqrt[3]{x+1})^2+\sqrt[3]{x+1}+1)}$$

$$= (\sqrt[3]{x+1})^2+\sqrt[3]{x+1}+1 \text{ より}$$

$$\int \frac{x}{\sqrt[3]{x+1}-1}\,dx = \int ((\sqrt[3]{x+1})^2+\sqrt[3]{x+1}+1)\,dx$$
$$= \frac{3}{5}(x+1)^{\frac{5}{3}} + \frac{3}{4}(x+1)^{\frac{4}{3}} + x.$$

(3)　$e^x = t$ とおくと $e^x dx = dt$ より $\displaystyle\int \frac{e^{2x}}{e^x-1}\,dx = \int \frac{t}{t-1}\,dt$
$\displaystyle = \int \left(1+\frac{1}{t-1}\right)dt = t + \log|t-1| = e^x + \log|e^x-1|.$

（9 章）

練習問題 49

(1)　$\displaystyle\int_0^2 (4x^3-2x^2+5x+3)\,dx = \left[x^4-\frac{2}{3}x^3+\frac{5}{2}x^2+3x\right]_0^2 = \frac{80}{3}.$

(2)　$\displaystyle\int_{\frac{\pi}{3}}^{\frac{\pi}{2}} \sin x\,dx = \Big[-\cos x\Big]_{\frac{\pi}{3}}^{\frac{\pi}{2}} = \frac{1}{2}.$

(3)　$\displaystyle\int_0^{\frac{1}{2}} \frac{1}{\sqrt{1-x^2}}dx = \Big[\mathrm{Sin}^{-1}x\Big]_0^{\frac{1}{2}} = \frac{\pi}{6}.$

(4)　$\displaystyle\int_{-1}^{\sqrt{3}} \frac{1}{1+x^2}\,dx = \Big[\mathrm{Tan}^{-1}x\Big]_{-1}^{\sqrt{3}} = \frac{7}{12}\pi.$

練習問題 50

(1)　$5x-1=t$ とおくと $dx = \dfrac{dt}{5}$.

x	$1 \to 2$
t	$4 \to 9$

より $\displaystyle\int_1^2 \sqrt{5x-1}\,dx = \frac{1}{5}\int_4^9 t^{\frac{1}{2}}\,dt = \frac{2}{15}\Big[t^{\frac{3}{2}}\Big]_4^9 = \frac{38}{15}.$

(2)　$t = 2x+3$ とおくと，$dx = \dfrac{dt}{2}$．また，

x	$2 \to 3$
t	$7 \to 9$

より

$$\int_2^3 (2x+3)^{\frac{5}{7}}\,dx = \int_7^9 \frac{1}{2}t^{\frac{5}{7}}\,dx = \frac{7}{2\cdot 12}\Big[t^{\frac{12}{7}}\Big]_7^9 = \frac{7}{24}(9^{\frac{12}{7}}-7^{\frac{12}{7}}).$$

(3)　$x = 4\sin\theta$ とおくと $dx = 4\cos\theta d\theta$．また，

x	$0 \to 2$
t	$0 \to \frac{\pi}{6}$

より，

$$\int_0^2 \frac{dx}{\sqrt{16-x^2}} = \int_0^{\frac{\pi}{6}} \frac{4\cos\theta}{\sqrt{16-16\sin^2\theta}}\,d\theta = \int_0^{\frac{\pi}{6}} \frac{\cos\theta}{\sqrt{1-\sin^2\theta}}d\theta$$
$$= \Big[\theta\Big]_0^{\frac{\pi}{6}} = \frac{\pi}{6}.$$

練習問題 51　はじめに不定積分を求める方が，計算が楽になる場合が多い．

(1) $\displaystyle\int x\sin x\,dx = \int x(-\cos x)'\,dx = -x\cos x + \int \cos x\,dx$

$= -x\cos x + \sin x.$

よって　$\displaystyle\int_0^{\frac{\pi}{2}} x\sin x\,dx = \Big[-x\cos x + \sin x\Big]_0^{\frac{\pi}{2}} = 1.$

(2) $\displaystyle\int (e^x)'\cos x\,dx = e^x\cos x + \int e^x\sin x\,dx = e^x\cos x + e^x\sin x - \int e^x\cos x\,dx$

より，　$2\int e^x\cos x\,dx = e^x\cos x + e^x\sin x.$

$\displaystyle\int e^x\cos x\,dx = \frac{1}{2}e^x(\cos x + \sin x).$

したがって　$\displaystyle\int_0^{\pi} e^x\cos x\,dx = \frac{1}{2}\Big[e^x(\cos x + \sin x)\Big]_0^{\pi} = -\frac{1}{2}(e^{\pi}+1).$

章末問題 9

9.1

(1) $\displaystyle\int_1^8 \frac{5x-2}{\sqrt[3]{x}}\,dx = \int_1^8 (5x^{\frac{2}{3}} - 2x^{-\frac{1}{3}})\,dx = \Big[5\cdot\frac{3}{5}x^{\frac{5}{3}} - 2\cdot\frac{3}{2}x^{\frac{2}{3}}\Big]_1^8$

$\displaystyle= \Big[3x^{\frac{5}{3}} - 3x^{\frac{2}{3}}\Big]_1^8 = 84.$

(2) $\displaystyle\int_0^{\frac{\pi}{6}} \sin 3\theta\,d\theta = \Big[-\frac{1}{3}\cos 3\theta\Big]_0^{\frac{\pi}{6}} = \frac{1}{3}.$

(3) $\displaystyle\int_2^3 \frac{6x^2-2x}{2x^3-x^2}\,dx = \Big[\log|2x^3-x^2|\Big]_2^3 = \log\frac{15}{4}.$

(4) $\displaystyle\int_0^{\log a} e^x\,dx = \Big[e^x\Big]_0^{\log a} = e^{\log a} - e^0 = a-1.$

(5) $\displaystyle\int_0^3 3^x\,dx = \Big[\frac{3^x}{\log 3}\Big]_0^3 = \frac{1}{\log 3}(3^3-3^0) = \frac{26}{\log 3}.$

(6) $\displaystyle\int_0^3 \frac{dx}{x^2+3} = \Big[\frac{1}{\sqrt{3}}\mathrm{Tan}^{-1}\frac{x}{\sqrt{3}}\Big]_0^3 = \frac{1}{\sqrt{3}}\left(\mathrm{Tan}^{-1}\sqrt{3} - \mathrm{Tan}^{-1}0\right) = \frac{\pi}{3\sqrt{3}}.$

(7) $t = e^x - 1$ とおくと $e^x = t+1$，$e^x dx = dt$．また，

x	$\log 2$	$\to$	$\log 3$
t	1	$\to$	2

．

$$\int_{\log 2}^{\log 3} \frac{dx}{e^x - 1} = \int_1^2 \frac{dt}{t(t+1)} = \int_1^2 \left(\frac{1}{t} - \frac{1}{t+1}\right) dt = \left[\log\left|\frac{t}{t+1}\right|\right]_1^2$$
$$= \log\frac{4}{3}.$$

(8) $$\int_0^{\frac{\pi}{4}} \tan^2 x\, dx = \int_0^{\frac{\pi}{4}} \left(\frac{1}{\cos^2 x} - 1\right) dx = \Big[\tan x - x\Big]_0^{\frac{\pi}{4}} = \tan\frac{\pi}{4} - \frac{\pi}{4}$$
$$= 1 - \frac{\pi}{4}.$$

(9) $$\int_0^1 \frac{dx}{x^2 - 9} = \frac{1}{6}\int_0^1 \left(\frac{1}{x-3} - \frac{1}{x+3}\right) dx = \frac{1}{6}\left[\log\left|\frac{x-3}{x+3}\right|\right]_0^1 = \frac{1}{6}\log\frac{1}{2}.$$

9.2

(1) $$\int x^2 e^{2x}\, dx = \int x^2 \left(\frac{1}{2}e^{2x}\right)' dx = \frac{1}{2}x^2 e^{2x} - \int x e^{2x}\, dx$$
$$= \frac{1}{2}x^2 e^{2x} - \int x \left(\frac{1}{2}e^{2x}\right)' dx = \frac{1}{2}x^2 e^{2x} - \frac{1}{2}x e^{2x} + \int \frac{1}{2}e^{2x}\, dx$$
$$= \frac{1}{2}x^2 e^{2x} - \frac{1}{2}x e^{2x} + \frac{1}{4}e^{2x}$$ より，

$$\int_0^1 x^2 e^{2x}\, dx = \left[\frac{1}{2}x^2 e^{2x} - \frac{1}{2}x e^{2x} + \frac{1}{4}e^{2x}\right]_0^1 = \frac{1}{4}(e^2 - 1).$$

(2) $$\int \mathrm{Tan}^{-1} x\, dx = \int \mathrm{Tan}^{-1} x \cdot x'\, dx = x\mathrm{Tan}^{-1} x - \int \frac{x}{x^2+1}\, dx$$
$$= x\mathrm{Tan}^{-1} x - \frac{1}{2}\log(x^2+1)$$ より，
$$\int_0^1 \mathrm{Tan}^{-1} x\, dx = \left[x\mathrm{Tan}^{-1} x - \frac{1}{2}\log(x^2+1)\right]_0^1 = \frac{1}{4}\pi - \frac{1}{2}\log 2.$$

(3) $$\int x\mathrm{Tan}^{-1} x\, dx = \int \left(\frac{1}{2}x^2\right)' \mathrm{Tan}^{-1} x\, dx$$
$$= \frac{1}{2}x^2 \mathrm{Tan}^{-1} x - \frac{1}{2}\int \frac{x^2}{x^2+1}\, dx$$
$$= \frac{1}{2}x^2 \mathrm{Tan}^{-1} x - \frac{1}{2}\int \left(1 - \frac{1}{x^2+1}\right) dx$$
$$= \frac{1}{2}x^2 \mathrm{Tan}^{-1} x - \frac{1}{2}x + \frac{1}{2}\mathrm{Tan}^{-1} x$$ より，

$$\int_0^1 x\mathrm{Tan}^{-1} x\, dx = \left[\frac{1}{2}x^2 \mathrm{Tan}^{-1} x - \frac{1}{2}x + \frac{1}{2}\mathrm{Tan}^{-1} x\right]_0^1 = \frac{1}{4}\pi - \frac{1}{2}.$$

9.3

(1) $$\begin{cases} x^2 - 1 \geqq 0 & (x \geqq 1,\ x \leqq -1) \\ x^2 - 1 < 0 & (-1 < x < 1) \end{cases}$$ より，$\displaystyle\int_0^2 |x^2 - 1|\, dx$

$$= -\int_0^1 (x^2-1)\,dx + \int_1^2 (x^2-1)\,dx = \left[\, -\frac{1}{3}x^3 + x \,\right]_0^1 + \left[\, \frac{1}{3}x^3 - x \,\right]_1^2 = 2.$$

(2) $$\int_0^{\frac{\pi}{2}} |\cos 2\theta|\,d\theta = \int_0^{\frac{\pi}{4}} \cos 2\theta\,d\theta - \int_{\frac{\pi}{4}}^{\frac{\pi}{2}} \cos 2\theta\,d\theta$$

$$= \left[\, \frac{1}{2}\sin 2\theta \,\right]_0^{\frac{\pi}{4}} - \left[\, \frac{1}{2}\sin 2\theta \,\right]_{\frac{\pi}{4}}^{\frac{\pi}{2}} = 1.$$

（10 章）

練習問題 52　断面積を求めればよい．(1) の断面は半径 $\sin x$ の円より断面積は $\pi \sin^2 x$ であり，(2) は半径 $(2x(2-x))$ の円より $\pi(2x(2-x))^2$ である．

(1) $$V = \pi \int_0^{\pi} \sin^2 x\,dx = \frac{\pi}{2}\int_0^{\pi} (1-\cos 2x)\,dx = \frac{\pi}{2}\left[\, x - \frac{1}{2}\sin 2x \,\right]_0^{\pi} = \frac{\pi^2}{2}.$$

(2) $$V = \pi \int_0^2 (2x(2-x))^2\,dx = 2^2\pi \int_0^2 (x^4 - 4x^3 + 4x^2)\,dx$$

$$= 2^2\pi\left[\, \frac{1}{5}x^5 - x^4 + \frac{4}{3}x^3 \,\right]_0^2 = \frac{64}{15}\pi.$$

練習問題 53

$(x')^2 + (y')^2 = a^2(-\sin t + \sin t + t\cos t)^2 + a^2(\cos t - \cos t + t\sin t)^2 = a^2t^2$ より

$$L = \int_0^{\pi} \sqrt{a^2t^2}\,dt = a\int_0^{\pi} t\,dt = \frac{a}{2}\left[\, t^2 \,\right]_0^{\pi} = \frac{1}{2}a\pi^2.$$

練習問題 54

$(x')^2 + (y')^2 = (e^t\cos \pi t - \pi e^t \sin \pi t)^2 + (e^t \sin \pi t + \pi e^t \cos \pi t)^2 = (1+\pi^2)e^{2t}$ より，

$$L = \int_0^3 \sqrt{e^{2t}(1+\pi^2)}\,dt = \sqrt{1+\pi^2}\int_0^3 e^t\,dt = \sqrt{1+\pi^2}\left[\, e^t \,\right]_0^3$$

$$= \sqrt{1+\pi^2}(e^3-1).$$

章末問題 10

10.1

(1)　交点の x 座標を a とすると，$a^2 = a+2$．したがって，$a=-1$，2．

$$S = \int_{-1}^2 (x+2-x^2)\,dx = \left[\, \frac{1}{2}x^2 + 2x - \frac{1}{3}x^3 \,\right]_{-1}^2 = \frac{9}{2}.$$

(2)　交点の x 座標を a とすると，$a^3 - 7a^2 + 3a = -a^2 - 6a + 4$．したがって $a = 1, 4$．

$$S = \int_1^4 \{(-x^2-6x+4) - (x^3-7x^2+3x)\}\,dx = \int_1^4 (-x^3+6x^2-9x+4)\,dx$$

$$= \left[\, -\frac{1}{4}x^4 + 2x^3 - \frac{9}{2}x^2 + 4x \,\right]_1^4 = \frac{27}{4}.$$

(3)　交点の x 座標を a とすると，$a=\sqrt{a}$．したがって $a=0,1$．

$$S=\int_0^1(\sqrt{x}-x)\,dx=\left[\frac{2}{3}x^{\frac{3}{2}}-\frac{1}{2}x^2\right]_0^1=\frac{1}{6}.$$

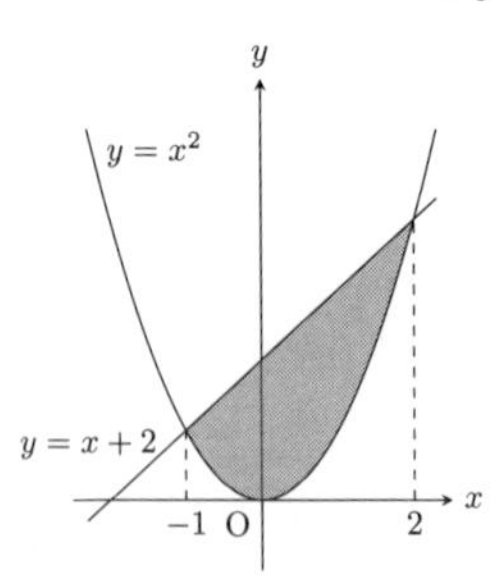

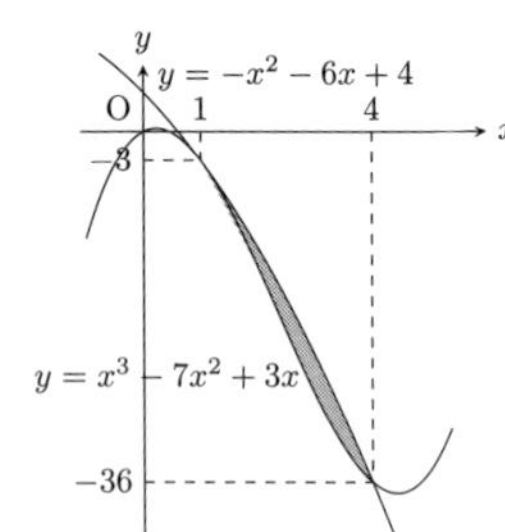

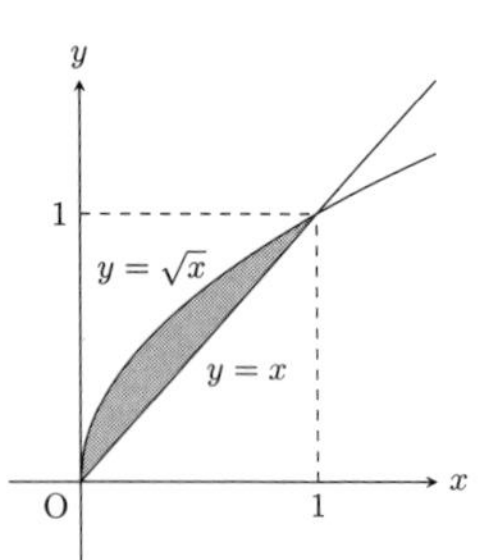

10.2

(1)　第1象限の長さを求めて4倍すればよい．$x=a\cos^3\theta$ $(0\leqq\theta\leqq\frac{1}{2}\pi)$ とおくと $y=(a^{\frac{2}{3}}-a^{\frac{2}{3}}\cos^2\theta)^{\frac{3}{2}}=a(1-\cos^2\theta)^{\frac{3}{2}}=a\sin^3\theta$．

$(x')^2+(y')^2=(-3a\sin\theta\cdot\cos^2\theta)^2+(3a\cos\theta\cdot\sin^2\theta)^2=9a^2\sin^2\theta\cos^2\theta$．

$$\frac{L}{4}=\int_0^{\frac{\pi}{2}}\sqrt{9a^2\sin^2\theta\cos^2\theta}\,d\theta=3a\int_0^{\frac{\pi}{2}}\sin\theta\cos\theta\,d\theta=\frac{3a}{2}\int_0^{\frac{\pi}{2}}\sin 2\theta\,d\theta$$

$$=-\frac{3}{4}a\Big[\cos 2\theta\Big]_0^{\frac{\pi}{2}}=\frac{3}{2}a.$$ したがって，$6a$．

(2)　$(x')^2+(y')^2=1+(\frac{1}{2}(e^x-e^{-x}))^2=(\frac{e^x+e^{-x}}{2})^2$．

$$L=\int_{-1}^1\sqrt{\left(\frac{e^x+e^{-x}}{2}\right)^2}\,dx=\int_{-1}^1\frac{e^x+e^{-x}}{2}\,dx=\frac{1}{2}\Big[e^x-e^{-x}\Big]_{-1}^1=e-e^{-1}.$$

10.3

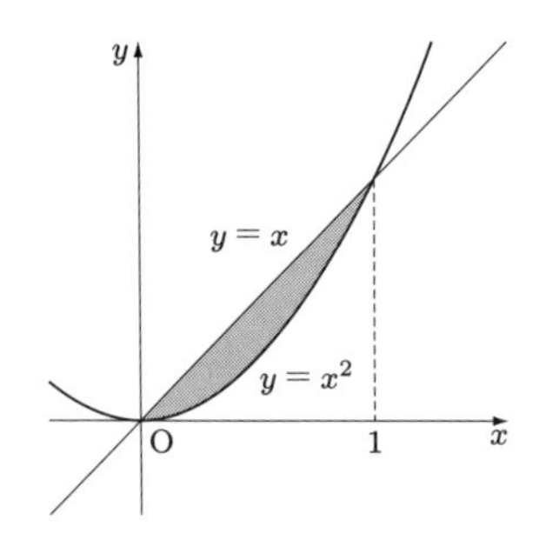

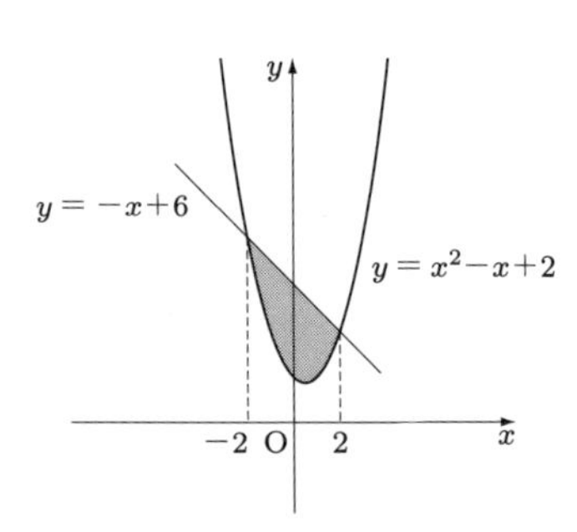

(1)　断面積は半径 x と x^2 の円で囲まれた同心円の部分の面積より

$$S(x) = (x^2 - x^4)\pi.$$
$$V = \pi \int_0^1 (x^2 - x^4)\,dx = \pi \left[\frac{1}{3}x^3 - \frac{1}{5}x^5 \right]_0^1 = \frac{2}{15}\pi.$$

(2)　断面積は半径 $(-x+6)$ と (x^2-x+2) の円で囲まれた同心円の部分の面積より

$$S(x) = (-x^4 + 2x^3 - 4x^2 - 8x + 32)\pi.$$
$$V = \pi \int_{-2}^2 (-x^4 + 2x^3 - 4x^2 - 8x + 32)\,dx$$
$$= \pi \left[-\frac{1}{5}x^5 + \frac{1}{2}x^4 - \frac{4}{3}x^3 - 4x^2 + 32x \right]_{-2}^2 = \frac{1408}{15}\pi.$$

(11 章)

練習問題 55　$y = x^2$ として各点の値を計算する（表 1).

台形公式　$$\int_0^2 x^2\,dx \fallingdotseq \frac{0.2}{2}(4.000000 + 2 \times 11.4000000) = 2.68000000.$$

シンプソンの公式　$$\int_0^2 x^2\,dx \fallingdotseq \tfrac{0.2}{3}(4.000000 + 4 \times 6.600000 + 2 \times 4.800000)$$
$$= 2.666667.$$

表 1　$y = x^2$

x	y		
0.0	0.000000		
0.2		0.040000	
0.4			0.160000
0.6		0.360000	
0.8			0.640000
1.0		1.000000	
1.2			1.440000
1.4		1.960000	
1.6			2.560000
1.8		3.240000	
2.0	4.000000		
計	4.000000	6.600000	4.800000

練習問題 56　表 2 より，

台形公式　川の断面積 $\fallingdotseq \dfrac{1}{2}(0 + 2 \times 12.1) = 12.1.$

シンプソンの公式　川の断面積 $\fallingdotseq \dfrac{1}{3}(0 + 4 \times 6.3 + 2 \times 5.8) = 12.3.$

表2 川の断面積

x	y		
0	0		
1		1.3	
2			1.7
3		1.5	
4			1.8
5		2.0	
6			2.3
7		1.5	
8	0		
計	0	6.3	5.8

表3 $y=\sqrt{1+x^2}$

x	y		
0.0	1.000000		
0.1		1.004988	
0.2			1.019804
0.3		1.044031	
0.4			1.077033
0.5		1.118034	
0.6			1.166190
0.7		1.220656	
0.8			1.280625
0.9		1.345362	
1.0	1.414214		
計	2.414214	5.733071	4.543652

章末問題 11

11.1 $y=\sqrt{1+x^2}$ として各点の値を計算する（表3).

台形公式

$$\int_0^1 \sqrt{1+x^2}\,dx \fallingdotseq \frac{0.1}{2}(2.414214+2\times 10.276723)=1.148383.$$

シンプソンの公式

$$\int_0^1 \sqrt{1+x^2}\,dx \fallingdotseq \frac{0.1}{3}(2.414214+4\times 5.733071+2\times 4.543652)=1.147793.$$

11.2 $y=\frac{1}{1+x^2}$ として各点の値を計算する（表4).

表4 $y=\frac{1}{1+x^2}$

x	y		
0.0	1.000000		
0.1		0.990099	
0.2			0.961538
0.3		0.917431	
0.4			0.862069
0.5		0.800000	
0.6			0.735294
0.7		0.671141	
0.8			0.609756
0.9		0.552486	
1.0	0.500000		
計	1.500000	3.931157	3.168657

台形公式

$$\int_0^1 \frac{dx}{1+x^2} \fallingdotseq \frac{0.1}{2}(1.5 + 2 \times 7.099814) = 0.784981.$$

シンプソンの公式

$$\int_0^1 \frac{dx}{1+x^2} \fallingdotseq \frac{0.1}{3}(1.500000 + 4 \times 3.931157 + 2 \times 3.168657) = 0.785398.$$

定積分で計算すると，$\displaystyle\int_0^1 \frac{dx}{1+x^2} = \frac{\pi}{4} \fallingdotseq 0.785398.$

（12 章）

練習問題 57

(1)　$x = 1$ で分母が 0 になる．$\displaystyle\int_{-1}^1 \frac{dx}{\sqrt{1-x}} = \lim_{b \to 1-0} \int_{-1}^b \frac{dx}{\sqrt{1-x}}$

$$= \lim_{b \to 1-0} \int_{-1}^b (1-x)^{-\frac{1}{2}}\,dx = \lim_{b \to 1-0} \Big[-2(1-x)^{\frac{1}{2}} \Big]_{-1}^b = 2\sqrt{2}.$$

(2)　$x = \pm 1$ で分母が 0 になる．

$$\int_{-1}^1 \frac{dx}{\sqrt{1-x^2}} = \lim_{a \to -1+0} \int_a^0 \frac{dx}{\sqrt{1-x^2}} + \lim_{b \to 1-0} \int_0^b \frac{dx}{\sqrt{1-x^2}}$$

$$= \lim_{a \to -1+0} \Big[\mathrm{Sin}^{-1} x \Big]_a^0 + \lim_{b \to 1-0} \Big[\mathrm{Sin}^{-1} x \Big]_0^b = -\mathrm{Sin}^{-1}(-1) + \mathrm{Sin}^{-1} 1 = \pi.$$

(3)　$x = 0$ のとき $\log x$ は存在しない．

$$\int_0^1 \log x\,dx = \lim_{b \to +0} \int_b^1 \log x\,dx = \lim_{b \to +0} \Big[x \log x - x \Big]_b^1 = -1.$$

$\left(\displaystyle\lim_{b \to +0} b \log b = 0 \right.$ を示す必要はある．例題 34(3) 参照$\left.\right)$

練習問題 58

(1)　$$\int_0^\infty \frac{dx}{(x+1)^3} = \lim_{b \to \infty} (x+1)^{-3}\,dx = \lim_{b \to \infty} \Big[-\frac{1}{2}(x+1)^{-2} \Big]_0^b$$
$$= -\frac{1}{2} \lim_{b \to \infty} \left\{ \frac{1}{(b+1)^2} - 1 \right\} = \frac{1}{2}.$$

(2) $$\int_1^\infty \frac{dx}{x(1+x^2)} = \lim_{b\to\infty}\int_1^b \left(\frac{1}{x}-\frac{x}{1+x^2}\right)dx$$
$$= \lim_{b\to\infty}\left[\log x - \frac{1}{2}\log(1+x^2)\right]_1^b$$
$$= \lim_{b\to\infty}\left[\frac{1}{2}\log\frac{x^2}{1+x^2}\right]_1^b$$
$$= \frac{1}{2}(\log 1 - \log\frac{1}{2}) = \frac{1}{2}(0-\log 2^{-1}) = \frac{1}{2}\log 2.$$

練習問題 59　$B(p,q)=\frac{\Gamma(p)\Gamma(q)}{\Gamma(p+q)}$ と $\Gamma(p)=(p-1)!$（p：自然数）より

$$B(p,q)=\frac{\Gamma(p)\Gamma(q)}{\Gamma(p+q)}=\frac{(p-1)!(q-1)!}{(p+q-1)!}.$$

練習問題 60　$t=x^n$ とおくと $x>0$ より $x=t^{\frac{1}{n}}$.
したがって，$dt=nx^{n-1}dx=nt^{\frac{n-1}{n}}dx$.　$\begin{array}{c|ccc} x & 0 & \to & 1 \\ \hline t & 0 & \to & 1 \end{array}$ より

$$\int_0^1 \frac{1}{\sqrt{1-x^n}}dx = \int_0^1 \frac{1}{(1-t)^{\frac{1}{2}}}\frac{1}{n\cdot t^{\frac{n-1}{n}}}dt = \frac{1}{n}\int_0^1 t^{\frac{1}{n}-1}(1-t)^{-\frac{1}{2}}dt$$
$$= \frac{1}{n}\int_0^1 t^{\frac{1}{n}-1}(1-t)^{\frac{1}{2}-1}dt = \frac{1}{n}B\left(\frac{1}{n},\frac{1}{2}\right).$$

章末問題 12

12.1

(1)　$x=4$ で不連続. $\displaystyle\int_0^4 \frac{dx}{\sqrt{4-x}} = \lim_{b\to 4-0}\int_0^b (4-x)^{-\frac{1}{2}}dx$

$$= \lim_{b\to 4-0}\left[-2(4-x)^{\frac{1}{2}}\right]_0^b = -2\lim_{b\to 4-0}(\sqrt{4-b}-\sqrt{4}) = 4.$$

(2)　$\Gamma(3)$ の値であるが，部分積分法を繰り返して計算してみよう． $\displaystyle\int x^2e^{-x}dx = \int x^2(-e^{-x})'dx$

$$= -x^2e^{-x}+2\int xe^{-x}dx = -x^2e^{-x}+2\left(-xe^{-x}+\int e^{-x}dx\right)$$

$= -x^2e^{-x}-2xe^{-x}-2e^{-x}$. したがって， $\displaystyle\int_0^\infty x^2e^{-x}dx$

$$= \lim_{b\to\infty}\int_0^b x^2e^{-x}dx = \lim_{b\to\infty}\left[-x^2e^{-x}-2xe^{-x}-2e^{-x}\right]_0^b = 0+2e^0 = 2.$$

$\left(\text{ロピタルの定理より} \displaystyle\lim_{b\to\infty}\frac{b^2}{e^b} = \lim_{b\to\infty}\frac{2b}{e^b} = \lim_{b\to\infty}\frac{1}{e^b} = 0\right).$

(3)　$\displaystyle\int_0^\infty \cos x\,dx = \lim_{b\to\infty}\int_0^b \cos x\,dx = \lim_{b\to\infty}\left[\sin x\right]_0^b = \lim_{b\to\infty}\sin b$ となる.
したがって発散する.

(4)　$x=1$ のとき不連続．$x=\sin\theta$ とおくと，$dx=\cos\theta d\theta$．$\begin{array}{c|ccc} x & 0 & \to & 1 \\ \hline \theta & 0 & \to & \frac{\pi}{2} \end{array}$ より

$$\int_0^1 \frac{x^2}{\sqrt{1-x^2}}\,dx = \int_0^{\frac{\pi}{2}} \frac{\sin^2\theta}{\sqrt{1-\sin^2\theta}}\cdot\cos\theta\,d\theta = \int_0^{\frac{\pi}{2}} \frac{\sin^2\theta}{\sqrt{\cos^2\theta}}\cdot\cos\theta\,d\theta.$$

$$\lim_{b\to\frac{\pi}{2}-0}\int_0^b \frac{\sin^2\theta}{\sqrt{\cos^2\theta}}\cos\theta\,d\theta \qquad \left(0\leqq\theta<\frac{\pi}{2}\text{より}\cos\theta>0\right)$$

$$=\lim_{b\to\frac{\pi}{2}-0}\int_0^b \sin^2\theta\,d\theta = \lim_{b\to\frac{\pi}{2}-0}\int_0^b \frac{1-\cos 2\theta}{2}\,d\theta$$

$$=\frac{1}{2}\lim_{b\to\frac{\pi}{2}-0}\left[\theta-\frac{1}{2}\sin 2\theta\right]_0^b = \frac{\pi}{4}.$$

(5)　$\displaystyle\int\frac{1}{x^2+2^2}\,dx=\frac{1}{2}\mathrm{Tan}^{-1}\frac{x}{2}$ を使えば簡単だが，置換積分を使って解いてみる．

$$\int_{-\infty}^{\infty}\frac{dx}{x^2+2^2} = \int_{-\infty}^{0}\frac{dx}{x^2+2^2} + \int_0^{\infty}\frac{dx}{x^2+2^2}$$

$$=\lim_{a\to-\infty}\int_a^0\frac{dx}{x^2+2^2} + \lim_{b\to\infty}\int_0^b\frac{dx}{x^2+2^2}$$

$x=2\tan\theta$ とおくと $dx=\dfrac{2}{\cos^2\theta}\,d\theta$ となり，

$x\to-\infty$ のとき $\theta\to-\dfrac{\pi}{2}$，　$x\to\infty$ のとき $\theta\to\dfrac{\pi}{2}$ である．

$$=\lim_{s\to-\frac{\pi}{2}}\int_s^0\frac{1}{4\tan^2\theta+4}\frac{2}{\cos^2\theta}\,d\theta + \lim_{t\to\frac{\pi}{2}}\int_0^t\frac{1}{4\tan^2\theta+4}\frac{2}{\cos^2\theta}\,d\theta$$

$$=\frac{1}{2}\lim_{s\to-\frac{\pi}{2}}\int_s^0 d\theta + \frac{1}{2}\lim_{t\to\frac{\pi}{2}}\int_0^t d\theta$$

$$=\frac{1}{2}\lim_{s\to-\frac{\pi}{2}}\Big[\theta\Big]_s^0 + \frac{1}{2}\lim_{t\to\frac{\pi}{2}}\Big[\theta\Big]_0^t = \frac{\pi}{2}.$$

(6)　$e^x+1=t$ とおくと $e^x=t-1$．また $e^x dx=dt$．$\begin{array}{c|ccc} x & 0 & \to & \infty \\ \hline t & 2 & \to & \infty \end{array}$ より

$$\int_0^{\infty}\frac{dx}{e^x+1} = \int_2^{\infty}\frac{1}{t}\frac{dt}{t-1} = \lim_{b\to\infty}\int_2^b\frac{dt}{t(t-1)} = \lim_{b\to\infty}\int_2^b\left(\frac{1}{t-1}-\frac{1}{t}\right)dt$$

$$=\lim_{b\to\infty}\left[\log\left|\frac{t-1}{t}\right|\right]_2^b = -\log\frac{1}{2} = \log 2.$$

12.2

(1)　ベータ関数で $t=1-x$ とおいて置換積分を行う．$x=1-t$，$dx=-dt$.

x	$0 \to 1$
t	$1 \to 0$

より $B(p,q)=\int_0^1 x^{p-1}(1-x)^{q-1}\,dx=\int_1^0 (1-t)^{p-1}t^{q-1}(-1)dt$

$=\int_0^1 t^{q-1}(1-t)^{p-1}\,dt=B(q,p)$.

(2)　p, $q>0$ に注意する．

$$pB(p,q+1)=\int_0^1 px^{p-1}(1-x)^q\,dx=\int_0^1 (x^p)'(1-x)^q\,dx$$
$$=\Big[x^p(1-x)^q\Big]_0^1-(-q)\int_0^1 x^p(1-x)^{q-1}\,dx=qB(p+1,q).$$

(3)　$x=\sin^2 t$ で置換積分を行う．$dx=2\sin t\cos t dt$.

x	$0 \to 1$
t	$0 \to \frac{\pi}{2}$

より

$$\int_0^{\frac{\pi}{2}} \sin^{2p-2}t\cdot(1-\sin^2 t)^{q-1}\cdot 2\cos t\sin t\,dt=2\int_0^{\frac{\pi}{2}}\sin^{2p-1}t\cdot\cos^{2q-1}t\,dt.$$

（13 章）

練習問題 61

(1) $y'=a$ より $y''=0$.　　(2) $y'=2ae^{2x}=2y$ より $y'=2y$.

(3) $2x+2yy'=0$ より $x+yy'=0$.

練習問題 62

(1)　$y'=xy$ から $y=0$ のとき解になる．$y\neq 0$ のとき，$\frac{y'}{y}=x$ より
$\int\frac{1}{y}\,dy=\int x\,dx$．よって，$\log|\,y\,|=\frac{1}{2}x^2+C'$．したがって，$y=\pm e^{\frac{1}{2}x^2+C'}$
$=\pm e^{C'}e^{\frac{1}{2}x^2}$．$\pm e^{C'}=C$ とおいて $y=Ce^{\frac{1}{2}x^2}$ $(C\neq 0)$．$C=0$ のとき $y=0$ を得るので，解は $y=Ce^{\frac{1}{2}x^2}$ （C は任意定数).

(2)　$yy'=e^x$ から $\int y\,dy=\int e^x\,dx$ より $\frac{1}{2}y^2=e^x+C$（C は任意定数).

(3)　$y\neq 0$ のとき，$\frac{y'}{y}=\frac{x}{1+x^2}$．よって，$\log|y|=\frac{1}{2}\log(x^2+1)+C'=\log e^{C'}\sqrt{x^2+1}$.
したがって $y=C\sqrt{x^2+1}$　$(C=\pm e^{C'}\neq 0)$ を得る．
$y=0$ も解より，解は $y=C\sqrt{x^2+1}$ （C : 任意定数).

練習問題 63 $u'=-k(u-20)$ より変数分離形である．$u\neq 20$ のとき，t で積分して，$\frac{1}{u-20}\frac{du}{dt}=-k$. $\int\frac{du}{u-20}=-kt+C'$ より，$\log|\,u-20\,|=-kt+C'$．よって，$u-20=\pm e^{-kt+C'}$．$C=\pm e^{C'}\neq 0$ とおいて，$u=20+Ce^{-kt}$．$u=20$ も解で，$C=0$ とおくと得られる．したがって，$u=20+C^{-kt}$ (C : 任意定数) となる．開始時 $t=0$ は 100°C の湯だったので，$100=20+C\cdot e^0$．よって $C=80$ となる．5 分後に 80°C になったので，$80=20+80e^{-5k}$．よって，$k=-\frac{1}{5}\log\frac{3}{4}$．したがって，$t$ 分後の水の温度は $u(t)=20+80e^{\frac{t}{5}\log\frac{3}{4}}=20+80\times(\frac{3}{4})^{\frac{t}{5}}$ となる．

(1) $t=10$ を代入して，$u=20+80\times(\frac{3}{4})^2=65$．10 分後には 65°C になる．

(2) $u=30$ より $30=20+80\times(\frac{3}{4})^{\frac{t}{5}}$．よって $\frac{1}{8}=(\frac{3}{4})^{\frac{t}{5}}$ より，$t=\frac{-5\log 8}{\log\frac{3}{4}}\fallingdotseq 36.141$.

対数の値は (関数電卓より) $\log 2=0.3010$，$\log 3=0.477$ を使った．ほぼ 36 分後である．

練習問題 64　C は任意定数.

(1)　$y'=y+x$ より $y'-y=x$．$p(x)=-1$，$q(x)=x$ より $\int p(x)\,dx=-x$.

したがって，$y=e^x\left(\int e^{-x}\cdot x\,dx+C\right)=e^x(-xe^{-x}-e^{-x}+C)=-x-1+Ce^x$.

$\left(\int e^{-x}\cdot x\,dx=\int(-e^{-x})'x\,dx=-e^{-x}x+\int -e^{-x}\,dx=-xe^{-x}-e^{-x}\text{より}\right)$

(2)　$y'+2xy=e^{-x^2}$ より $p(x)=2x$，$q(x)=e^{-x^2}$.

$\int p(x)\,dx=x^2$ より $y=e^{-x^2}\left(\int e^{x^2}\cdot e^{-x^2}\,dx+C\right)=e^{-x^2}(x+C)$.

章末問題 13

13.1

(1)　$y'=2ax+b$，$y''=2a$，$y'''=0$ より $y'''=0$ となる．

(2)　$y'=ae^x-be^{-x}$，$y''=ae^x+be^{-x}$ より $y''=y$.

(3)　$y'=a\cos x-b\sin x$，$y''=-a\sin x-b\cos x$ より $y''=-y$.

13.2　C は任意定数.

(1)　$y\neq 0$ のとき $\int\frac{1}{y}\,dy=\int(-3)dx$，$y=0$ も解．したがって $y=Ce^{-3x}$.

(2)　$y\neq 0$ のとき，$\int\frac{1}{y^2}\,dy=\int(-2x)\,dx$，$y=0$ も解．したがって $y=\frac{1}{x^2+C}$，$y=0$.

(3)　$\int y\,dy=\int x\,dx$ より $y^2=x^2+C$

(4)　$y\neq 0$ のとき $\int\frac{1}{y}\,dy=\int(2x+1)\,dx$，$y=0$ も解．したがって $y=Ce^{x^2+x}$.

(5)　$y\neq 1$ のとき $\int\frac{1}{y^2-1}\,dy=\int(-1)\,dx$．$y=1$ も解．したがって $y=-\frac{Ce^{-2x}+1}{Ce^{-2x}-1}$.

(6)　$\int e^{-y}\,dy=\int dx$ より $y=-\log(C-x)$.

13.3　C は任意定数．(1) $y=\frac{1}{3}e^x+Ce^{-2x}$　(2) $y=-\frac{1}{2}+Ce^{x^2}$　(3) $y=-e^{-2x}+Ce^{-x}$
(4) $y=\frac{1}{3}x^5+Cx^2$　(5) $y=\frac{1}{x^2}(\cos x+x\sin x+C)$　(6) $y=-\frac{1}{2}\cos x-\frac{1}{2}\sin x+Ce^x$

(14 章)

練習問題 65

(1)　$z_x=\dfrac{1}{x+y}$，$z_y=\dfrac{1}{x+y}$.

(2)　$z_x=y\cos xy$，$z_y=x\cos xy$.

(3)　$z_x=-\dfrac{y}{x^2+y^2}$，$z_y=\dfrac{x}{x^2+y^2}$.

練習問題 66

(1)　$z_x=\cos(x-y)$，$z_y=-\cos(x-y)$ より，$z_{xx}=z_{yy}=-\sin(x-y)$，

$z_{xy}=z_{yx}=\sin(x-y)$.

(2)　$z_x = \dfrac{x}{\sqrt{x^2+y^2}}$，$z_y = \dfrac{y}{\sqrt{x^2+y^2}}$ より，$z_{xx} = \dfrac{y^2}{(x^2+y^2)\sqrt{x^2+y^2}}$，

$z_{yy} = \dfrac{x^2}{(x^2+y^2)\sqrt{x^2+y^2}}$，$z_{xy} = z_{yx} = -\dfrac{xy}{(x^2+y^2)\sqrt{x^2+y^2}}$.

(3)　$z_x = ye^{xy}$，$z_y = xe^{xy}$ より，$z_{xx} = y^2e^{xy}$，$z_{yy} = x^2e^{xy}$，$z_{xy} = z_{yx} = (1+xy)e^{xy}$.

練習問題 67

(1)　$z_x = y^3$，$z_y = 3xy^2$ より，$dz = y^3\,dx + 3xy^2\,dy$.

(2)　$z_x = \dfrac{2x}{x^2+y^2}$，$z_y = \dfrac{2y}{x^2+y^2}$ より，$dz = \dfrac{2x}{x^2+y^2}dx + \dfrac{2y}{x^2+y^2}dy$.

練習問題 68

(1)　$z_x = e^{x+y}$，$z_y = e^{x+y}$ より，

$\dfrac{dz}{dt} = e^{x+y}(-\sin t) + e^{x+y}\cos t = e^{x+y}(\cos t - \sin t) = (\cos t - \sin t)e^{\cos t + \sin t}$.

(2)　$z_x = \sin y$，$z_y = x\cos y$ より，$\dfrac{dz}{dt} = 2t\sin y + e^t x\cos y = 2t\sin e^t + t^2e^t\cos e^t$.

練習問題 69

(1)　$z_x = y$，$z_y = x$，$x_u = \cos v$，$x_v = -u\sin v$，$y_u = \sin v$，$y_v = u\cos v$ より，

$z_u = z_xx_u + z_yy_u = y\cos v + x\sin v = 2u\sin v\cos v$.

$z_v = z_xx_v + z_yy_v = y(-u\sin v) + xu\cos v = u(x\cos v - y\sin v) = u^2(\cos^2 v - \sin^2 v)$.

(2)　$z_x = e^{x+2y}$，$z_y = 2e^{x+2y}$，$x_u = v$，$x_v = u$，$y_u = \dfrac{1}{v}$，$y_v = -\dfrac{u}{v^2}$ より，

$z_u = z_xx_u + z_yy_u = ve^{x+2y} + 2e^{x+2y}\dfrac{1}{v} = \left(v + \dfrac{2}{v}\right)e^{x+2y} = \left(v + \dfrac{2}{v}\right)e^{uv+\frac{2u}{v}}$.

$z_v = z_xx_v + z_yy_v = ue^{x+2y} + 2e^{x+2y}\left(-\dfrac{u}{v^2}\right) = \left(1 - \dfrac{2}{v^2}\right)ue^{x+2y}$

$= \left(1 - \dfrac{2}{v^2}\right)ue^{uv+\frac{2u}{v}}$.

章末問題 14

14.1

(1)　$\displaystyle\lim_{(x,y)\to(2,1)}(x^2+3y^2) = 2^2 + 3\times 1^2 = 7$.

(2)　$\displaystyle\lim_{(x,y)\to(0,0)}\frac{xy}{x^2+y^2} = \lim_{r\to 0}\frac{r\cos\theta\times r\sin\theta}{r^2\cos^2\theta + r^2\sin^2\theta} = \cos\theta\sin\theta$. よって，極限値なし．

14.2

(1)　$z_x = \frac{x}{x^2+y^2}$, $z_y = \frac{y}{x^2+y^2}$.

(2)　$z_x = 3x^2 - 6xy$, $z_y = -3x^2 + 2y$.

(3)　$z_x = \cos x\cos 3y$, $z_y = -3\sin x\sin 3y$.

(4)　$z_x = y^2e^{xy^2}$, $z_y = 2xye^{xy^2}$.

(5)　$z_x = \frac{7y}{(x+3y)^2}$, $z_y = -\frac{7x}{(x+3y)^2}$.

14.3

(1)　$z_x = \frac{1}{2\sqrt{x}}$, $z_y = \frac{1}{2\sqrt{y}}$, $z_{xy} = z_{yx} = 0$, $z_{xx} = -\frac{1}{4x\sqrt{x}}$, $z_{yy} = -\frac{1}{4y\sqrt{y}}$.

(2)　$z_x = \frac{1}{x+2y}$, $z_y = \frac{2}{x+2y}$, $z_{xx} = -\frac{1}{(x+2y)^2}$, $z_{xy} = z_{yx} = -\frac{2}{(x+2y)^2}$, $z_{yy} = -\frac{4}{(x+2y)^2}$.

(3)　$z_x = \frac{1}{\sqrt{y^2-x^2}}$, $z_y = -\frac{x}{y\sqrt{y^2-x^2}}$, $z_{xx} = \frac{x}{(\sqrt{y^2-x^2})^3}$, $z_{xy} = z_{yx} = -\frac{y}{(\sqrt{y^2-x^2})^3}$,
$z_{yy} = \frac{x(2y^2-x^2)}{y^2(\sqrt{y^2-x^2})^3}$.

(4)　$z_x = \frac{(ad-bc)y}{(cx+dy)^2}$, $z_y = \frac{(bc-ad)x}{(cx+dy)^2}$, $z_{xx} = \frac{2c(bc-ad)y}{(cx+dy)^3}$,
$z_{xy} = z_{yx} = \frac{(ad-bc)(cx-dy)}{(cx+dy)^3}$, $z_{yy} = \frac{2d(ad-bc)x}{(cx+dy)^3}$.

(5)　$z_x = ae^{ax}(\sin by+\cos by)$, $z_y = be^{ax}(-\sin by+\cos by)$, $z_{xx} = a^2e^{ax}(\sin by+\cos by)$,
$z_{xy} = z_{yx} = abe^{ax}(-\sin by + \cos by)$, $z_{yy} = -b^2e^{ax}(\sin by + \cos by)$.

14.4

(1)　$dz = (3x^2 - 3y^2)dx + (-6xy + 6y^2)dy$.

(2)　$dz = -\frac{y^2+x^2}{x^2y}dx + \frac{y^2+x^2}{xy^2}dy$.

14.5

(1)　$z_x = 2xy - y^2$, $z_y = x^2 - 2xy$ より, $\frac{dz}{dt} = (2xy - y^2)\cos t + 2(x^2 - 2xy)t$.
$= 2t\sin^2 t - 4t^3 \sin t + 2t^2 \sin t \cdot \cos t - t^4 \cos t$

(2)　$z_x = -2\sin(x-y), z_y = 2\sin(x-y)$ より、$\frac{dz}{dt} = 2(2t-e^t)\sin(t^2-e^t)\cos(t^2-e^t)$.

14.6

(1)　$z_x = 2y\cos 2xy$, $z_y = 2x\cos 2xy$, $x_u = 2u$, $y_u = v$, $x_v = 2$, $y_v = u$ より,
$z_u = (2y\cos xy)\cdot 2u + (2x\cos xy)\cdot v = (4uy + 2vx)\cos(xy)$
$= (6u^2v + 4v^2)\cos(2uv(u^2 + 2v))$.
$z_v = (2y\cos xy)\cdot 2 + (2x\cos xy)\cdot u = (4y + 2ux)\cos xy$
$= (2u^3 + 8uv)\cos(2uv(u^3 + 2v))$.

(2)　$z_x = yx^{y-1}$, $z_y = x^y \log x$, $x_u = e^u\cos v$, $y_u = e^u\sin v$, $x_v = -e^u\sin v$, $y_v = e^u\cos v$ より,
$z_u = yx^{y-1}e^u\cos v + x^y(\log x)e^u\sin v = e^u\sin v(e^u\cos v)^{e^u\sin v}(1+\log(e^u\cos v))$
$z_v = yx^{y-1}(-e^u\sin v) + x^y(\log x)e^u\cos v$
$= -(e^u\sin v)^2(e^u\cos v)^{e^u\sin v-1} + (e^u\cos v)^{e^u\sin v+1}\log(e^u\cos v)$.

14.7

(1)　$f_x = \frac{y}{1+xy}$, $f_y = \frac{x}{1+xy}$, $f_{xy} = \frac{1}{(1+xy)^2}$, $f_{xx} = -\frac{y^2}{(1+xy)^2}$, $f_{yy} = -\frac{x^2}{(1+xy)^2}$ より,
$f(x,y) = xy + \cdots$.

(2)　$f_x = f_y = f_{xx} = f_{xy} = f_{yy} = e^{x+y}$ より,
$f(x,y) = 1 + (x+y) + \frac{1}{2}(x^2 + 2xy + y^2) + \cdots$.

14.8

(1)　$(\frac{1}{3}, \frac{1}{3})$ のとき，極大値 $\frac{1}{27}$.

(2)　$(\frac{3}{2}\pi, \pi)$ のとき，極小値 -2.

(3)　$(0,0)$ のとき，極小値 0.

（15章）

練習問題 70

(1)　（式1）を用いた場合

$$\iint_D (x+y)\,dxdy = \int_0^1 \left\{ \int_0^2 (x+y)\,dy \right\} dx = \int_0^1 \left[xy + \frac{1}{2}y^2 \right]_0^2 dx$$

$$= \int_0^1 (2x+2)\,dx = \left[x^2 + 2x \right]_0^1 = 3.$$

（式2）を用いた場合

$$\iint_D (x+y)\,dxdy = \int_0^2 \left\{ \int_0^1 (x+y)\,dx \right\} dy = \int_0^2 \left[\frac{1}{2}x^2 + yx \right]_0^1 dy$$

$$= \int_0^2 \left(\frac{1}{2} + y \right) dy = \left[\frac{1}{2}y + \frac{1}{2}y^2 \right]_0^2 = 3.$$

(2)
$$\iint_D \cos(x+y)\,dxdy = \int_0^{\frac{\pi}{2}} \left\{ \int_0^{\frac{\pi}{2}} \cos(x+y)\,dy \right\} dx$$

$$= \int_0^{\frac{\pi}{2}} \left[\sin(x+y) \right]_0^{\frac{\pi}{2}} dx = \int_0^{\frac{\pi}{2}} \left\{ \sin\left(x + \frac{\pi}{2} \right) - \sin x \right\} dx$$

$$= \int_0^{\frac{\pi}{2}} (\cos x - \sin x)\,dx = \left[\sin x + \cos x \right]_0^{\frac{\pi}{2}} = 0.$$

章末問題 15

15.1

(1)
$$\iint_D (2x+2y)\,dxdy = \int_1^2 \left\{ \int_0^1 (2x+2y)\,dx \right\} dy = \int_1^2 \left[x^2 + 2xy \right]_0^1 dy$$

$$= \int_1^2 (1+2y)dy = 4.$$

(2)
$$\iint_D \sin(x+y)\,dxdy = \int_0^{\frac{\pi}{2}} \left\{ \int_0^{\frac{\pi}{2}} \sin(x+y)\,dx \right\} dy = \int_0^{\frac{\pi}{2}} \left[-\cos(x+y) \right]_0^{\frac{\pi}{2}} dy$$

$$= \int_0^{\frac{\pi}{2}} \left\{ -\cos\left(\frac{\pi}{2} + y \right) + \cos y \right\} dy = 2.$$

(3)
$$\iint_D (x^2+y^2)\,dydx = \int_0^1 \left\{ \int_0^x (x^2+y^2)\,dy \right\} dx = \int_0^1 \left[x^2 y + \frac{1}{3}y^3 \right]_0^x dx$$

$$= \int_0^1 \frac{4}{3}x^3\,dx = \frac{1}{3}.$$

15.2

(1) $\displaystyle\iint_D (2x+2y)\,dxdy = \int_0^1 \left\{ \int_1^2 (2x+2y)\,dy \right\} dx = \int_0^1 \Big[2xy + y^2 \Big]_1^2 dx$

$\displaystyle = \int_0^1 (2x+3)dx = 4.$

(2) 領域 D は $D = \{(x,y) : 0 \leqq y \leqq 1,\ y \leqq x \leqq 1\}$ と表されるので，

$\displaystyle\iint_D (x^2+y^2)\,dydx = \int_0^1 \left\{ \int_y^1 (x^2+y^2)\,dx \right\} dy = \int_0^1 \left[\frac{1}{3}x^3 + y^2 x \right]_y^1 dy$

$\displaystyle = \int_0^1 \left(\frac{1}{3} + y^2 - \frac{4}{3}y^3 \right) dy = \frac{1}{3}.$

（付録）

練習問題 71　$x' = a\cos(at)$，$x'' = -a^2\sin(at)$ より，速度 $a\cos(at)$，加速度 $-a^2\sin(at)$.

索　引

著者紹介

内田 吉昭（うちだ よしあき）

神戸薬科大学薬学部　教授，博士（理学）

熊澤 美裕紀（くまざわ みゆき）

明治薬科大学，博士（理学）

2020年2月27日　　初 版　第1刷発行

わかりやすい微分積分

著　者　内田吉昭／熊澤美裕紀　©2020
発行者　橋本豪夫
発行所　ムイスリ出版株式会社

〒169-0073
東京都新宿区百人町1-12-18
Tel.03-3362-9241(代表)　Fax.03-3362-9145
振替 00110-2-102907

ISBN978-4-89641-288-8　C3041